JN300825

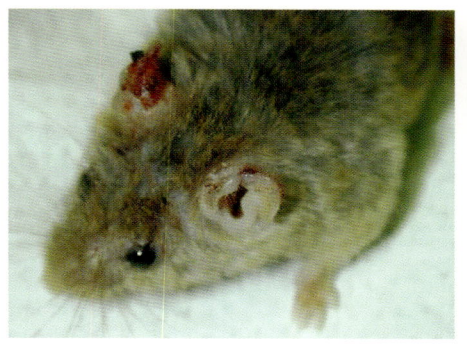

コントロール群　　　　　　　　　　　　　　　　Z群

図 3-5　NC/Nga マウスの皮膚炎発症に対する微粉砕グルコマンナンの抑制効果

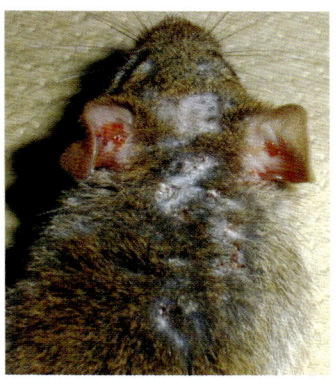

図 5-17　コントロール群の NC/NgaTnd マウス（12 週齢）

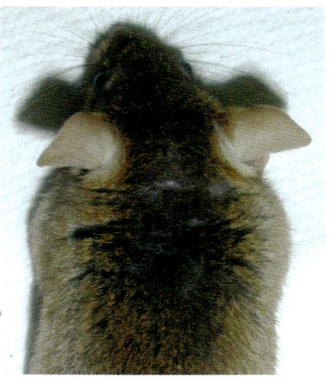

図 5-18　TMC 0514 株摂取群の NC/NgaTnd マウス（12 週齢）

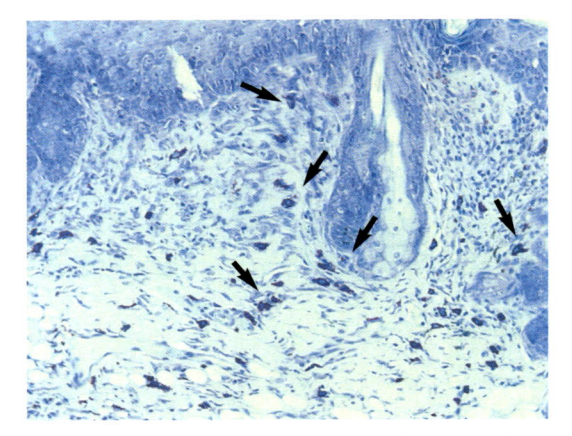

図 5 - 19　コントロール群皮膚組織の TB 染色（×200 倍）
　　　　←　：増加した肥満細胞

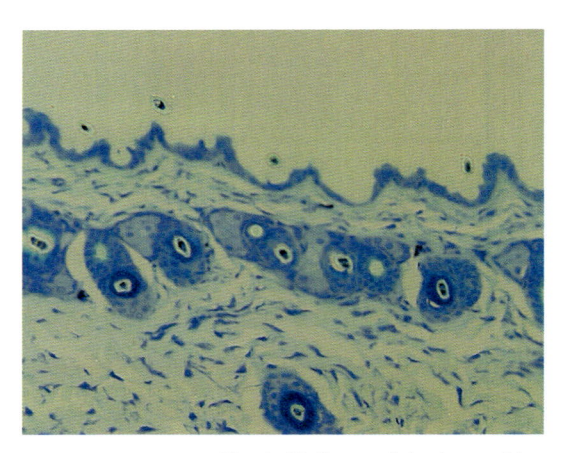

図 5 - 20　TMC0514 群の皮膚組織の TB 染色（×200 倍）

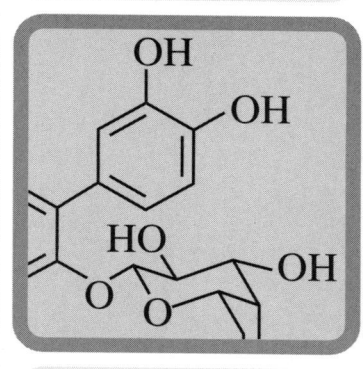

食品の
機能性向上技術の
開発

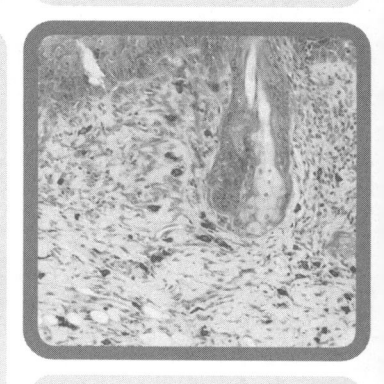

●機能性食品素材の実用化・応用化にむけて●

ニューフード・クリエーション技術研究組合 編

刊行にあたって

　近年，消費者の健康志向の高まり，高齢化の進展の中で，血圧やコレステロールの上昇抑制，整腸作用，抗腫瘍性等をはじめとする機能性を有する緑茶，魚油，発酵食品等の機能性食品群に対する関心が高まっております．これまでも機能性のメカニズムの解明は進められてきましたが，今後は，消費者のニーズに対応した機能性の設計・改良を行うと共に機能性素材の食感，味の改善及び簡易な機能性の評価方法の開発が課題となっております．

　このため，当ニューフード・クリエーション技術研究組合では，平成11年度から農林水産省の助成を受けて「食品の機能性向上技術の開発事業」を国立試験研究機関（現・独立行政法人）並びに大学の学識経験者の方々からの指導・助言を得ながら，5年間にわたって研究開発を進めて参りました．

　研究開発には，①食品の機能性向上のための設計・改良技術の開発，②機能性食品素材の食感・味の向上技術の開発を目的として，参加企業11社が独自の10テーマについて研究を進めて参りました．
この度当初の目的を十分達成する成果が得られ，5年間にわたる研究開発事業を終了しましたので，各組合員企業の研究成果を公表し，その集大成ともいうべき論文集を刊行することになりました．

　本書は，組合員企業の研究課題毎の研究成果はもとより，本研究にご指導，ご助言を賜りました学識経験者の諸先生に特別寄稿論文のご執筆もいただいて，食品の機能性向上技術に関する実用化，応用化等について幅広い知見を集約した貴重な論文集になっております．

　これらの研究成果は，食品産業に関わりを持つ方々にとりまして，大いに参考にしていただけるものと確信しております．

　最後に，本技術研究組合機能性向上部会の研究開発にあたり，終始暖かいご指導，ご助言を賜りました農林水産省の方々や学識経験者の諸先生並びに事業運営に意欲的に取り組み，ご尽力されました組合員企業に対して心から謝意を表すると共に真摯にこの研究に取り組まれた組合研究員各位に深く敬意を表し，厚くお礼申し上げます．

　　　平成 16 年 11 月

　　　　　　　　　　　　　　　　　　　　ニューフード・クリエーション技術研究組合
　　　　　　　　　　　　　　　　　　　　　　理 事 長　佐 竹 幹 雄

目　次

食品の機能性向上技術の開発
機能性食品素材の実用化・応用化にむけて

　刊行にあたって ……………………………………………………佐竹幹雄

特別寄稿論文

第1章　疾病予防と抗酸化食品因子……………………………*(1)*
　　　　　　　　　　　　　　　　　　　　　　　　　　　　大澤俊彦
　§1.「ファンクショナルフーズ」研究の最近の動向………………*(1)*
　§2.「食品因子」研究のスタート …………………………………*(3)*
　§3.「抗酸化食品因子」研究の重要性 ……………………………*(5)*
　§4. ゴマに含まれるリグナンタイプの抗酸化成分 ………………*(8)*
　§5. ターメリックに含まれる抗酸化性クルクミノイド …………*(10)*
　§6. 発酵食品中の抗酸化「食品因子」……………………………*(13)*
　§7. レモンフラボノイドの抗酸化的防御機構 ……………………*(15)*
　おわりに ……………………………………………………………*(17)*

第2章　機能性食品開発について考えること ………………*(21)*
　　　　　　　　　　　　　　　　　　　　　　　　　　　　大東　肇

第3章　機能性食品開発を支える食品免疫学研究の展開………*(25)*
　　　　　　　　　　　　　　　　　　　　　　　　　　　　栗崎純一

第4章　食品の機能性研究の一展望 …………………………*(29)*
　　　　　　　　　　　　　　　　　　　　　　　　　　　　篠原和毅
　はじめに ……………………………………………………………*(29)*
　§1. 農林水産省および食品総合研究所での食品機能研究の取り組み ……*(30)*
　§2. 食品機能研究の重点化方向 ……………………………………*(31)*
　おわりに ……………………………………………………………*(35)*

第5章　腸管細胞を用いた研究の面白さ ……………………(37)
　　　　　　　　　　　　　　　　　　　　　　　　清水　誠

第6章　抗酸化物質はプロオキシダントか？
　　　― 抗酸化研究の光と陰 ―……………………………(41)
　　　　　　　　　　　　　　　　　　　　　　　　寺尾純二

第7章　奥の深い野菜の機能性………………………………(45)
　　　　　　　　　　　　　　　　　　　　　　　　前田　浩

研究成果論文

第1章　野菜，果実中のキサントフィル類による
　　　循環器系疾患予防効果の解明と機能性食品の開発………(51)
　　　　　　　　　　　　　　　　　　　　　　　カゴメ株式会社
　　はじめに………………………………………………………(51)
　　§1. キサントフィル類を含有する野菜，果実の選抜……………(52)
　　§2. キサントフィル類の精製………………………………(55)
　　§3. キサントフィル類の機能性の評価……………………(56)
　　まとめ…………………………………………………………(66)

第2章　わさび由来成分の新規機能性の探索および
　　　機能性食品素材としての高度利用技術の開発……………(69)
　　　　　　　　　　　　　　　　　　　　　　　金印株式会社
　　はじめに………………………………………………………(69)
　　§1. 6‐MSITC高含有素材の開発……………………………(70)
　　§2. 6‐MSITC およびわさびの機能性………………………(78)
　　§3. ヒトボランティア試験……………………………………(92)
　　§4. わさびの機能性血流改善作用について…………………(97)
　　まとめ…………………………………………………………(99)

第3章　グルコマンナンの物性改善および
　　　機能性食品素材化技術の開発………………………………(101)
　　　　　　　　　　　　　　　　　　　　　　　清水化学株式会社
　　　　　　　　　　　　　　　　　　　　　　　西川ゴム工業株式会社

　　　　　　　　　　　目　次

　はじめに ··· (101)
　§1.　易水溶性グルコマンナンの作製 ································· (102)
　§2.　各種グルコマンナンの物性評価 ································· (103)
　§3.　グルコマンナンの抗アレルギー作用の検討 ····················· (105)
　§4.　微粉砕グルコマンナンの安全性試験 ···························· (114)
　§5.　微粉砕グルコマンナンを含有する機能性食品の開発 ············ (114)
　まとめ ··· (114)

第4章　油糧種子に含まれる機能性成分の探索および その利用技術の開発 ································· (117)

昭和産業株式会社

　はじめに ··· (117)
　§1.　菜種原油由来抗ラジカル活性物質の単離同定 ·················· (117)
　§2.　各種植物油中のCanolol含量 ······································ (123)
　§3.　Canololを含有する食品の開発 ··································· (125)
　§4.　Canololの生理機能評価 ·· (129)
　まとめ ··· (136)

第5章　乳酸菌による免疫調節作用の検討および それらを利用したアレルギー低減化食品等の開発 ······ (139)

高梨乳業株式会社

　はじめに ··· (139)
　§1.　1次スクリーニング：プロバイオティクス ····················· (139)
　§2.　2次スクリーニング：*In vitro*における免疫活性 ··············· (142)
　§3.　3次スクリーニング：免疫調節の方向性 ······················· (148)
　§4.　TMC0514株の免疫抑制の検討（*in vivo*試験；TMC0514株の
　　　　経口摂取がNC/NgaTndマウスに与える影響）··················· (155)
　§5.　TMC0356株のヒト臨床試験 ······································ (160)
　まとめ ··· (170)

第6章　アセロラに含まれる機能性成分の探索と その利用技術の開発 ································· (175)

株式会社ニチレイ

　はじめに ··· (175)

- §1. アセロラの成分分析 .... (176)
- §2. ビタミンC類縁化合物の探索 .... (182)
- §3. ビタミンCの吸収効率の検討 .... (184)
- §4. メラニン生成抑制効果 .... (186)
- §5. APの機能性評価 .... (189)
- §6. アセロラパウダーの作製および機能性評価 .... (193)
- まとめ .... (197)

第7章　グリセロ糖脂質の効率的生産およびその機能性の検討・向上技術の開発 .... (199)

　　　　　　　　　　　　　　　　　　　　　　　　日新製糖株式会社

- はじめに .... (199)
- §1. グリセロ糖脂質の構造と生理機能性 .... (199)
- §2. 食用油脂を原料としたグリセロ糖脂質O3の生産と培養細胞による生理機能性評価 .... (203)
- §3. グリセロ糖脂質O3の動物実験による生理機能性評価 .... (207)
- §4. グリセロ糖脂質O3の食品への応用 .... (211)
- §5. グリセロ糖脂質O3と原料GalGroの安全性 .... (216)
- §6. 天然物からのグリセロ糖脂質の抽出とその生理機能性 .... (217)
- まとめ .... (219)

第8章　キチンオリゴ糖の生理作用 .... (223)

　　　　　　　　　　　　　　　　　　　　　　　　日本水産株式会社

- はじめに .... (223)
- §1. カルシウム吸収促進効果メカニズムの検討 .... (224)
- §2. 有効成分の効率生産に関する検討 .... (227)
- §3. その他の生理作用に関する検討 .... (230)
- §4. 食品開発に関する検討 .... (234)
- まとめ .... (235)

第9章　大豆食品由来成分の健康増進・疾病予防機能の評価および機能性食品素材としての高度利用に関する検討 .... (239)

　　　　　　　　　　　　　　　　　　　　　　　　株式会社J-オイルミルズ

- はじめに .... (239)

目　次

§1. 大豆イソフラボンの高度利用に関する研究 ……………………………(239)
§2. ビタミンKの高度利用に関する研究 ………………………………………(254)
まとめ ……………………………………………………………………………(265)

第10章　カンキツに由来する成分の機能性に関する研究および食品素材化技術の検討 …………………………(269)

社団法人和歌山県農産物加工研究所

はじめに …………………………………………………………………………(269)
§1. *In vitro* 系における LDL 酸化変性抑制試験 ………………………(270)
§2. Triton WR1339 処理ラットを用いた血清脂質上昇抑制試験 ……(273)
§3. ハムスターを使用した動脈硬化予防試験 …………………………(276)
§4. 肥満予防試験 ……………………………………………………………(285)
§5. カンキツ精油成分ならびに温州ミカン精油濃縮物の安全性試験…(292)
§6. 温州ミカン精油濃縮物の食品への利用 ……………………………(293)
まとめ ……………………………………………………………………………(294)

組合員別研究担当者一覧 ………………………………………………………(297)
編集後記 …………………………………………………………………………(299)
索引 ………………………………………………………………………………(301)

特別寄稿論文

―― 第1章 ――
疾病予防と抗酸化食品因子

名古屋大学大学院生命農学研究科　大澤俊彦

§1.「ファンクショナルフーズ」研究の最近の動向

「環境」，なかでも「食生活」が「生活習慣病」と呼ばれる「疾病」の増加に大きな役割を果たしている．日本でも，食事の欧風化に伴い，「がん」をはじめ「動脈硬化」，「糖尿病の合併症」などの疾病の発症の原因における食生活の欧風化，特に，カロリー摂取過剰，なかでも，脂肪の摂取増加に伴う疾病の急増が重大な問題となっている．1977年に，アメリカ人がカロリー過剰の食生活，特に，脂肪と砂糖の摂取過剰の食生活を続けると，医療・保険費の負担のために国家財政は破綻する，とまで考えられ，目標として掲げられたのが，塩分摂取を除いた日本人の食生活であった．しかし，その後の国家的な栄養指導にもかかわらずアメリカ人のカロリー摂取は減少せず，日本人もカロリー摂取は増

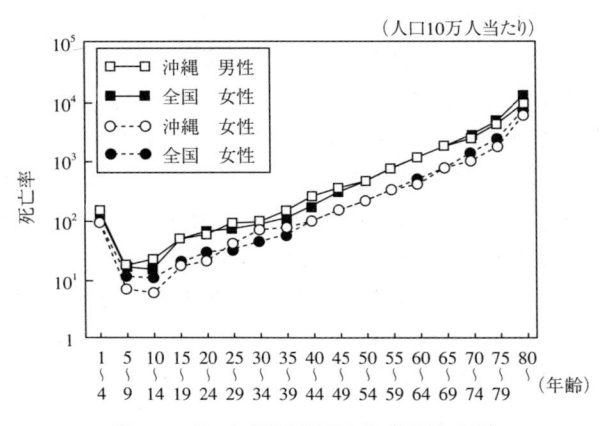

図1-1　性・年齢階層別死亡率（沖縄と全国）
出典：鈴木信他：『The OKINAWA PROGRAM』

加の傾向であり，特に問題となったのは，砂糖類と油脂類の消費量の増加であった．特に，長寿県として知られる沖縄でも，50歳以下の年齢層では，男性，女性ともに死亡率が全国平均を上まわっており，このままの状態が続くと，世界最長寿命の看板を降ろさざるをえない，と危惧されている（図1-1）[1]．このような背景で，日本のみならず欧米でも注目されているのが伝統的な食品素材のもつ疾病予防効果であり，新しい機能性に最新の科学のメスが入れられつつある．

「食の機能性」を科学的に評価するためにはバイオマーカー（生体指標）の必要性が重要視されており，最終的には，ヒトでの介入試験や臨床研究で評価すべきである．最近，医療の分野を中心にDNAチップ装置が導入され注目されている．DNAチップ装置を用いれば，一挙に数万の遺伝子発現や多型を解析できるようになった．「がん」をはじめ「成人病」や「生活習慣病」とよばれる「疾病」は典型的な多因子疾患であるので，いずれは，個人ごとに病気になりやすさが予測でき，各個人に応じた予防食のメニューができるのではないか，と期待され，さらに，最近では，ゲノム解析からプロテオーム解析に研究の流れは大きく展開しており，遺伝子発現以後のタンパク質マイクロアレーの開発，特に，酸化ストレスバイオマーカーを集約的に評価するためにチップ化した「抗体チップ」の開発研究を目的に研究を進めつつある．

我々も，酸化ストレスに関連したバイオマーカーを集約的にチップ上に集めた「抗体チップ」の作製を目的とした「コンソーシアム」を立ち上げることに成功した．我々のアプローチは，後で紹介するように，あくまで「酸化ストレス」に関連した抗酸化食品素材の機能性を，血液，唾液，尿などを対象としてヒトレベルで効能評価を進めていこうというものである．京都府立医大の吉川教授を座長に著者が副座長，東京農大の荒井綜一教授を顧問に大阪商工会議所が中心になって立ち上げたものである．21世紀における新しい「ファンクショナルフーズ」研究の流れは，栄養学や医学の分野を中心に遺伝学や生物化学，免疫化学や有機化学など，他の分野との接点を求めてますます多岐にわたり，これらの学問体系を縦型に捉えるだけではなく横断的に包括した新しい概念が必要になってきている．本稿では，これからの「ファンクショナルフーズ」研究がどうあるべきかについて，「抗酸化食品因子」研究の現状と動向も含めて考えて見たい[2]．

§2.「食品因子」研究のスタート

「機能性」が期待される野菜や果物中の成分の多くは，今まで「非栄養素」と呼ばれ，その機能や生理作用にはあまり目が向けられなかったのが現状である．「非栄養素」とは，タンパク質，糖質，脂質の3大栄養素に加えビタミン，ミネラルの2大微量栄養素を加えた5大栄養素以外の食品成分の総称であるが，「食物繊維」については「第6の栄養素」とよばれ，すでに注目を集めていた[3]．しかし，含硫化合物やテルペノイド，カロテノイドやアルカロイド，また，最近ジャーナリズムに取り上げられている「お茶」や「赤ワイン」中のポリフェノールなどの「非栄養素」成分の生理機能が注目を集めてきたのは，つい最近のことである．一方，「デザイナーフーズ」計画とは，アメリカ国立がん研究所（NCI）を中心に2000万ドルの予算規模で始まり，このプログラムの主な目的は「がん予防」に食品成分，特に植物性食品成分がどのような機能を果たすのかについての科学的な解明にあり，活性物質の構造解明はもちろん，代謝経路も含めて作用機構を解明することが目的であった[4]．この「デザイナーフーズ」計画の特長は，「がん予防」に対する重要度を指標に，野菜や果物，香辛料などを図1-2のようなピラミッド型に並べられたことである．このような野菜や果物に「がん予防」の効果が期待されている背景には，アメリカで長年にわたり行なわれてきた莫大な疫学を基礎とした研究が挙げられて

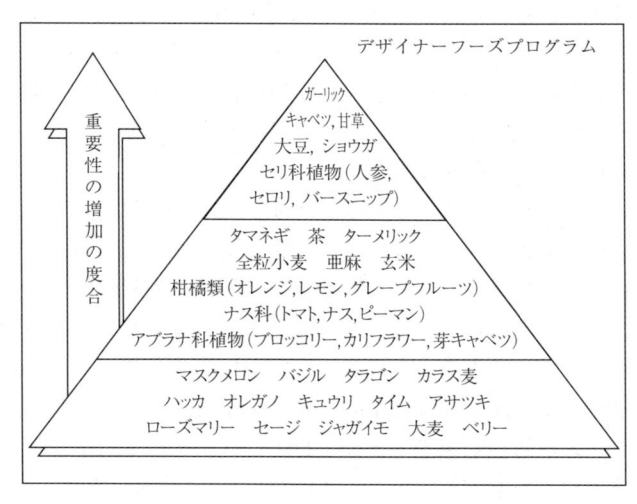

図1-2　がん予防食品のピラミッド

いる[5]．例えば，ニンニク（ガーリック）を日常的に使用し，摂取量の多い地方，例えば，イタリアや中国のある地方では胃がんの発生が非常に低いという調査や，ニンジンやセロリ，パースニップなどのセリ科の野菜の摂取は，大腸がんや食道がん，肝臓がんなどの消化器がんとともに，前立腺がんや皮膚がんなどの多種多様ながんの発生に対して研究総数と抑制の効果の相関性を調べてみると82％は正の相関をもつという興味ある結果が報告されている．しかし，セリ科の野菜には，カロテン類をはじめ多種多様な成分が含まれており，どの成分が効果を示すのかの実験的な証明はなされていなかったが，「非栄養素」と呼ばれる成分の摂取が，「がん」をはじめ「生活習慣病」とよばれる疾病の予防に重要な役割を果たしているのではないか，と多くの注目を集めてきた．「非栄養素」とは，糖質，脂質，タンパク質という3大栄養素に，必須微量栄養であるビタミン，ミネラルを加えた5大栄養素に第6の栄養素と言われる食物繊維を除いた成分，すなわち，ポリフェノール類やイオウ化合物，テルペノイドやアルカロイド，カロテノイドなどの食品成分の総称である．これらの成分は今まであまり研究対象とはならなかったのが実状であるが，最近，このような微量成分を摂取した後に生体に及ぼす種々の機能性に多くの注目が集められてきた．我々は，このように「生理作用」が期待される「非栄養素」を中心とする「機能性食品成分」に対して「食品因子」（フードファクター）との概念を提案してきた．特に，「食品因子」を分子レベルで化学的に明確にし，試験管レベルでの構造-活性相関から，個体レベル，さらには臨床レベルで，「フードファクター」が，多種多様な機能性，特に，がんや糖尿病，動脈硬化など「成人病」や「生活習慣病」とよばれる疾病の予防効果を示しうるのか，科学的に証明する必要が最も重要であろう．

　我々は，「活性酸素」や「フリーラジカル」による「生体成分の酸化修飾」を指標に「抗酸化酵素」や「生体内抗酸化物質」の役割に焦点をあて，フリーラジカル・脂質過酸化傷害マーカーの開発を目的に免疫化学的アプローチを中心に研究を進めてきている[6]．その理由は，血液や尿を対象に簡単に「酸化ストレス」の程度が測定できるようにすることが目的で，現在，これらの抗体を利用したELISA（enzyme-linked immunosorbent assay）法の確立を進めている．ヒトのゲノム解析の結果をもとに「DNAチップ」が開発され，一挙に数万の遺伝子発現や多型を解析できるようになった．「がん」をはじめ「成人病」や「生活習慣病」とよばれる「疾病」は典型的な多因子疾患であるので，いず

れは，個人ごとに病気になりやすさが予測でき，各個人に応じた予防食のメニューができるのではないか，と大きく期待されている．さらに，最近では，ゲノム解析からプロテオーム解析に研究の流れは大きく展開しており，遺伝子発現以後のタンパク質マイクロアレーの開発，特に，我々は，酸化ストレスバイオマーカーを集約的に評価するためにチップ化した「抗体チップ」の開発研究を目的に研究を進めつつある．

§3．「抗酸化食品因子」研究の重要性

このように，老化に関連した様々な疾病の原因である「酸化ストレス」を予防しうる食品素材として我々が特に着目したのが，子孫を絶やさず次世代に生命を残す植物種子である．有色の米種子やインゲン豆種子の種子表面に存在する抗酸化性色素はアントシアニンと呼ばれるポリフェノールの一種であり，紫トウモロコシや紫キャベツ，また，ブルーベリーなど我々の身の回りに存在する多くの植物性食品に含まれていることが知られている．しかも，酸化的傷害に対する防御能の高い野生種の色の有色タイプに多く含まれ，栽培種として我々が日常食べている食品素材には含量が多くない．有色の野生種から長い間の交配・品種改良を進めた結果，植物が本来有していた抗酸化的な防御機構は低下したと推定されるので，もう一度野生種のもつ機能性に目を向ける必要があるのではないかと考えている（図1-3）[7]．

著者らは，まず，米種子，特に黒米や赤米の色素成分も保存・貯蔵性に大きな影響を及ぼしているとの考え方から研究をスタートした．すなわち，黒米，

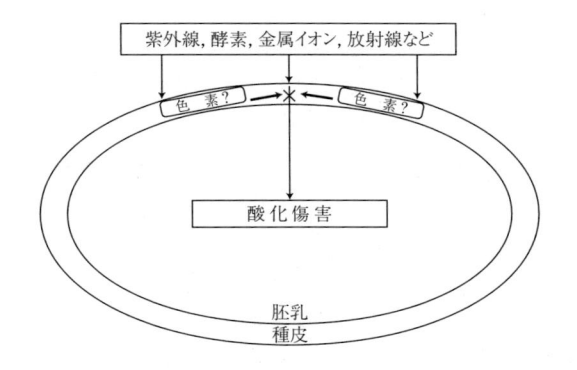

図1-3 植物種子による参加障害防御機構の概念図

赤米，白米の3種類を室温で貯蔵すると，白米は早く発芽力を失うものの黒米は最も長く発芽力を保つことができた．そこで，この劣化に対する抵抗性は籾からや種子表面に多く含まれている抗酸化性色素に由来するのではないかとの推定のもとで，抗酸化性を指標に活性物質の単離・精製を試みたところ，本体はシアニジン配糖体，シアニジン-3-O-β-D-グルコシド（C3G）と同定され，さらに，この物質は酸性，中性のどちらの領域でも強い抗酸化性を示すという興味ある結果を得ることができた．その後の研究の結果，黒，赤，白と3種類存在するインゲン豆の場合も，黒や赤インゲン豆のような有色種の方が高い抗酸化的防御機構をもっており，抗酸化活性成分の検索を行なったところ，やはりシアニジン配糖体であった（図1-4）．

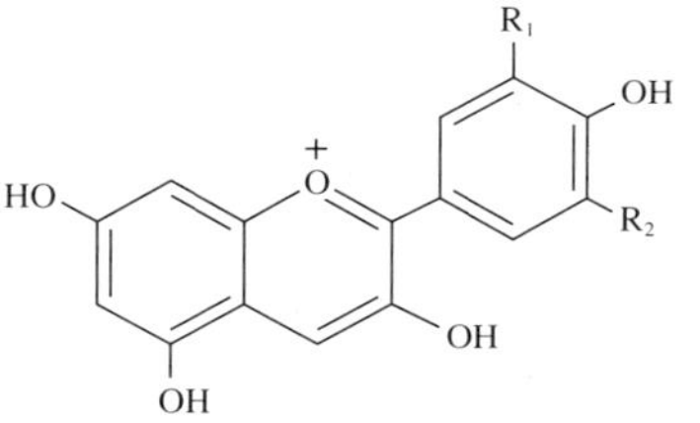

R_1	R_2	アントシアニジン
H	H	ペラルゴニジン
OH	H	シアニジン
OCH$_3$	H	ペオニジン
OH	OH	デルフィニジン
OCH$_3$	OH	ペチュニジン
OCH$_3$	OCH$_3$	マルビジン

図1-4 代表的なアントシアニジン

今回，我々が存在を明らかにしたシアニジン配糖体も他のアントシアニン系抗酸化色素と同様に中性では退色するものの抗酸化性はまったく変化がなかった．そこで，同志社大学バイオマーカー研究センターの津田助教授を中心に研究を進めたところ，C3Gはラジカルを捕捉しながら分解していき，最終的にプロトカテキュ酸に変化していくことが明らかとなった．このプロトカテキュ酸自身も抗酸化性をもち，また最近ではがん予防効果も明らかにされてきているので，このC3G自身だけでなく代謝生成物も酸化ストレス抑制効果を示すという2重の抗酸化防御機能が期待されるという興味ある結果を得ることができ，多くの注目を集めている[8]．しかし，摂取されたC3Gが生体内で抗酸化性を発揮するかどうかについては，最近まで明らかにされておらず，そこで，ラットにC3Gを経口摂取させた場合に血清および組織の酸化抵抗性が上昇する可能性について検討した．さらに，酸化ストレスに対するC3Gの防御効果を検討することを目的とし，酸化ストレスのモデル系として肝臓の虚血-再灌流（I/R）を行ない，この傷害に対するC3Gの抑制効果について検討を行な

い，C3G が肝傷害の予防作用とともに痴呆や脳の老化の原因となる虚血－再灌流に対しても予防効果が期待できることが明らかにされた．

しかしながら，アントシアニン類の研究に及ぼす機能研究に不可欠なのは，生体内吸収と代謝機構の解明であろう．フラボノイドやアントシアニンを含むポリフェノールに関する代謝・吸収に関する研究は今までほとんど行なわれておらず，ここ数年，ケルセチンやルテオリンなどのフラボノイド類の代謝研究が報告されてきているにすぎない．C3G を投与したラットの血漿，胃，小腸，肝臓，腎臓の C3G およびその代謝物を HPLC により分析した結果，C3G は血漿において検出されたが，アグリコンであるシアニジンは検出されなかった．血漿中には，C3G あるいはシアニジンの分解物と考えられるプロトカテキュ酸が検出され，小腸においても，C3G とともにシアニジンおよびプロトカテキュ酸が検出された．また，肝臓および腎臓においては，C3G の B 環の水酸基がメチル化されたペラゴニジングルコシド（peonidin 3 - glucoside：Pe3G）と推定されるピークが検出されている[9]．他のアントシアニン類の代謝・吸収の研究は他には報告されておらず，ヒトの健康への関与を考えるうえでこの分野の研究の進展が期待されている．

最近，我々は，紫トウモロコシから抽出された C3G が，肥満を抑制するというデータを得ることができた．ラットに普通食を与えた場合も高脂肪食を与えた場合も，摂取量には変化はないものの，C3G を与えた場合は，どちらの場合も体重が低下するという興味ある結果を得ることができた．副睾丸の脂肪細胞の検討を行なったところ，C3G 投与により脂肪細胞の肥大が抑制されていることを明らかにできた[10]．そこで，特に，ラット由来の肥満細胞を用いて，DNAチップを用いた mRNAレベルでの発現の検討を行ない，脂肪の蓄積を抑え，脂肪酸酸化の過程を促進するとともに，食欲抑制ホルモンであるレプチン量を遺伝子レベルで増加させることを明らかにできた[11]．

サプリメントとして一般的に用いられるアントシアニン素材としてよく知られているものとして，ブルーベリーが挙げられる．ブルーベリーは北米原産のツツジ科スノキ属に属し，15 種類ものアントシアニンが含まれている．今までに視力改善作用，抗酸化作用，糖尿病性白内障の予防，脳内老化の予防など，多種多様な機能・効能が報告されている．一方，がん予防におけるアントシアニンの効果については，今まであまり報告がなされてこなかったが，最近，三栄源エフ・エフ・アイと名古屋市立大学医学部の白井智之教授のグループは，

紫トウモロコシを用いた大腸発がん抑制効果を発表している[12]．発がんイニシエーターとして，ジメチルヒドラジン（DMH）を投与した後に，ヘテロサイクリックアミンを経口投与し，同時に，飼料に5％の紫トウモロコシ粉末を添加した際に，大腸がんの発生を効果的に抑制している．紫トウモロコシの主なアントシアニンはC3Gであるので，我々も，C3Gを中心にアントシアニン類のもつ様々な機能，効能を明らかにしていきたい．

§4．ゴマに含まれるリグナンタイプの抗酸化成分

香辛料として著者らがまず着目したのがゴマ種子である[13]．ゴマは古くから体によい，また，ゴマ油は腰が強いなどその利点については多く語られているものの，ゴマ種子に関する科学的な研究はほとんどなされていなかった．我々の研究グループを中心にサントリーや京都大学，九州大学などを含めたいままでの研究の結果，図1-5に示したような多種多様なリグナンタイプの生理活性物質が得られてきた．なかでも，我々の研究グループは，ゴマ油の酸化安定性の主要抗酸化成分である脂溶性リグナン誘導体のセサミノールは，太白油とよばれるゴマサラダ油の精製過程で二次的に生成し，ゴマ油精製工程の副産物中に存在するとともにゴマ油中にも大量に残存していることを明らかにしてきた．最近，セサミノールがゴマサラダ油製造工程の副産物より効率的に回収できたので，生理活性をウサギ赤血球膜やラット肝ミクロゾームを用いたin vitro系で検討したところ強力な抗酸化性を見いだすことができた．さらに，ヒトの培養細胞を用いた系でも脂質過酸化の誘導剤を加えて生じた過酸化傷害に対してセサミノールが有効に抑え，最近，悪玉コレステロールとよばれているLDL（低密度リポタンパク質）の酸化傷害を強力に抑制することが明らかとなった．動脈硬化発症の原因として最近注目を集めているのは酸化LDLの生成である．すなわち，酸化ストレスの結果，LDLが酸化されるとマクロファージに貪食され，泡沫細胞となることが粥状動脈硬化巣

セサミン
　●肝機能改善　　●乳がん抑制
　●コレステロール合成・吸収阻害

セサミノール配糖体
　●脂質過酸化抑制　　●動脈硬化抑制
　●糖尿病発祥における酸化ストレスの低減

セサミノール
　●脂質過酸化抑制　　●LDLの酸化抑制
　●トコフェロールへの相乗作用

セサモリン
　●生体内抗酸化　　●動脈硬化抑制

図1-5　ゴマリグナン類の生理機能

の発症のメカニズムである．ヒトの銅イオンの存在下，LDLを酸化させTBARSのような比色法だけでなく4-HNEやMDAに特異的な抗体を用いた免疫化学的手法で評価を行なったところ，ビタミンEはもちろん，プロブコールよりも遙かに強力な抑制効果が見いだされた[14]．現在，その機構解明を進めているが，日本でも伝統的健康食品として長い間広く用いられているゴマが材料であるので副作用などの心配もなく，新しいタイプの老年病予防食品の候補として興味ある素材である．

このような実験を通して，さらに筆者らが興味をもったのはゴマ脱脂粕である．ゴマ油は，大豆油やコーン油などのサラダ油がヘキサン抽出により生産されているのとは異なり，エキスペラーにより圧搾抽出されている．そのときの発熱のためにゴマ脱脂粕は褐変化しており，飼料や肥料以外の使い道は今のところあまりない．もしも熱変性がなければ，ゴマ脱脂粕の有効利用を考えるうえでゴマタンパク質は重要な物質となり，また，ゴマ脱脂粕中の有用成分としてセレンのような微量元素やフィチン酸などが注目されているが，筆者らが特に着目したのは脱脂粕中に存在する水溶性のリグナン配糖体である．ゴマ脱脂粕を80％アルコールで抽出し，リグナン配糖体の単離・構造解析を進めた結果，多種多様なセサミノール配糖体やピノレジノール配糖体の存在を明らかにすることができた．なかでも，セサミノール配糖体は大量にゴマ脱脂粕中に含まれ（約1％），食品成分として摂取したのち，特に，腸内細菌のもつβ-グルコシダーゼの作用でアグリコンが加水分解を受けてから腸管から吸収され，最終的には脂溶性であるセサミノールが血液を経て各種臓器中に至り，生体膜などの酸化的障害を防御するという機構が推定されている[15]（図1-6）．

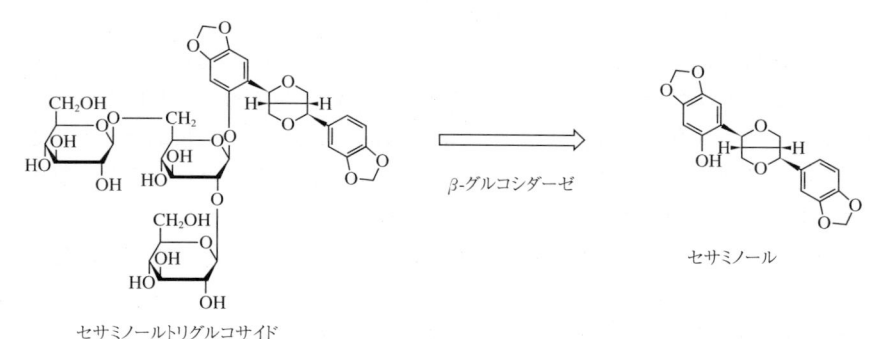

図1-6 β-グルコシダーゼによるセサミノール配糖体からセサミノールへの変換機構

そこで，このゴマ脱脂粕の有効利用の観点から動脈硬化症の予防食品として応用できるか否かを，椙山女学園大学 内藤教授との共同研究により，高コレステロール血症モデルウサギを用い飼料に10％のゴマ脱脂粕を加えることで動脈硬化発症を抑制することができるかを検討した．そこで，ウサギの血清からLDLを分離し，銅イオンの添加による脂質過酸化度を検討したところ，6週間の観察期間中ではあまり差が現われてなかったが，9週間では強い抑制効果が現われ，また，抗体を用いたELISA法による検討でも，4-ヒドロキシノネナール（4-HNE）およびマロンジアルデヒド（MDA）によるLDL付加体の生成も抑制した．また，大動脈内におけるコレステロールの沈着を検討したところ，実験群の大動脈内のコレステロール沈着はコントロール群に比べて有意に抑制した．以上の結果から，ゴマ脱脂粕中に含まれるリグナン配糖体が腸内菌の作用により加水分解され，生成したセサミノールをはじめとするリグナン類がLDLの脂質過酸化反応を抑制すると同時に動脈硬化進展を予防する可能性が明らかになった．しかも，ゴマやゴマ脱脂粕という素材の安全性は問題ないと考えられ，今後の動脈硬化予防食品として応用開発の研究の発展が期待されている．今まで述べたように，これらのリグナン類抗酸化成分は，ゴマ種子の保存やゴマ油の酸化安定性に大きく寄与しているとともに，未利用資源としてのゴマ脱脂粕の有効利用という面からも注目を集め，新しいタイプの天然抗酸化物質として油脂食品の酸化防止という食品系での応用，開発の可能性が考えられる．

§5．ターメリックに含まれる抗酸化性クルクミノイド

　最近，我々の研究室ではインド料理に欠かせないスパイス，ターメリックの黄色の色素成分の1つであるクルクミンにも注目して研究を進めている．このクルクミンは日本ではたくわん漬けの黄色をつける天然色素として長く用いられている．ターメリックは，秋ウコン（*Curcuma longa* L.）の根茎を乾燥して粉末にしたもので，沖縄ではうっちん茶とよばれ，古くからウコン茶が愛用されている．ウコンは，古くから強肝利胆薬として広く用いられてきており，また，タイやインドでは黄色は「神聖な色」として収穫祭や結婚式では不可欠である．インドでは結婚式にはウコンを肌に塗り，マレーシアでは出産後の女性はウコンの粉末を下腹部になすりつけ，また，赤ん坊のへその緒の切り口にはウコンを塗る習慣もあった．また，生薬として，肝臓，胆道炎，胆石炎，カタ

ル性黄疸をはじめ健胃薬，さらには疫痢，喘息，結核，子宮出血などに用いられてきた[16]．このようなクルクミンの伝統的な使用法は，皮膚がんに対するクルクミンのもつ強力な発がんプロモーションの抑制作用の発見に至った．最近，放射線医学研究所の稲野博士は，我々との共同研究で，γ-線照射による乳がんのモデルを用いて，「クルクミン」が乳腺腫瘍の形成を顕著に抑制することが明らかにした．この「クルクミン」は，「イニシエーション」[17]と「プロモーション」[18]の両方の段階を抑制することが明らかにされたが，実際に血液や臓器中の「クルクミン」の存在量を測定してみてもまったく「クルクミン」は検出されず「テトラヒドロクルクミン」が検出されたのである．我々の研究グループは，この「クルクミン」も経口で摂取すると腸管の部分で「テトラヒドロクルクミン」という強力な抗酸化物質に変わることを明らかにすることに成功しており，実際に，「テトラヒドロクルクミン」というのは，腸の細胞で吸収されるときに「クルクミン」が変化してできる物質で，私たちが「クルクミン」を食べると吸収されるときに「テトラヒドロクルクミン」に変換され，体のなかで実際に効果を示すのはこの「テトラヒドロクルクミン」である，というわけである．実際，図1-7に示したように，皮膚がんの抑制は「クルクミン」の方が強い抑制効果を示したが，他の系ではいずれも「テトラヒドロクルクミ

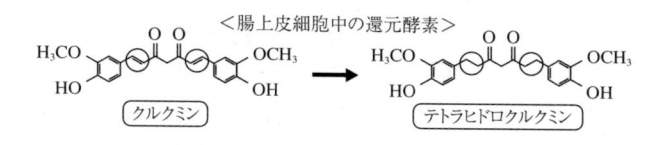

生理機能	クルクミン 黄色	テトラヒドロクルクミン 無色透明
抗酸化性	○	◎
解毒酵素・抗酸化酵素誘導作用	○	◎
乳がん抑制作用	◎	－
皮膚がん抑制作用	◎	○
大腸がん抑制作用	○	◎
腎臓がん抑制作用	○	◎
糖負荷による白内障抑制作用	○	◎
動脈硬化予防作用	－	◎
老化抑制作用	－	◎

◎：強い抑制作用，○：弱い抑制作用，－：未検討

図1-7　クルクミン，テトラヒドロクルクミンの *in vivo* 系における生理機能の比較

ン」の方に強い活性が見られた．国立がんセンターの津田化学療法部長のグループとの共同研究によりジメチルヒドラジンで誘発された大腸の前がん細胞の形成を「テトラヒドロクルクミン」の方が「クルクミン」よりも強く抑制することが明らかにできた[19]．さらに，腎臓がんの抑制に対しても「テトラヒドロクルクミン」の方が「クルクミン」よりも遙かに強力な抑制効果が期待できることが京都大学医学部豊国助教授らのグループとの共同研究により明らかにされ，その作用は「テトラヒドロクルクミン」の強力な抗酸化性に基づくものではないかと推定されている[20]．ところが，最近の興味ある結果として協和発酵研究所のグループとの共同研究の結果，糖負荷させたラットやサルで生じる白内障の発症に対して，「クルクミン」，特に，「テトラヒドロクルクミン」が強力な予防効果を有することを明らかにすることができた．4週齢雄SDラットの水晶体をキシロースやガラクトース，グルコースなどのいずれかを含有する培地で「クルクミン」，「テトラヒドロクルクミン」の存在下で培養したところ，いずれも水晶体混濁度が有意に減少し，その効果は「テトラヒドロクルクミン」の方が強力であった．しかしながら，ポリオール蓄積量には差がなかったことから，その機構は，アルドース還元酵素阻害作用に基づくのではなく，抗酸化作用による可能性が示唆された．そこで，レンズ中のグルタチオン量を測定したところ，キシロース添加によりレンズ中GSH量の有意な低下が認められたのに対し，テトラヒドロクルクミン添加によりGSH量の回復がみられた．これまでに，白内障ではレンズ中のGSH量の減少が報告されているので，「テトラヒドロクルクミン」はレンズにおいてGSH量を増加させることにより，白内障を抑制している可能性が考えられた．そこで，実際にGSHを摂取させることによる糖尿病合併症の抑制効果について検討を行なったところ，腎障害に対しても糖尿病性神経障害に対してもGSHは有意に抑制した[21]．これらの結果から，抗酸化物質を摂取することで生体内のレドックス制御を正常化し，最終的に，糖尿病由来の腎機能低下や糖尿病性神経障害のような合併症を抑制する可能性が示唆された．

　一方，我々の研究グループが最近注目をしているのが，解毒酵素誘導作用である．我々の生体内に摂取されたり，または，生体内で生成した毒性物質は肝臓でまずチトクロームP-450を中心とする第1相酵素による活性化作用を受け，生成した活性体はDNA付加体を形成することが強力な発がん性発現のメカニズムである．ところが，我々は，このような活性体を無毒化する第2相酵

素（解毒酵素）を有しており，グルタチオン（GSH）などを基質に「抱合体」を形成し，最終的には体外へ排泄されることが知られている．最近，発現のメカニズムの遺伝子レベルからの解明にも成功している．この第2相酵素の誘導には，ニンニクやワサビをはじめとするアブラナ科の香辛料や野菜に高い効果がみられ，現在，有効成分の単離・精製を進めているが，「クルクミン」，特に「テトラヒドロクルクミン」に強力な「グルタチオン‐S‐トランスフェラーゼ」誘導作用があることが見いだされている．また，「テトラヒドロクルクミン」は同じ第2相酵素であるNADPH‐キノンリダクターゼを誘導するとともに抗酸化酵素であるグルタチオンペルオキシダーゼを誘導することを明らかにすることができた[24]．これらの結果は，「クルクミン」，特に「テトラヒドロクルクミン」は過剰に産生された活性酸素を補足することで酸化ストレス傷害を防御するとともに，抗酸化酵素や第2相酵素を誘導することで生体防御能を高める，という新しい機能を明らかにすることができた．お茶の水女子大学の森光助教授らとの共同研究で，最近，発現のメカニズムの遺伝子レベルからの解明にも成功している[22]．

§6. 発酵食品中の抗酸化「食品因子」

日本人に伝統的な豆類のポリフェノールとして，最も良く知られているのは大豆に特異的なダイゼインとゲネスチンである．大豆種子中では，配糖体の形でダイジンは0.15％，ゲネスチンが0.007％存在しているので，前者が大豆のイソフラボンのほとんどを占めている．大豆加工食品，例えば豆乳の製造工程で大豆中に存在するβ‐グルコシダーゼの作用により配糖体は加水分解を受け，糖とともにアグリコンであるダイゼイン，ゲネステインが遊離される．このようにして生成したイソフラボンは，豆乳中に存在し，飲む際に咽頭などを刺激するという点で問題となっていた．ところが，最近の研究で，このようなイソフラボノイド類は摂取後に植物エストロゲンとして作用し，乳がんや骨粗相症の予防という新しい機能が注目されてきている．

しかしながら，これらのイソフラボノイド類の最も古くから知られた機能性は抗酸化性であるが，主成分の配糖体であるゲネスチンやダイジンなどの抗酸化性そのものはあまり強くない．一方，日本をはじめ東南アジア諸国では，大豆を原料としたいろいろな伝統的発酵食品が普及している．日本や中国，韓国を中心とする麹菌による味噌や醤油をはじめ，枯草菌による納豆，また，イン

ドネシアで伝統的なクモノスカビによるテンペなどが有名である．このような発酵食品は，いずれも微生物の作用で抗酸化性が増大するが，その機構は微生物の種類により大きく異なっている[23]．納豆の場合は枯草菌により生産されるプロテアーゼによる大豆タンパクの分解によるペプチドの増加による抗酸化性相乗作用が明らかとされたが，クモノスカビや麹菌はβ－グルコシダーゼを生産するために配糖体であるゲネスチンやダイジンは激減し，アグリコンであるゲネステインやダイゼインが増加している[24]．さらに，特徴ある他のイソフラボンとしては，強い抗酸化性をもつ 6, 7, 4'-トリヒドロキシイソフラボンが以前よりテンペ中に存在することが報告されていたが，最近，椙山女学園大学の江崎助教授との共同研究により，*Aspergillus Saitoii* をはじめとする麹菌の代謝により 5, 7, 8, 4'-テトラヒドロキシイソフラボンが生産され，強力な抗酸化物質として味噌などの発酵食品中での機能性に重要な役割を果たしていることが明らかとなった（図 1-8）[25]．

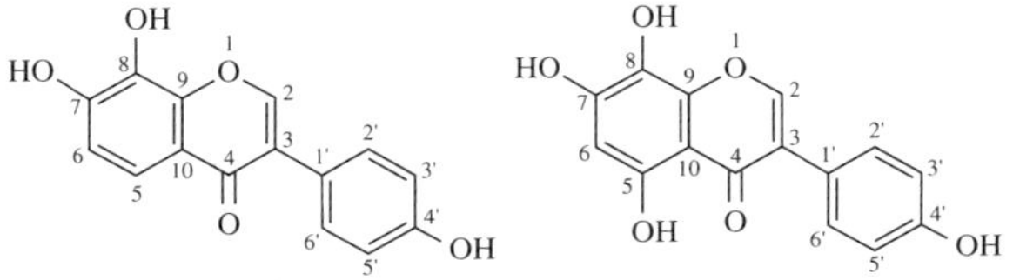

図 1-8　A.saitoi大豆発酵物より単離・同定された抗酸化物質

　同じように，発酵過程が機能性増強に大きな役割を果たす例として多くの注目を集めているのがカカオポリフェノールである．カカオポリフェノールは，カカオ豆を発酵・ばい焼の工程を経て最終製品としてのチョコレートやココア中に存在しているが，化学的な研究はほとんどなく，カカオ豆中の成分が製造工程中でどのような変化を受けるのか，また，我々が摂取した場合にどのような生理的な役割を果たすのかほとんど研究されていなかったので，明治製菓（株）の越坂部博士を中心とする研究グループとの共同研究を進めた．その結果，図1-9に示したような低分子，高分子性のポリフェノール類の単離・構造解析を進めてきた．アルコール性胃粘膜障害に対する予防作用をはじめビタミンE 欠乏時の酸化ストレスに対する予防効果や動脈硬化予防作用，さらには，*in vitro* 系を用いた実験からポリフェノール類の構造-活性の相関性や変異原性抑制効果や，皮膚がんや大腸がんに対する予防効果など，興味ある結果を得

ることができた[26].

(−)-epicatechin

clovamide：R＝OH
deoxyclovamide：R＝H

(B)

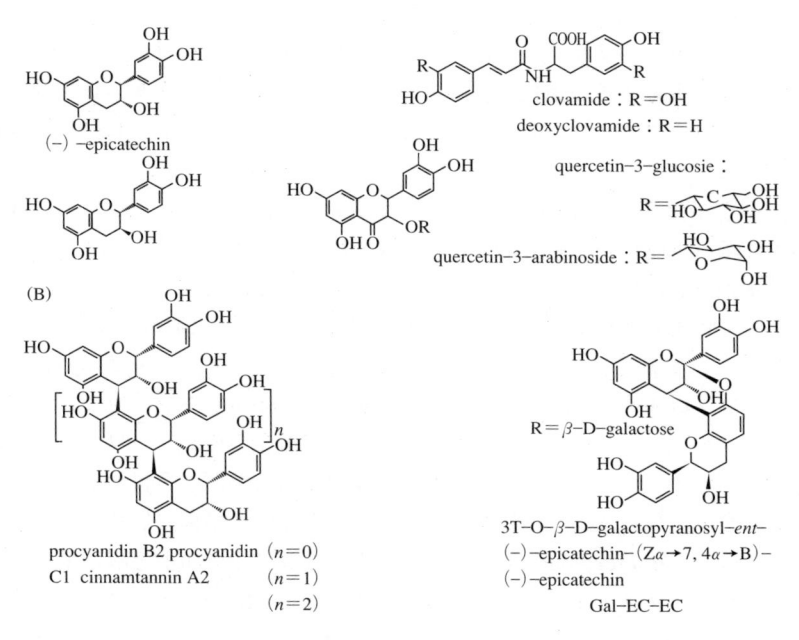

quercetin-3-glucosie：
quercetin-3-arabinoside：R＝

procyanidin B2　procyanidin　($n=0$)
C1　cinnamtannin A2　　　($n=1$)
　　　　　　　　　　　　　　　($n=2$)

R＝β-D-galactose

3T-O-β-D-galactopyranosyl-*ent*-
(−)-epicatechin-($Z\alpha \to 7, 4\alpha \to B$)-
(−)-epicatechin
Gal-EC-EC

図1-9　カカオポリフェノールの化学構造
低分子カカオポリフェノール；B, 高分子カカオポリフェノール

§7. レモンフラボノイドの抗酸化的防御機構

　レモン中の抗酸化成分「エリオシトリン」は，フラボノイドの一種で，レモンジュースにはビタミンCの半分程度（20 mg / 100 ml）含まれていたが，特に，果皮の部分には10倍の濃度（200 mg / 100 g）も含まれていた．アメリカをはじめ，レモン生産国ではレモンジュースを搾った残渣であるレモン果皮は，廃棄物としても問題になっており，有効利用という点からも興味ある課題であろう．

　レモン（*Citrus limon* BURM. f.）の原産地はインドのヒマラヤ東部山麓，または中国東南部からビルマ北部と推定され，現在ではアメリカのカリフォルニアやフロリダ，イタリア，スペイン，アルゼンチンなど世界各国で生産される主要な柑橘で，効能としては，アスコルビン酸の壊血病予防効果やクエン酸の疲労回復効果が知られていた．しかしながら，レモンをはじめ柑橘類には，フ

ラボンやフラバノン，フラボノールやアントシアニンをアグリコンとするフラボノイド配糖体が数多く存在している．なかでも，フラバノンをアグリコンとする配糖体が多く含まれ，例えば，オレンジ類に多いヘスペリジンはビタミンPともよばれ毛細血管の強化作用や抗アレルギー作用，抗ウイルス作用などが知られ，グレープフルーツの苦み成分として知られるナリンジンには抗炎症作用などが知られている．

このような背景で，我々は柑橘のなかでもレモン，特にレモンジュース搾汁後の搾汁粕（果皮）の有効利用を目的に抗酸化成分の検索を行なった[27]．搾汁粕を熱水抽出したのち，各種クロマトグラフィーで単離・精製を行なったところ，主抗酸化成分としてエリオシトリンを中心に全部で9種類のフラボノイドを見いだすことができた．なかでも，エリオシトリンはレモンやライムに特徴的な主要フラボノイドで，果皮には100gあたり200mgも含まれており，そこで，ポッカコーポレーション中央研究所の三宅博士らのグループとの共同研究によりエリオシトリンの生体内抗酸化性発現機構を解明する目的で，エリオシトリンを摂取後，体内での最初の代謝の場である腸内細菌の影響を詳細に検討したところ，Bacteroidesはエリオシトリンの糖部分を加水分解してアグリコンのエリオディクティオールを生成し，さらに，Clostridiumによりエリオディクティオールは代謝され，抗酸化性のフロログルシノールと3,4-ジヒドロキシケイ皮酸変換されることが明らかとなった（図1-10）．これらの変化は，ヒトの糞便中の腸内細菌でも起こりうることが確認されたので，次に，動脈硬化予防の可能性を探るために，ヒトの低密度リポタンパク質（LDL）を調製し，LDL酸化抑制効果の検討を行なった．その結果，エリオシトリンとその代謝物はいずれもレモン中の他のフラボノイド類やビタミンE，合成抗酸化剤である

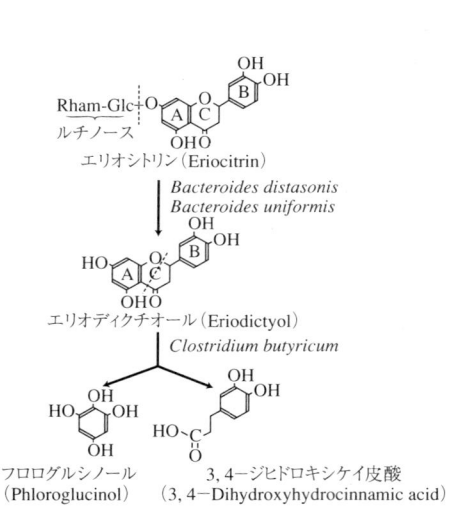

図1-10　腸内細菌によるエリオシトリンの代謝過程

BHAよりも高い抗酸化性を示した[28]．さらに，詳細は省略するが，糖尿病誘発剤であるストレプトゾトシン（STZ）投与によるインスリン依存型モデルのラットを作成してエリオシトリンを投与したところ，腎臓，血清中の過酸化脂質量を強力に抑制する事ができ，特に，8‐OH‐dG の尿中への排泄量が減少した．この事実は，NIDDM 型の糖尿病の進行にも酸化ストレスが大きく関与していることを示唆しており，エリオシトリンが自然発症の糖尿病の合併症の予防効果も期待されることを示している．

　最後に，我々が特に注目したのが，過激な運動と酸化ストレスの関連性，特に，抗酸化食品因子による予防効果である．名古屋工業大学の下村教授との共同研究により，運動を負荷させたラットの筋肉には，初期の酸化傷害が生じることを，すでに紹介したようにヘキサノニル構造に特異的なモノクローナル抗体で明らかにすることができたが，さらに，エリオシトリンをあらかじめ投与したラットでは，過激な運動をさせても筋肉中での酸化傷害があまり生じないことを明らかにした[29]．この際，脂質過酸化終期生成物であるアルデヒド類や酸化修飾 DNA の 8‐OH‐dG には有意差がなかった．このことは，我々が開発した脂質過酸化初期生成物であるヘキサノイル構造を認識する抗体は，酸化ストレスの初期の段階を検出するのにきわめて有効であることが推定されている．

　このように，様々な植物性食品素材に酸化ストレス予防因子が含まれ，これらの成分のもつ機能性の研究はスタートしたばかりである．食品という我々人間にとって長いつきあいのある素材であるので，長い食履歴が安全性を証明しているということになろうが，最終的にはヒトを対象とした介入試験でその効能とともに安全性を証明する必要があるものと考えられている[30]．

おわりに

　栄養学を背景としたビタミンやミネラルの研究は多く見られるが，非栄養素に属するポリフェノールなどの食品成分の生体内で機能性に関する研究はあまり行なわれていなかった．食品という複合系であるために，摂取後の生体内動向に関する分子レベルの研究は始まったばかりであり，この分野の今後の研究の発展がおおいに期待されている[31]．今後，臨床的にも応用しうる抗酸化食品の分子設計を行なうにあたっても，あくまで「予防」という概念の範囲で機能性のもつ重要性を科学的に証明し，毎日の食生活のなかで日常起こりうる酸化

的な傷害から我々の体を保護し，酸化ストレスが原因であると考えられている疾病，例えば，がんをはじめ動脈硬化や糖尿病の合併症，虚血性心疾患やパーキンソン病やアルツハイマー症などを抗酸化成分を中心とした「食品因子」で予防できるようになることを期待したい[32]．

参考文献

1) 大澤俊彦：「機能性食品素材の現況と開発動向」，『ジャパンフードサイエンス』，41, 25-32（2002）．
2) 大澤俊彦：「酸化ストレス制御とフードファクター」，『食品の抗酸化機能（21世紀の食と健康を考える）』，35-53，学会センター関西（2002）．
3) 大澤俊彦：「「ファンクショナルフーズ」研究の課題と将来の展望」，FFI Journal, 205, 21-25（2002）．
4) 大澤俊彦：「米国における「フードフィトケミカル」研究の動向と将来」，大澤俊彦監修『がん予防食品の開発』，3-14，シーエムシー（1995）．
5) 大澤俊彦：大東　肇，吉川敏一監『がん予防食品－フードファクターの予防医学への応用』，シーエムシー（1999）．
6) 大澤俊彦：「フリーラジカル・脂質過酸化傷害マーカーの開発の現状とその応用」，『フリーラジカルの臨床』，13, 8-13（1998）．
7) 大澤俊彦：「アントシアニンと健康」，大庭理一郎，五十嵐喜治編著『アントシアニン』，228-233，建帛社（2000）．
8) Tsuda T., Horio F. and Osawa T.："Absorption and Metabolism of Cyanidin 3-O-β-D-glucoside in Rats", FEBS Letters, 449, 179-182（1999）．
9) 寺尾純二，津田孝範，室田佳恵子：「食用色素，生体内代謝産物の生理作用研究の将来性」，高宮和彦，大澤俊彦，グュエン・ヴァン・チュエン，篠原和毅，寺尾純二編『色から見た食品のサイエンス』，サイエンスフォーラム（2004）．
10) Tsuda T., Horio F., Uchida K., Aoki H., Osawa T.："Dietary Cyanidin 3-O-beta-D-Glucoside-Rich Purple Corn Color Prevents Obesity and Ameliorates Hyperglycemia in Mice". J. Nutr. 133, 2125-2130（2003）．
11) Tsuda T., Ueno Y., Aoki H., Koda T., Horio F., Takahashi N., Kawada T. and Osawa T.: "Anthocyanin enhances adipocytokine secretion and adipocyte-specific gene expression in isolated rat adipocytes". Biochem. Biophys. Res. Commun., 316, 149-157（2004）．
12) 青木宏光，西山浩司：「食用天然色素の機能性と新規利用」，『フードケミカル』，2001-1, 65-72（2001）．
13) 大澤俊彦：「リグナン類の機能性：特にゴマリグナンを中心に（総説）」，『日本油化学会誌』，48, 10, 81-88（1999）．
14) Kang M-H., Naito M., Sakai K., Uchida K. and Osawa T.："Mode of Action of Sesame Lignans in Protecting Low-sdensity Lipoprotein against Oxidative Damage in vitro", Life Sciences, 66, 161-171（2000）．
15) Kang M-H., Kawai Y., Naito M. and Osawa T.："Dietary Defatted Sesame Flour Decrease Susceptibility to Oxidative Stress in Hypercholesterolemic Rabbits", J. Nutr., 129, 1885-1890（1999）．

16) 大澤俊彦，井上宏生：『スパイスには病気を防ぐこれだけの効能があった！』廣済堂出版（1999）．
17) Inano H., Onoda M., Inafuku N., Kubota M., Kamada Y., Osawa T., Kobayashi H. and Wakabayashi K.："Potent preventive action of curcumin on radiation-induced initiation of mammary tumorigenesis in rats" *Carcinogenesis 21*, 10, 1836-1841 (2000).
18) Inano H., Onoda M., Inafuku N., Kubota M., Kamada Y., Osawa T., Kobayashi H. and Wakabayashi K.：" Chemoprevention by Curcumin during the Promotion Stage of Tumorigenesis of Mammary Gland in Rats Irradiated with Gamma-Rays", *Carcinogenesis*, 20, 1011-1018 (1999).
19) Kim J-M., Araki S., Kim D-J., Park C-B., Takasuka N., Baba-Toriyama H., Ota T., Nir Z., Khachik F., Shimidzu N., Tanaka Y., Osawa T., Uraji T., Murakoshi M., Nishino H. and Tsuda H.："Chemopreventive Effects of Carotenoids and Curcumins on Mouse Colon Carcinogenesis after 1, 2-Dimethylhydrazine Initiation", *Carcinogenesis*, 19, 81-85 (1998).
20) Okada K., Wangpoengtrakul C., Tanaka T., Toyokuni S., Uchida K., and Osawa T.："Curcumin and especially tetrahydricurcumin ameliorate oxidative stress-induced renal injury in mice", *J. Nutr*, 131, 2090-2095 (2001).
21) Ueno Y., Kizaki M., Nakagiri R., Kamiya T., Sumi H., and Osawa T.："Dietary glutathione protects rats from diabetic nephropathy and neuropathy", *J.Nutr.*, 132, 897-900 (2002).
22) Morimitsu Y., Nakagawa Y., Hayashi K., Fujii H., Kumagai T., Nakamura Y., Osawa T., Horio F., Itoh K., Iida K., Yamamoto M., and Uchida K.："A sulforaphane analogue that potently activates the Nrf2-dependent detoxification pathway". *J. Biol. Chem.*, 277, 3456-3463 (2002).
23) 江崎秀男：「大豆発酵食品の抗酸化性」，二木鋭雄，吉川敏一，大澤俊彦監修『成人病予防食品の開発』，シーエムシー，282-290（1998）．
24) Esaki H., Kawakishi S., Morimitsu Y. and Osawa T. " New Potent Antioxidative o-Dihydroxyisoflavone in Fermented Japanese Soybean Products", *Biosci. Biotechol. Biochem.* 63, 1637-1639 (1999).
25) Esaki H., Watanabe R., Onozaki H., Kawakishi S., and Osawa T., "Formation Mechanism for Potent Antioxidative o-Dihydroxyisoflavone in Soybeans Fermented with Aspergillus saitoi", *Biosci. Biotechol.Biochem.*, 63, 851-858 (1999).
26) Osakabe N., Yamagishi M., Natsume M., Takizawa T., Nakamura T. and Osawa T.：" Antioxidative Polyphenolic Substances in Cacao Liquor Caffeinated Beverages-Health Benefits, Physiological Effects, and Chemistry", Parliament, T.H., Ho, C-T. and Schieberte, P.eds., ACS, 88-101 (1999).
27) 三宅義明：「レモン」，吉川敏一監修『老化予防食品の開発』，200-206，シーエムシー（1999）．
28) Miyake Y., Shimoi K., Kumazawa S., Yamamoto K., Kinae N. and Osawa T.："Identification and Antioxidant Activity of Flavonoid Metabolites in Plasma and Urin of Eriocitrin-treated Rats", *J. Agric. Food Chem.*, 48, 3217-3224 (2000).
29) Kato Y., Miyake Y., Yamamoto K., Shimomura N., Ochi H., Mori Y. and Osawa T.："Preparation of Monoclonal Antibody to N^ε-(Hexanonyl) lysine:Application to the Evaluation of Oxidative Modification of Rat Skeletal Muscle by Exercise with Flavonoid Supplimentation", *Biochem .Biophys. Res. Commun.*, 274, 389-393 (2000).
30) 大澤俊彦：「老化抑制食品のデザイン―坑酸化成分による老化抑制食品の設計―」，『食品と開発』，36, 3, 8-11（2001）．

31) Arai S., Osawa T., Ohigashi H., Yoshikawa M., Kaminokawa S., Watanabe M., Ogawa T., Okubo K., Watanabe S., Nishino H., Shinohara K., Esashi T. and Hirahara T.：" A mainstay of functional food science in Japan-history, present status, and future outlook", *Biosci. Biotechnol. Biochem.*, **65**, 1, 1-13 (2001).
32) 大澤俊彦：「酸化ストレス制御を中心とする食品機能因子の化学と作用機構に関する研究（受賞総説）」, 76, 9, 804-813 (2002).

第 2 章
機能性食品開発について考えること

京都大学大学院農学研究科　大東　肇

　我が国や欧米諸国など先進国では"超"の字がつくほどの高齢社会に到達し，これらの国では今や「健康で長生き」がキーワードの 1 つになっている．これまで，保健・医療分野では病気の治療に主として目が向けられ高度な対策が練られてきた．しかしながら，時代は「治療から予防」へと移りつつある．とりわけ，一部のがんや糖尿病，さらには動脈硬化など生活慣習が大きく左右する，いわゆる生活習慣病の克服が「健康で長生き」に対する今日的課題となっていると言えよう．

　各種生活習慣病には食慣習が大きく影響を与えていることは疑いのないところである．日ごとに摂取する食事（またはその因子）が，一方では疾病に繋がり，また他方ではその予防に機能していることは，最近の科学的研究成果が示すところである．食品は，まずは，生体構成成分の供給源であると同時に生命活動のためのエネルギー源である（一次機能）．次いで，味や香りなど嗜好品としての価値も問われる（二次機能）．しかしながら，昨今，これらにも増して，生体の防御や恒常性を保つうえでの種々の新しい機能（三次機能と整理されている）がクローズアップされつつある．

　このような時代的要請を背景に，平成 6 年度以来農林水産省の指導・助成の下，10 数社が参画したニューフード・クリエーション技術研究組合が設立され，昨年度まで"食の機能"に関する活発な事業が推進されてきた．筆者は第 1 期（平成 6～10 年度）から第 2 期（平成 11～15 年度）にわたって学術的立場からその活動評価に参加し，数々の質の高い成果に触れてきた．また，個人的には多くの勉強をさせていただくなど，おおいに楽しんだ機会であった．振り返れば，本事業は誠に時期を得た活動であったと，改めて関係者一同に敬意を表する次第である．第 1 期終了時点で，その成果を公表すべく刊行された書「食品素材の機能性創造・制御技術」に特別寄稿論文として，筆者らの研究の概要を"食品成分によるがん予防へのアプローチ"の題にて著述させていただいた

が，今回，光栄にも再び投稿の機会を得た．

そこで今回は筆者の研究については直接触れることはやめ，これまでの研究を通して最近感じている"食の機能に関する研究や機能性食品の開発"についての現状や展望について，多くは私見であるが，記述することにする．

現在では一般的に認知されている"機能性食品"は，ご存じのように，我々の先達の研究成果から生み出された日本発のものである．すなわち，食のもつ機能を一次～三次に整理して考えようとする概念は，「食品機能の系統的解析と展開」と題して始まった文部省科学研究費特定領域研究（昭和59年度～：代表 藤巻正生・当時東京大学）で芽生え，その後，同研究費重点領域研究「食品の生体調節機能の解析」（昭和63年度～：千葉英雄代表・当時京都大学）を経て，同重点領域研究「機能性食品の解析と分子設計」（平成4年度～）に受け継がれたなかで成熟してきたものである．平成4年度からのプロジェクトで，代表・荒井綜一（当時東京大学・現東京農業大学）は世界に先駆けて"機能性食品"という名を提唱し，その研究動向が一躍国内外の注目を集めることとなったことは周知のことであろう．本プロジェクトを契機として，食品に新たな機能を探り，また機能性の高い食品の創製を試みるなど，食品科学分野に世界的に新しい潮流を作るに至ったことは記憶に新しいところかと思う．先達の慧眼とご努力に改めて敬意を表する．

本潮流に乗って我が国でも活発な関連研究が展開されてきたことは当然であるが，それにも増して欧米の勢いがとどまるところを知らないのが現状であろう．このことは，関連する学術会議が毎年のように欧米諸国で開催されている事実が証明しているものと思われる．我が国のさらなる盛り上がりとともに，成果の蓄積や実社会への還元を願っている．

さて，食の機能に関する学術的研究に対して今求められていることは，何をおいても実際に"ヒトで有効か"である．これまで，各種生理機能を発現する食材やその有効成分が種々解明されてきている．この領域の研究はおそらく我が国が得意とするところで，他と比べて遜色ない（あるいは他を圧する）実績がある．しかしながら，時代はもう素材や化合物の解析はほぼ終了し，応用へ向けヒトで実証する時代に突入している．どんな食品（食材・食因子）を，どんな健康レベルの人に，どの程度供与すれば効果が期待できるかの精密な解析が求められている．求める効果についてヒトレベルで実証可能な機能であれば，その成績を順次追求する姿勢をもちたいものである．もちろん，がんなど重篤

な疾病に関しては直接的な介入試験は不可能である．しかしながら，これら疾病についてもこの問いかけは直面する待ったなしの要求となっている．それなら，一歩でもそれに近づく手法はどうであろうか．最近，各種マイクロアレー法により網羅的な発現遺伝子（ゲノミクス）や関連タンパク質（プロテオミクス）の解析が可能となってきた．また他方では，各種疾病や病態に対するバイオマーカーの解析が進行しつつある．これらの手法や解析がさらに成熟すれば，未病状態ではあるが当該疾病に対する進行度・危険度はある程度予測でき，直接的な介入試験はせずとも，安全性を含めた食品（食因子）の効能を科学的な基盤下で喧伝することができるものと考えられる．つまり，どのような食品（因子）をどのような生理状態の人に，いかなる量を与えるか，の判定が可能になってくるものと思われる．まだ時間を必要とするが，この方向性は食による疾病予防領域で必然的なものになりつつある．まとめて言えば，機能によってはヒトでの効果を実証し世に問うこと，また，重篤な疾病については未病診断技術の開発が重要で，これに向けて産学官を通して共通の理解が必須であること，になろうか．学術的にも，農・医・薬・工学などが一体となったさらなる強力な研究体制作りが望まれる．

　次なる問題は，食品由来の機能性因子を"食として生かすか"，それとも"化合物単独（サプリメント的）で生かすか"である．いずれでも，プラスの効果があればかまわないことは当然である．しかしながら，後者の場合は特に過剰摂取の問題が生じ，時には当初の目的に沿わない結果を招く恐れがある．食品に携わる研究者の多くは食レベルでの効能を意識しているのではないだろうか．ところで，食として生かす方向においては，多彩な成分からなる複合系の問題が生じる．周知のように，食の機能．効能を論ずる際，これまでの方向は，$in\ vitro$，$in\ vitro$ を問わず，多彩な検出系で素材の機能性を評価し，次いで機能性成分の特定とその成分に単独よる機能性の再評価が一般的であった．本系で得られた結果には定量性があり，例えば学術論文としての評価においても重要な視点であった．しかしながら，これは実際の食の世界とは離れた実験結果である．複合系では相加的・相乗的効果はもとより，正負の副作用などが考えられる．未だ細胞レベルでの実験であるが，例えば，筆者らががん予防性食由来因子として期待している数種の抗酸化性化合物を使った研究では，ラジカルの産生抑制因子と消去因子（SOD 様活性成分）を互いに低いレベルで組み合わせた際，高い相乗的効果が期待できることや，大豆イソフラボン・ゲニ

ステインが緑茶の抗酸化成分 EGCG の高レベル投与で増強されるエンドトキシン誘発性炎症作用（PGE2 および TNF-α 過剰産生）を相乗的に軽減化する可能性などを示してきた．著者自身，このように現在，この複合系の問題を科学的にどのように解決していくかを思考錯誤しているところである．複雑で難題ではあるが，複合系の生理機能解析にもなおいっそうの科学的なメスが入れられるべき時代かもしれない．

　第 3 は食素材そのものの問題である．昨今，野菜の機能が，例えばブロッコリーががんを予防するのに有効であるなど，マスメディア通して社会に語られている．しかしながら，すべてのブロッコリーに同じレベルの生理機能が期待できるのであろうか．答えは"ノー"であろう．ラジカル産生抑制活性について広範なスクリーニング試験を行なった筆者らの結果では，同じ種であっても産地や栽培法の違いで成績が大きく異なっていた．植物の二次代謝は生育環境が異なれば当然違っている．このことを考えれば当然の結果であろう．消費者がある食素材を入手する際，まずは価格や美味しさが，次には，おそらく安全かどうかや形や色など見栄えが気になるところである．生産者は，この点を重視した作物作りに励んでいると考えられる．しかしながら，昨今の世の中では，健康面からみた素材評価［この素材にはこのような成分がこれだけ含まれています］も主張されていいように思える．この問題は，消費者や生産者の意識改革の問題でもあるが，その情報を提供する側として筆者らの責務の大きさを感じている．また最後には，より機能性に優れた品種の作出や栽培技術の確立が重要であり，農学分野の産学官研究者に与えられた役割は大きく拡がっていると言えよう．

　ここまで，"機能性食品の開発"に関して筆者が今思うところを記述してきた．読み直してみると，"ごくごく当たり前のことを貴重な紙面を借りて"と恥じ入っている．それでも一言言わせていただくなら，大事なことは"その研究・開発が我々の健康に少しでも寄与できているか？"であり，筆者の自問自答と受け止めていただければ幸いである．

第 3 章
機能性食品開発を支える食品免疫学研究の展開

農業生物資源研究所　栗﨑純一

　消化管は，生命維持のためのエネルギー物質や栄養素を食物から抽出・吸収する場として従来認識されてきた．また，経口摂取される外来の有害微生物・物質から生体を防御する場としてもよく理解されている．しかし，近年の免疫学研究や臨床経験の積み重ね・実証により，消化管が食物のみならず経口摂取される環境物質・微生物などの外的シグナルの受容とそれに対する免疫応答の最前線を担い，単にローカルな消化管レベルでの受動的生体防御にとどまらず，全身の恒常性維持に働く最重要器官の 1 つであることが徐々に明らかとなってきた．つまり，消化吸収マシナリーであるとともに，消化管は環境適応へのアンテナかつ能動的な免疫応答器官として機能していると言える．
　これを逆に考えれば，期待する全身的な免疫応答を引き出すために，適切な食品を設計することが可能であることを明確に示しており，このことが，消化管免疫機構を利用した機能性食品創製の根拠として，今では広く受け入れられるように思われる．
　しかしながら，消化管内容物を認識し応答する免疫担当細胞，それらから分泌される様々な液性因子，それらの受容体を通して入ったシグナルに応答する細胞内遺伝子発現，その産物による細胞間相互作用といった複雑なネットワークを統合的に理解するにはなお遠く，これまではいわば食物・環境というインプットとそれに対する免疫応答という現象的なアウトプットを知るにとどまってきた．特に，ダイナミックに変動する消化管内容物，すなわち，食物などの経口物質や，常在するあるいは新たに摂取・侵入した微生物などのそれぞれが，細胞レベルで消化管免疫系に働きかけていながらも，実際に我々がキャッチできるのは，それらの総合的な結果でしかない．一方，特定の食品成分による免疫調節機能を要素還元的に *in vitro* で検証することは可能であるが，消化管という複雑な系を環境も含めて再現することは不可能に近い．このような状況は，消化管免疫機構の解析研究が発展途上にあることからやむをえないものであっ

たが，現在ではそれらの壁を越える研究成果が次々と得られてきている．

また，食品の免疫学的機能に絶対的な善がない点にも困難さがある．例えばTh1/Th2，細胞性免疫と液性免疫，賦活と抑制のバランスのように，正常な免疫機構は微妙な均衡のもとにある．特定の免疫調節性の食品により，ある病的なアンバランスを是正することが可能でも，適正を越えて過剰な応答を引き起こした場合は，逆のアンバランスによる免疫学的な異常を招く可能性もある．

このように，食物成分や消化管微生物が複合的に消化管免疫に働きかける込み入った糸をたどり，ネットワーク全体を分子・細胞レベルで免疫学的に把握するとともに，そのネットワークに有効なインパクトを与える成分を明らかにすることが，免疫機構制御を目的とした機能性食品開発にはきわめて重要なことが理解できるであろう．まさに，食品免疫学研究が新たな免疫調節性食品の開発を支えるものと言えるのである．

以上のような食品に対する生体応答を免疫学的に捉える研究は，従来，境界領域的な分野として進められてきてはいたが，如何せん生体側の機構そのものが研究途上にあるため，手法上の困難さもあって十分な拡がりを見せるに至らなかった．しかし，最近の消化管免疫機構に関する急速な知見の蓄積や，高度な細胞生物学的あるいは分子生物学的解析技術は，機能性食品開発の基盤となる科学的根拠を十分に与えつつある．折しも，日本食品免疫学会が設立されることは，誠に時宜を得たものであり，その気運の急速な高まりを感じている次第である．

これまで，一般論としての機能性食品開発における食品免疫学の重要性を述べてきたが，具体的な食品免疫学的課題について，きわめて限定された分野ではあるが，我々の研究に基づいて紹介する．

昨今，プロバイオティクスのなかでも，免疫系を通じて生体によい影響を与える微生物が注目され，表示はともかく，実際市場にも利用した製品が登場している．本事業での研究や，我々の研究でも目を見張ったことは，同じ種の微生物でも，ある特定の菌株のみが，投与により特異的なIgE抗体産生抑制活性などをもつことであった．常在するその他の微生物や雑多な消化管内容物の影響を凌駕する効果に感動さえしたものである．しかしながら，なぜそのような機能を一微生物がもちうるのか，どのような微細な細胞壁成分・DNA配列上の差異が機能と関係するのか，という物質的根拠を明らかにすることや，Toll-like receptorなどを介した認識過程，その後の細胞間相互作用を，共存する消

化管内容物の影響とともに，総合的に解明することは大きな食品免疫学的課題と考えている．また，最近注目を浴びている制御性T細胞（Tr）との関係にも注目しているところである．これらの研究成果を活用すれば特定の目的に適したプロバイオティクスの設計も可能となるではないかと期待している．

一方，アレルギーはますます増えつつある現代病としてその対策が急がれている．アレルギーは，もちろんアレルゲンによって患者に惹起こされるものであるが，アレルゲンをアレルゲンたらしめているのはなんであろうか．食物アレルギーの場合には，食品加工過程の変性によりアレルゲン性が低下するものや，易消化性のものは，アレルゲンとなる可能性が低いことは理解できる．また，免疫反応の本質である異物認識という点で，生体と同じ成分，あるいは同じ抗原性をもつ成分には反応しないというホストファクターも考慮しなければならないが，それ以外はすべてアレルゲンとしてのポテンシャルをもつことは否定できない．すべてのタンパク質が抗原となりうるという，免疫学的通説に従えば当然のことであるが，しかし現実にアレルゲンとして知られる食品タンパク質は一部にすぎない．タンパク質をアレルゲンとさせる内在的な要因の有無は，食材が多様化している現在，古典的ながらも新たな問題と考えている．

食物アレルギーに関連して，我々はアレルゲンのT細胞認識部位のペプチド構造を利用した，経口免疫寛容によるアレルギー応答抑制研究を進めている．より実用的で効率のよい免疫寛容誘導ペプチドの設計は懸案の課題ではあるが，制御性T細胞の関与など，寛容メカニズムの解明も進める必要がある．さらに，寛容誘導になんらかの障害があると考えられているアレルギー患者においても，果たしてペプチドによる寛容誘導が可能なのか，あるいは，経口免疫寛容という一種の免疫抑制が他の有用な免疫機能に悪影響はないのか，など食品免疫学的課題は山積している．今後も最新の免疫学的知見を活用しながらこれらの問題の解決を進め，有効な食品の設計に結びつけていきたいと考えている．

おわりに，食品免疫学が従来のブラックボックスのふたを今後次々と開け放ち，ゆるぎない科学的根拠をもった免疫機能調節性の機能性食品が製品として続々と市場に出ることを期待し，また，本事業について，その端緒を開くもの通して高く評価したい．

第4章
食品の機能性研究の一展望

(独) 食品総合研究所理事　篠原和毅

はじめに

　最近の食をめぐる社会的状況をみると，供給熱量食料自給率の低下，穀類（米）消費の減少・畜産物・油脂類消費の増加，日本型食生活の崩壊，生活習慣病の増加，食材廃棄物，残食の増加，家庭内食生活の乱れ，食品の安全性志向，食料・農業・農村の重要性認識の低下，医療費の増大などの社会的問題が顕在している．特に，高齢・少子化が加速する 21 世紀において，「健康寿命」を延伸し老人医療費を抑制するためには，高度な医療技術の開発のみならず，病気にならないような健全な食生活を構築し，活力ある長寿・健康社会を実現することが重要である．我が国は，多様な食品をバランスよく摂取する「日本型食生活」などを背景に，世界有数の長寿国家となった．食生活も量的にも質的にも豊かになった．しかし，厚生労働省「国民栄養調査」のタンパク質（P），脂質（F），炭水化物（C）摂取熱量比率（PFC 比率）の推移から若年層と中心に幅広い年齢層で脂質の過剰摂取が指摘されており，理想的と言われた米を中心とした日本型食生活の PFC 比率も崩れる傾向にある．このような食生活における栄養摂取バランスの偏りなどから，近年，がん，循環器系疾病，肥満，糖尿病疾患などの生活習慣病が若年層から老年層にわたり増加している．厚生

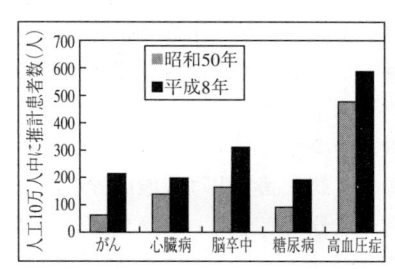

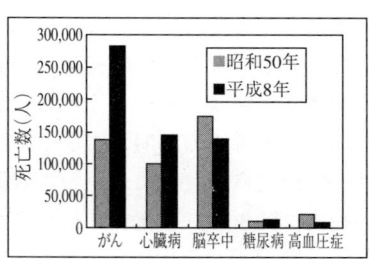

図 4‐1　生活習慣病推計患者数および死亡数（出典：厚生労働省統計）

労働省「患者調査」（平成8年）によると，日本総人口の約12％に相当する1,480万人（高血圧性疾患749万人，糖尿病218万人，心疾患204万人，脳血管疾患173万人，がん136万人）が生活習慣病にかかっている．また，世界に例を見ない速さで高齢化が進行し，2025年には65歳以上の人口は25.8％に達すると予測されており，国民の間に健康を維持・向上させ，疾病を予防する健康で豊かな食生活の構築の要望がいっそう高まっている．

§1. 農林水産省および食品総合研究所での食品機能研究の取り組み

前記のような社会的諸問題に対処するため，農林水産省においては，農政改革大綱（平成10年12月），食料・農業・農村基本法（平成11年7月），農林水産研究基本目標（平成11年11月），食料・農業・農村基本計画（平成12年3月）などを制定し，そのなかで健康確保のための日本型食生活の普及，栄養と健康の関係についての啓蒙など食生活の見直し，改善に向けた活動の展開，安全・良質で多種多様な食糧の供給と食品産業の健全な発展などに向けた施策，研究開発の重要性が謳われている．また，厚生労働省および文部科学省と共同して「食生活指針」（平成12年3月）を策定している．研究開発の面では，平成12年度から「食品の生体調節機能の解明と利用」に関する研究プロジェクトを実施している．14年度からは本プロジェクトをさらに拡大し，「健全な食生活構築のための食品の機能性および安全性に関する総合研究」プロジェクトを厚生労働省との連携下で開始し，平成15年度からは，安全性を強化した「食品の安全性および機能性に関する総合研究」として研究を行なっている．

独立行政法人食品総合研究所においても重点研究領域の研究推進方向の1つとして「食と健康の科学的解析」を取り上げ，その推進を図っている．その一環として，平成13年4月からの独立行政法人への移行に際し，食品機能部も新たな体制を整えた．すなわち，食品機能部に，食品の栄養化学的・生理学的試験研究を行なう栄養化学研究室，味覚応答機構の解明および味覚と生体調節機能に関する試験研究を行なう味覚機能研究室，食料にかかわる資源および食品の物理化学的特性の解明およびその機能の評価に関する試験研究を行なう食品物理機能研究室，食料にかかわる資源および食品の生理機能成分の評価およびその利用に関する試験研究を行なう機能成分研究室，および食品の生理的機能の動物試験および作用機構に関する試験研究を行なう機能生理研究室の5つの研究室が配置された．これにより，食品の栄養（一次），味覚感覚（二次）お

よび生体調節（三次）機能のすべての機能性に対応する体制が整ったと言える．

これらの研究室は，「食と健康の科学的解析」を主に担っているが，独法化後の 5 年間の中期目標を「食品の機能性の解明と利用技術の開発」と設定し，ア）培養動物細胞，動物実験，臨床医学的実験などによる機能成分の機能の発現過程および効果の解明，イ）血液の状態変化などを指標にした食品の機能性評価のための実用技術の開発，ウ）食品によるアレルギー抑制技術の開発，エ）咀嚼などに関係する食品物性およびそのヒトに対する作用を解明するための手法の開発および味覚を介する生理調節機能の解明の手がかりとして味覚を担う遺伝子の解明などに取り組むことにしている．現在，その達成に向けて，1）機能性成分の作用機構の解明と経口摂取過程や効果の究明，2）毛細血管モデルによる血液レオロジー測定と評価，3）食品成分によるアレルギー症状の緩和・抑制技術の開発，および 4）食品の味覚や物理的特性などの嗜好機能の解析と評価技術の開発に関する研究を実施しているところである．また，高齢化社会に対応する食品の老化予防，脳機能改善機能についての研究も実施中である．

§2．食品機能研究の重点化方向
2・1　健康で豊かな日本型食生活構築のための食品機能研究の展開

高齢社会の進行，生活習慣病の増加，医療費の増加などから，健康を維持・向上させ，疾病を積極的に予防する健康で豊かな食生活の構築の要望がいっそう高まっていることから，そのニーズに応える健康で豊かな日本型食生活の構築に向けた新しい方向の食品機能の研究を行なう必要がある．

このような社会的ニーズを受けて，農林水産省では，上記したように，平成 15 年度から，「食品の安全性及び機能性に関する総合研究」を実施している．

本プロジェクトでは，生活習慣病を予防するための健全な日本型食生活構築あるいは新規機能性食品の開発を目的に，特に種々の機能成分あるいは食素材の組み合わせなどによる機能の解明，米を中心とする日本型食生活の健康機能性についての科学的解析を重点的に行なうことにしている．その達成目標は，1）機能成分の免疫，代謝循環調節作用などの解明，2）消化・吸収，動態機構などの解明，3）調理加工に伴う機能性の変動，4）機能成分・食素材の組み合わせ効果および作用機作の解明，5）PFC 摂取熱量比率をベースにした機能性評価，6）病態モデル実験動物やヒトでの効果の実証，7）地域食材の健康寄与

の解明，8）ヒトへ外挿できる評価技術（バイオマーカーの確立）の解明，9）国際化に対応した機能性評価基準の策定などである．

1）健全な食生活による生活習慣病予防のための研究開発
①食素材の組み合わせによる生体調節機能，生活習慣病予防機能の解明

これまでの研究により，我々の健康の維持・増強あるいは疾病予防・治療に有効な機能性を有する食品および食品成分が明らかにされてきた．一例として農林水産省研究プロジェクトで得られた成果を表4-1に示す．

しかし，これらの多くは，一素材・一機能・一成分型（要素還元型）である．我々が日常摂取している食品素材は，免疫系に働く成分，分泌系に働く成分，循環器系に働く成分など多くの機能成分を含んでおり，このような食素材ある

表4-1 明らかにされた主な農林水産物の生理的機能性

生理的機能	機能性農林水産物および成分
脂質代謝改善	大豆（タンパク質，リン脂質），食物繊維
トリグリセリド合成酵素活性低下	多価不飽和脂肪酸，ゴマセサミン，ワカメ
血清脂質濃度低下	
血清コレステロール低下	
がん予防	
抗変異原性	野菜・果実（糖タンパク質）
	カンショ色素（ポリフェノール）
がん細胞壊死	野菜（高分子成分），
アポトーシス	リンゴ，ナシ（フロレチン）
白血病細胞分化誘導	野菜（糖タンパク質）
発がん抑制	温州ミカン（β-クリプトキサンチン）
	ナツミカン（オーラプテン）
	シークワシャー（ノビレチン），
	松茸（タンパク質），茶ポリフェノール
免疫賦活	野菜，キノコ（抽出物），豚胃（ムチン）
抗酸化機能	野菜・果実，根菜，豆，香辛料成分
紫外線防御	ポリフェノール，セサモリン
メラニン産生制御	野菜（高分子成分，クロロゲン酸）
アンギオテンシン変換酵素阻害（血圧低下）	大豆（ペプチド），食酢，クエン酸
血液流動性改善	天然発酵酢，梅エキス，茶
糖・脂質代謝活性化	大豆（イソフラボン）
抗アレルギー・抗炎症	ヤーコン，キャベツ，キュウリ，シソ，
	ワカメ，茶，シークワシャー（ノビレチン）
肝機能改善	カンショ（アントシアニン），ゴマセサモリン
記憶学習能改善	DHA

いは成分の組み合わせによって健康を維持し，疾病の発症を予防しているものと考えられる．がん予防効果が期待された β-カロチンがヒトを対象とした介入試験でその効果が立証さなかった例にみられるように，一成分のみによる健康の維持，疾病の予防には疑問が生じる．そのため，日常の食生活を通じて健康維持・生活習慣病予防を図る観点からの研究が重要である．健康を提供する日本型食生活を構築するためには，日本型食生活を構成する米，魚介藻類，野菜，大豆，果物，肉，牛乳・乳製品の組み合わせ，あるいは機能性成分の組み合わせによる生体調節機能，生活習慣病予防機能，消化・吸収などの解明，調理・加工などによる機能性変動などの解明，およびそのヒトでの効果の医学・栄養学的立証が重要である．

②日本人に適正な PFC 比率の科学的立証

我が国における食料消費動向をみると，米の消費の減少に伴う炭水化物の摂取量の減少，油脂類，畜産物の消費の増加という現象が続いている．また，厚生労働省「国民栄養調査」の PFC 摂取熱量比率の推移からも若年層と中心に幅広い年齢層で脂質の過剰摂取が指摘されている．このような食生活における PFC 比率，栄養摂取バランスの偏りから，がん，循環器系疾病，肥満，アレルギーなどの疾患が若年層から老年層にわたり増加していることから，日本人に適正な PFC 比率の科学的立証（PFC 比率と生活習慣病発症の相関，異なる PFC 比率下での食素材組み合わせの生活習慣病予防の解明，異なる PFC 比率下での寿命試験，エネルギー摂取と寿命との相関，食事摂取回数と寿命，疾病発症との相関など）が重要である．

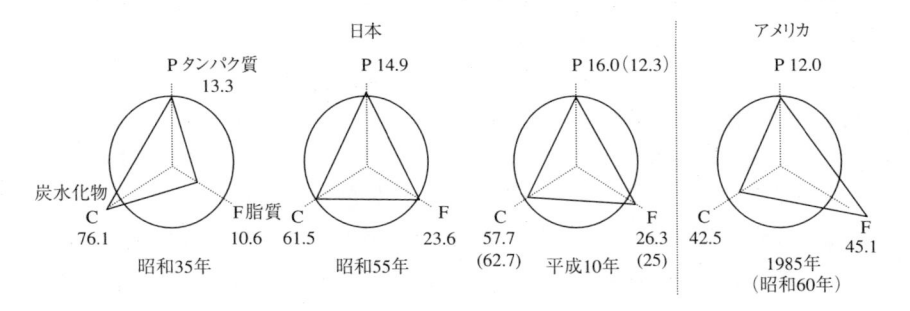

図 4-2 PFC 比率の推移（％）

日本
- 昭和35年: P タンパク質 13.3, 炭水化物 C 76.1, F 脂質 10.6
- 昭和55年: P 14.9, C 61.5, F 23.6
- 平成10年: P 16.0（12.3）, C 57.7（62.7）, F 26.3（25）

アメリカ
- 1985年（昭和60年）: P 12.0, C 42.5, F 45.1

資料：厚生省「国民栄養調査」，OECD-Food Consumption Statistics より．括弧内の数字は適正比率．

③ゲノム情報などを利用した食品機能性の評価・活用技術の開発

　近年，ゲノム解析の急速な進展により，ヒトをはじめとするゲノムが解読され，その利用が期待されている．創薬分野では，個人にあったより効果的なオーダーメイド創薬の開発が活発に行なわれているが，より効果的な疾病予防食品，食構成の開発にヒトゲノム情報は有益なものである．また，疾病発症のマーカーとなるバイオマーカーや培養細胞を用いたセンサーなどの利用もより効果的な疾病予防食品，食構成の開発に有益なものである．このような研究により，ヒトなどゲノム情報を用いた効率的機能評価技術および体質改善食品の開発－オーダーメイド食品－，バイオマーカーバイオセンサーなどを利用した健康増進食素材，食構成の構築などが期待される．

④地域社会に適した生活習慣病を予防する食構成の構築のための
　医学・栄養学研究

　日本各地には，その地域に根づいた特産農産物およびその加工品がある．これら特産物を活かした，健康を維持・増進する地産地消型食生活の構築は地域社会の発展に大きく貢献する．そのため，地域社会における地域特産物の健康寄与の解明，長寿社会における食生活の疫学的解析と利用との相関なども重要である．

⑤健康増進・向上機能食材の国際比較

　多種多様の食材を摂取する日本型食生活は，その栄養バランスから世界的にも注目されている．その特徴を世界各地の食材，その利用の面から比較検討し，国際化における日本型食生活の特徴を調べることも今後の重要な課題である．

⑥健康増進・向上機能を有する機能性食材・食品の調理・加工技術の開発

　産官学において食品の機能性の解明，機能性食品，特定保健用食品の開発が行なわれ，製品が市場を賑わしている．日本の特定保健用食品の市場規模は，乳酸菌飲料や食用調理油を中心に2002年4,000億円を超している．これら市場規模も，高齢社会の進行とともにさらに増加するものと期待されており，今後とも，世界に通用する日本独自のさらなる機能性食材の開発が重要であり，機能成分高含有農林水産物の育種，機能性成分を生かした食品の調理および加工技術の開発，精製素材＋機能性含有素材→機能性加工食品の創製，適正摂取量，摂取期間などを考慮した新食材の開発，複数の機能性を組み合わせた新規機能性食品などの開発を行なう必要がある．

⑦食品の機能性評価技術・手法の基準化

日本で始まった食品機能の研究ならびに機能性食品開発は，「Functional Foods」，「Neutraceuticals」，「Designer Foods」などとして EU，カナダ，米国，中国などを中心に世界的規模で広がっている．このような機能性食品，特定保健用食品は 21 世紀の健康産業の主役を果たすものとして期待されており，そのための評価技術・手法の国際基準化が日本のプライオリティを取るためにも重要である．民間においても，外国，特に EU での国際基準化へ向けた動きに注目しており，国際化に対応した機能性評価技術・手法の基準化が要望されている．

2・2 食品成分の生体調節機能に関するファクトデータベースの開発

近年の内外の食品の機能性研究により，多くの食材などから多くの機能性成分が見いだされてきたが，これらの成果を広く利活用するためには，成果のデータベース化が不可欠である．農林水産省およびその関連独立行政法人では，これらの要請を受け，平成 13 年より「食品成分の生体調節機能に関するファクトデータベースの開発」を開始した．本事業では，機能成分が生体に及ぼす作用に関するデータを収集し，これをデータベース化することになっている．

2・3 食品の味覚や物理的特性などの嗜好機能の解析と評価技術の開発

食品の味覚や物理的特性などの嗜好機能の解析と評価技術の開発分野では，食品の機能性を活かした食品の開発，食事構成の構築のために嗜好機能の解明が不可欠であることから，咀嚼などに関係する食品物性とそのヒトに対する作用を解明するための手法の開発，味覚応答機構の解明および味覚の有する生体調節機能に関する研究などが重要である．

おわりに

前記した研究項目は，活力ある長寿社会を実現するための健康を維持・向上し，生活習慣病を予防する食事構成，高齢化・少子化社会に対応した，米を中心とし多種多様の食材を食する健康で豊かな日本型食生活の構築，地域食生活の確立，オーダーメイド食品などの新規機能性食品の開発，医療費の削減などに貢献するものである．また，これらの研究成果は，米の消費拡大，高機能農産物の育種およびその利用，国内農産物の生産増強，地域における農業，食品産業の活性化，食糧自給率の向上，食べ残し，廃棄物の有効利用，さらには，外食産業などでも利用可能な食素材の組みわせの提示，食物摂取ピラミッドの

策定，成人病予防セットメニューの構築，機能性成分表の策定，食と健康の啓蒙などにも有益な情報を与えるものと考える．

第5章
腸管細胞を用いた研究の面白さ

東京大学大学院農学生命科学研究科　清水　誠

　今から15年余り前，初めて動物細胞を用いて食品成分の機能性研究を進めたときの細胞は，繊維芽細胞3T3であった．ミルクの成分などを加えるとこの細胞の増殖が促進されたり抑制されたりするという現象を見て，おもしろいとは思ったものの，この現象がどのような意味をもっていると考えればいいのか，自分でもいまひとつ釈然としなかった．繊維芽細胞もそれなりに重要な細胞であることは疑いないが，食品成分が直接作用する細胞として実験に用いるのにある種の躊躇があったのである．それは，免疫細胞にしろ，神経細胞にしろ，筋肉細胞にしろ同じことで，経口摂取された食品成分がそのような細胞にたどり着くには長い道のりがあり，場合によってはたどり着くことさえ難しいのではないかと感じられたからであった．そこで，食品が確実にたどり着く細胞組織，別の言い方をすれば食品によって大きな影響を受ける可能性が高い細胞組織はなんだろうと考えた結果，『腸管上皮細胞』が頭に浮かんだ．腸管上皮細胞は腸管の管腔側表面を覆う一層の細胞で，高濃度の食品成分など腸管内容物に直接接触しうる組織である．したがって食品成分の消化・吸収をつかさどるばかりでなく，食品成分によって様々な影響を受けていると考えられる組織でもある．当時，農芸化学の研究領域で腸管上皮細胞を用いた研究を展開している人はほとんどおらず，何から始めていいかわからないなりに，医学部の第3内科から毎週ウサギの小腸をもらってきて初代培養を試みるなど腸管細胞の培養に挑戦した．現在，宇都宮大学農学部の助教授である橋本　啓君が卒論から修士の研究テーマとしてこの困難な課題に取り組んでくれた．結果はうまくいかなかったが，腸管細胞の気難しさを身をもって感じたのは貴重な経験であった．

　1990年に私は静岡県立大学に移ったが，当時同大学の食品栄養科学部長であった星　猛先生は私に腸管機能の面白さを語ってくださった．タイトジャンクションやトランスポーターなどそれまでなじみのなかった分子や装置につい

て知ったのもこのときである．腎臓や腸管における物質輸送の世界的権威である先生の激励のおかげで，腸管細胞を用いた仕事になんとか再挑戦したいと考えた私は，静岡に移って1年たった春，ちょうど修士課程を修了した橋本君を助手として静岡に呼び，あらためて腸管細胞を用いた研究をスタートさせることにした．このとき用いることにしたのがヒト腸管由来細胞 Caco-2 であり，この細胞との付き合いはそれ以来すでに13年に至っている．Caco-2 細胞はおもしろい細胞で，大腸がん組織由来でありながら小腸上皮細胞の機能をいろいろ発現する細胞である．しかし，時としてがん細胞の性質を示したり，機嫌を損ねて小腸様の機能を発現しなくなったりと扱いに困るケースもしばしばある．学生によって培養する細胞の性質が異なるのも厄介である．これは世界中で知られていることであるが，研究室によって，使っている Caco-2 細胞の機能が違う Labo-to-Labo difference と呼ばれる現象もある．ただし，この細胞と相性のよい研究者が仕事をすると，再現性のよいきれいなデータが得られ，$in\ vivo$ 実験では得られないような情報が入手できるので，やはり仕事をやめる気にはならない．この細胞の能力を最大限に引き出して，腸管上皮で起こっている様々な事象を詳細に検討したり，有用な評価系，測定系を構築できるのではないかと考えて，学生さんたちと努力しているところである．

　食品の機能性を考えるうえで，腸管の占める位置は大きい．そもそも食品中の栄養素や機能性成分が吸収されるかどうかを決定するのは腸管である．現在認可されている特定保健用食品のうち，かなりの部分が腸管での吸収抑制あるいは促進を作用機構としていることからも，食品の機能発現のためには腸管機能の調節が1つの実効的な戦略となりうることがわかると思う．そのようなことから，ここ数年の間に多くの研究者や企業が機能性物質の腸管吸収モデル系としての Caco-2 細胞の導入を検討するようになった．食品の世界では以前はほとんど無名だった Caco-2 もすっかり有名になり，きっと喜んでいることであろう．

　しかし，多くの研究者が Caco-2 細胞を使い出すということは，研究上の競争相手が多くなり大変だということでもある．なるべく独創的な研究をしたいというコンセプトを維持するためには何か新しいことを始めなければならない．我々のグループは Caco-2 細胞を用いた新しい試みとして，5，6年前から複合培養の系を動かし始めている．腸管上皮の粘膜固有層など周辺に存在する他の細胞群，例えば神経細胞，免疫細胞などと腸管細胞を一緒に培養して，よ

り高次な培養系にしようという試みである．ただでさえ素直でない Caco-2 を他の細胞と一緒に飼うと，予想困難な現象がいろいろと出現してしまう．どちらか，あるいは両方の細胞が元気を失ったり，逆に活性化したり，相手を攻撃したり，というような様々な現象が観察され，実験をしている側はそのつどその対応に苦労している．時間と手間のかかる仕事なので，この手の仕事は学生さんの評判も必ずしもよくないが，腸管上皮での複雑な細胞間の対話が垣間見えておもしろくもある．このようにして作った実験系（うまくできればだが）を用いて新しい食品機能の評価系などが構築できればと考えて学生さんの尻をたたいているところである（もちろん女子学生は温かく見守るだけである）．最近は，同種の共培養，複合培養の試みが世界的にも増えてきた．このような腸管細胞研究の新しい展開にも興味をもっていただければと思っている．

第6章
抗酸化物質はプロオキシダントか？―抗酸化研究の光と陰―

徳島大学大学院ヘルスバイオサイエンス研究部食品機能学分野　寺尾純二

　ビタミンEはプロオキシダントであることをみなさんは御存知だろうか？プロオキシダントとは「酸化促進物質」ということであるが，ビタミンEは天然に存在する最も代表的な抗酸化物質（アンチオキシダント）としてよく知られている．しかし，ビタミンEをある濃度以上油脂に加えると逆に自動酸化を促進することも油脂化学関係者には古くから知られている事実である．今から20年ほど前，それまで油脂食品の脂質過酸化反応機構の研究を続けていた私は1年間の米国留学を機会に当時注目されはじめた酸化ストレスと疾患に興味をもち，生体内脂質過酸化と抗酸化の研究を始めようとしていた．そのとき，ビタミンEのプロオキシダント作用が気になり，脂質過酸化反応機構研究最後の仕事として手がけることにした．その結果，ビタミンEが脂質ラジカルに水素ラジカルを供与して（ラジカル捕捉）抗酸化的に働く反応（A）とは逆の反応（B）が起こっていると説明せざるをえないデータが得られた．すなわち，ビタミンEラジカルが脂質から水素ラジカルを引き抜いて自動酸化を触媒するということである[1]．

$$LOO\cdot + VE-H \longrightarrow LOOH + VE\cdot \quad (A)$$
$$L(OO)H + VE\cdot \longrightarrow L(OO)\cdot + VE-H \quad (B)$$

　この考察を論文として投稿するとレフリーにこんなことは起こるはずがないといって散々叩かれた．しかし，愛媛大学の向井先生らがこの説を反応速度論から見事に証明され[2]，この反応は圧倒的に遅い速度であるが，油脂中では基質であるLHが多いために起こることが明らかとなった．油脂化学における長年の疑問が1つ解決したわけである．

　さて，1989年にカリフォルニア大学サンディエゴ校のDr. Steinbergらが動脈硬化発症原因として酸化低比重リポタンパク（LDL）説[3]を発表して以来，酸化LDLの生成機構と抗酸化作用に関する研究が活発に行なわれるようになった．これは，抗酸化物質が疾患予防に働くことを証明できる恰好のターゲッ

トであると LDL が思われたからであろう．そのなかで，オーストラリア心臓研究所の Dr.Stocker らは LDL にビタミン E を高濃度加えると逆に tocopherol-mediated peroxidation（TMP）という酸化促進作用がみられることを見いだした[4]．彼らは生体内抗酸化剤としてのビタミン E の利用に警鐘を鳴らしたことになる．この酸化促進作用は油脂化学分野で明らかとなったプロオキシダント機構が単離 LDL でも起こることを証明したものであるが，では生体内で油脂中と同じ反応が起こるかというと，そのようなことはないといってよいだろう．LDL 単独では起こっても，生体中では油脂中とは異なりビタミン C などの水素供与物質が高濃度に存在し，ビタミン E ラジカルを消去してしまうからである．動脈硬化に由来する虚血性心疾患におけるビタミン E のヒト介入試験でも，疾患抑制に働いたという報告や効果がなかったという報告はあるが，促進的に働いたという報告はない．ビタミン E の存在状態と酸化環境が油脂中と生体内ではまったく異なることを考慮すれば，生体内のビタミン E の酸化促進作用は考えなくてもよいと私は判断する．

　カロテノイドはビタミン E と並ぶ主要な食品抗酸化成分に挙げられている．緑黄色野菜の代表的なカロテノイドとして β-カロテンがよく取上げられるが，1985 年にカナダの Burton たちは β-カロテンは生体内環境である低酸素分圧下でフリーラジカル捕捉作用を発揮する特異な抗酸化物質であると主張した[5]．それ以前からカロテノイドは活性酸素の一種である一重項酸素の強力な消去物質であることはよく知られていた．ここで β-カロテンはラジカル捕捉作用と一重項酸素消去作用を併せもつ優れた抗酸化物質らしいと思われるようになった．私もこの論文に刺激され，同時期に数種のカロテノイドのラジカル捕捉活性を比較した論文を発表した[6]．この論文はいまでも私の発表した原書論文のうちで最も引用回数の多い論文（citation index）となっている．ところが御存知の通り，がんの化学予防として米国がん研究所が行なった β-カロテンの大規模な介入試験の結果は，Linxan Study を除いて ATBC study,CARETstudy, PHS study ともに否定的な結果に終わった．むしろ β-カロテン大量摂取による肺ガン罹患率の上昇が問題となった．β-カロテンを薬理的な用法でがん予防に使おうという試みは失敗したと言えるだろう．その原因はまだ明らかではないが，ここでも抗酸化剤であるべき β-カロテンが生体内でプロオキシダントとして作用したためであるという仮説が提出されている．食品中の β-カロテンは不安定であり，酸化分解しやすいことは食品化学者のよ

第6章　抗酸化物質はプロオキシダントか？―抗酸化研究の光と陰―

く知るところである．では同じことが生体内でも起こるのであろうか？　あるいはビタミンEで述べたようにそのようなことは生体内では起こらないと考えてよいのであろうか？　明確な答えはないが，大量摂取ではβ-カロテンがプロオキシダントとして作用する可能性はあると私は考えている．なぜなら，ヒトは他の動物に比べて異常にカロテノイドを無差別に吸収蓄積しやすい動物だからである．β-カロテンではビタミンEでみられるような摂取量と体内蓄積量が飽和曲線にはならず，直線的に増加する．では，食品成分としてカロテノイドを摂取した場合はどうなのだろうか？　この場合，まず薬理的レベルでの摂取量に達することが考えにくいことや食品中の他成分による吸収蓄積への影響があると考えられる．また，食品中にはβ-カロテン以外のカロテノイド類が同時に存在することも考えなければならない．カロテノイドの豊富な緑黄色野菜摂取ががん予防に働くこと自体は多くの研究機関で今でも強く支持されていることは重要である．

　さて，最近話題となっている抗酸化物質にフラボノイドがある．私は1990年頃からフラボノイドの抗酸化作用に関する研究を始めた．最初は試験管内でのラジカル捕捉活性の評価からスタートし，最近では摂取実験によりウサギの血管大動脈やヒトLDLでの抗酸化活性評価を行なっている．

　ご承知のように，ケルセチンなど野菜中に含まれるフラボノイドには変異原作用があることが知られている．一方，これらのフラボノイドには抗がん作用が期待されている．フラボノイドを動物に投与しても発がん作用はみられず，むしろ発がんの抑制効果が報告されているからである．この違いは，動物実験では生体への吸収代謝が関与することにあると私は考えている．フラボノイドは基本的にビタミンEやカロテノイドほど生体内には吸収されにくく，さらに腸管吸収の過程でグルクロン酸や硫酸抱合体へと代謝される[7]．腸管をそのまま通過するビタミンEや一部のカロテンがレチノールに変換される以外はやはりそのまま通過するカロテノイドとは大きな相違である．ケルセチンなどの抗酸化活性の強いフラボノイドは逆に活性酸素スーパーオキシドを発生することが知られている．これはフラボノイド自動酸化のプロセスでセミキノンラジカルから脱離した電子による酸素の還元が起こるためとされている．このようなプロオキシダント作用で発生した活性酸素により変異原作用がみられるのであろう．生体への吸収過程で代謝が起こるということは，フラボノイドのプロオキシダント作用を抑えて安全な機能物質として働かせるため生体が工夫したも

のと私は推測している．このように考えると日常摂取するフラボノイドの消化吸収時における代謝反応は生体防御にとってきわめて重要であると言えるであろう．

　以上，我々が当然抗酸化物質であると思っているものも条件によってはプロオキシダントとして作用することが明らかである．他にも鉄イオン存在下でのビタミン C のプロオキシダント作用は有名である．抗酸化物質がプロオキシダントにもなりうることは逃れられないのかもしれない．しかし，生体側がこれを避ける巧妙な仕組みを理解し，食品成分としてうまく制御することによりこれらの物質を効果的な食品由来抗酸化物質として利用することが望まれる．さらに，生体は酸化ストレスを細胞内情報伝達シグナルとして利用しており，活性酸素負荷により様々な遺伝子発現が起こることが知られている．このなかにはグルタチオンペルオキシダーゼのような抗酸化酵素も含まれているため，場合によっては酸化ストレスにより生体内抗酸化機能が逆に上昇するということもありえる．そうであれば酸化ストレスを抗酸化剤でむやみに抑えるのも問題がありそうである．まったく，生体内の抗酸化物質がネットワークを構成しているばかりでなく，生体内の酸化ストレスと抗酸化との関係が複雑にからみあってクロストークしているようある．この分野の研究対象の複雑さとその反面，からまった糸を 1 つ 1 つほぐすような面白さをご理解していただければ幸いである．

参考文献

1) Terao J. and Matsushita S. : *Lipids*, 21, 255（1986）．
2) Mukai K. *et al*. : *Lipids*, 28, 753（1993）．
3) Steinberg D.S. *et al*. : *New Eng. J. Med.* 320, 915（1989）．
4) Bowry V.W. and Stocker, R. : *J. Am. Chem. Soc.*, 115, 6029（1993）．
5) Burton G.W. and Ingold, K. U. : *Science*, 224, 569（1984）．
6) Terao J. : *Lipids*, 24, 659（1989）．
7) Murota K. and Terao, J. : *Arch.Biochem.Biophys.* 417,1 2（2003）．

第7章
奥の深い野菜の機能性

熊本大学名誉教授・崇城大学教授　前田　浩

　大学院修士時代から数えて40年を越す筆者の研究分野は，いくつかの分野にわたる．農芸化学的な教育を最初に受けたことは，後になって，医学・生体関連の研究に必要な，多分野的視覚をimprintするにはおおいに幸いしたと思う．
　当初はタンパク質化学（プロテアーゼ／インヒビター）の研究に始まり，抗がん剤（タンパク性制がん剤ネオカルチノスタチンの化学構造，生化学，薬理学的研究），感染症からフリーラジカル，発がんと制がんの研究，後には，がん予防が重要なテーマとなった．感染症の研究といっても病原因子としてのプロテアーゼの病原性の研究とフリーラジカル（例えばスーパーオキサイド，NO，ONOO$^-$，DNA損傷，変異原性）などの研究が主な内容である．1986年にインフルエンザウイルス感染の病原因子の本体が，活性酸素（スーパーオキサイドアニオン〔O_2^-〕）であることをScienceに発表して以来，活性酸素に興味をもった．制がん剤のアドリアマイシンやネオカルチノスタチン〔NCS〕などのDNA切断作用においても，ヘテロサイクリックアミン〔HCA〕の発がんメカニズムにおいても[1]，いずれも細胞内のP450還元酵素やNO合成酵素を介して，増殖的にO_2^-が生成されることを見いだした．NCSやHCA，あるいはニトログアノシンなどは1分子から，その何倍も，つまり化学量論の1：1を遙かに超える量のO_2^-を生成することがわかった[1-3]．これは脂質過酸化物の生成反応と同様に，抑制物質がないと加速的，増殖的に活性酸素の生成が進むことを示す．まさに，燃える炎の燃焼反応のようになるのである．つまり，発がんメカニズムにおいて活性酸素の生成という共通のメカニズムが，化学発がん剤，感染・炎症の局所，あるいは放射線照射のいずれにおいても存在することである．
　植物種子中には，遺伝子（DNA）と栄養成分（タンパクと脂質）を保護するための安定化剤（保存成分）特に抗酸化性の成分が数多く，多量に含まれている．例えばトコフェロール（α，β，γ）や，フェノール類，フラボノイド類

などである.

　約15年程前,米国西海岸を旅行したとき,あるレストランで,通常のバターに代わって,オリーブオイルが出された.それは鮮やかな濃い緑黄色のエキストラバージン・オリーブオイルであった.当時,野菜中の抗ラジカル活性（成分）の含量と野菜に含まれる発がん抑制成分の研究を行なっていた筆者は,この緑黄色野菜にも匹敵するエキストラバージンオリーブ油に注目し,帰国後,各種食用油を検討したところ,驚くべきことがわかった.研究の途中経過を省いて結論から述べる.高度に精製されたほとんどの市販の食用油には,試験管内がん化試験（EBウイルスを用いるトランスフォーメーションのアッセイ系）の評価系において,その発がん抑制作用がないことがわかった.この抑制活性は各種食用油のうちエキストラバージン・オリーブオイルが最高であり,ゴマ油もナタネ油も原油のときは,その力価はきわめて高いが,高度に精製され,無色無臭になった市販の食用油にはプロオキシダント活性こそ上昇するものの,本来種子に含まれていた多量の抗酸化・抗ラジカル活性は皆無になっていた[4].この一連の研究から,食用油の精製による有用成分の消失という問題点が明らかになった.脂質の過酸化ラジカルが,このがん化活性の主体であり,野菜は一般に緑色の濃いものほどその抑制作用が強かった.その活性は生野菜の冷温下ホモゲネートの上清（ジュース）よりも,熱湯5分煮沸したものの上清（スープ）の方が数倍から数十倍強いことがわかった[4, 6, 7].

　このような脂質過酸化物のラジカル（パーオキシラジカル）は長寿命でかつDNA切断能をも有している.注目すべきことは,過酸化脂質は,ヘム鉄,ヘモグロビン,ミオグロビン（赤身の肉）の存在下で,このラジカルを生成する[4, 5].このことは,野菜や赤ワインをとらずに,脂質と

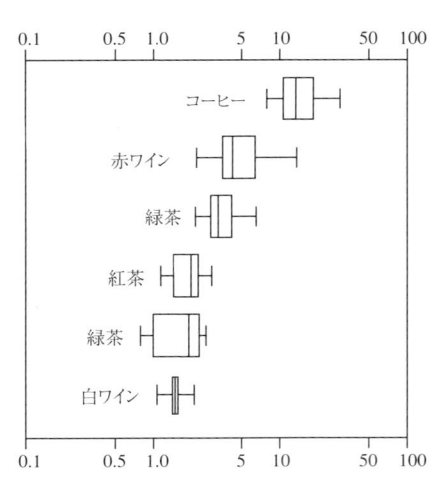

図7-1　各種飲料の抗脂質パーオキシラジカル中和活性
脂質ラジカル中和活性は相対値で,ケルセチン（1mM）を1とした場合のもの.各資料の濃度は実際の飲用物.

第7章　奥の深い野菜の機能性

赤身の肉の多食を続けると，大腸がんのリスクが高くなるという疫学のデータを裏づけるものである．我々は，この点をラットのモデルで証明したが[5]，昨年フランスとオランダの共同研究グループも我々とまったく同じ結果を報告した[8]．健全な食生活において野菜やコーヒー，お茶などの重要性を，あらためて再認識させられた．ついでながら，野菜，豆類，赤ワインの他にコーヒーにも強力なパーオキシラジカル中和能が見いだされた[9]（図7-1）．

　このような経緯から，菜種油の抗ラジカル成分を同定すべく，昭和産業総合研究所，熊本大学工学部 木田建次教授らと共同して，我々はキャノロールと命名した新規フェノール性化合物を見いだしたが[10]，今後は，その実用化に向けての展開が興味をもたれるところである．これまでも大沢教授をはじめ多くの研究者により，セサミノールやカプサインシンなど数多くの植物由来の有用成分が報告されている．考えてみると，植物性食品まるごとのうちには，測り知れない無数のがん予防その他の有用成分が複合体として含まれており，我々の体にとってはそのどれもが重要であろう．古典的な三大栄養素と各種ビタミンのみでは，我々の心身の健康維持には必ずしも不充分ではないかと思っている．

　野菜のがんやラジカル予防における重用性を解説した著書を十数年前に出版したが[7]，それを読まれた九州大学名誉教授（医学部）の倉恒匡徳先生から，進行するのみで治療不能の白内障が，小生の云う野菜スープの摂取によって，治癒したとのお手紙をいただいた．下の資料a, bがそれである．

(a)

前田　浩　先生　　　　　　　　　　　　平成16年4月23日

拝啓

　細菌学会を主宰されご退官されました由伺いました．本当にご苦労さまでした．先生が微生物学を中心に広範に研究され，医学・医療の進歩に大きく貢献されましたことに対し，衷心から敬意を表します．〈中略〉

　さて，小生は84歳にまもなくなりますが，先生に教えていただいた野菜スープのおかげで活き返った感じがいたしております．不治として諦めていた右目の白内障が著しく軽快し，運転免許証の更新のための視力検査も楽に合格しました．最近発表されました信頼のできる臨床実験で，Luteinが黄斑変性や白内障の治療に非常に有効であることが証明されましたので，小生の白内障が軽快したのも，Luteinの多い緑色野菜をたくさん使って作

った野菜スープを，毎日たっぷり摂取したためであろうと考えております．
　〈後略〉　　　　　　　　　　　　　　　　敬具

　　　　　　　　　　　　　　　　　　　　　　　倉恒匡徳　拝

(b)

　前田　浩　先生　　　　　　　　　　　　　平成16年4月30日

拝復
　ご退官後も研究を続けておられる由，深く感銘をうけました．ご成功をお祈りいたします．勝手なお願いでありましたにもかかわらず，さっそく明快なご教示を賜り感謝に堪えません．衷心から御礼申し上げます．〈中略〉
　医者の友人に白内障が軽快したと申しましても，誰一人信用してくれません．挙句の果てに白内障ではないのだろうと疑われる始末です．そこで，九大眼科の石橋教授に診察してもらい，白内障だと確認していただきました．驚いたことには，その際，Luteinを主剤とするBausch & Lomb社のOcuviteというサプリメントが，大学病院の売店で売られているので飲んでみてはと勧められたことです．眼科の専門家は白内障がluteinで予防でき，かつその軽症化に役立つことを良く知っておられるようです．
　以上，お礼と新たなお願いをしてしましました．失礼の段何卒お許し下さい．
　ご健勝でご活躍のほどお祈りいたします．

　　　　　　　　　　　　　　　　　　　　　　　　敬具
　　　　　　　　　　　　　　　　　　　　　　　倉恒匡徳　拝

〔注この手紙の転載を御同意いただいた倉恒先生に深謝します〕

　このお手紙はまた，野菜中の有用成分の効果に帰せられると思われる内容である．ルテインにしろ，ルチンにしろ，その他数多くの野菜の成分は，まだまだ医学的には明らかになっていない．その単一成分の生理機能はもちろん，それが複合した場合の有用効果など，なおのこと未知数である．
　激しい運動をするアスリートや軍隊の隊員を対象に，古典的精製必須栄養素と各種ビタミンおよびミネラルのみを摂取する食事群と，もう1つは植物（野菜）その他のまるごと（未精製）食品を摂取する群の両者間において，どの程

度の体力，持久力，さらに，感染抵抗性，長期的には，生活習慣病の素因の生成，などに差がでるかどうか，検討してほしいところである．

参考文献

1) Maeda H. *et al.*,：*Cancer Lett.* 143, 117-121（1999）．
2) Akaike T. *et al.*,：*Pro. Nat. Acad. Sci.*, 100, 685-690（2003）．
3) Sawa T. *et al.*,：*Biochem. Biophys. Res. Comm.* 311, 300-306（2003）．
4) Sawa T. *et al.*,：*J. Agr. Fd. Chem.*, 47, 397-402（1999）．
5) Sawa T. *et al.*,：*Cancer Epid. Biomark & Prev.*, 7, 1007-1012（1998）．
6) Maeda H. *et al.*,：*Jpn. J. Cancer Res.*, 83, 923-928（1992）．
7) 前田　浩：『野菜はがん予防に有効か』（絶版），菜根出版（1995）．
8) Pierre F. *et al.*,：*Carcinogenesis*, 24, 1683-1690（2003）．
9) Kanazawa A. and Maeda H.：*Nutrition and Lifestyle:Opportunities for Cancer Prevention*, Riboli, R. and Lanbest, R. ed., *IARC Sci. Publ.* 156, 397-398, I ARC Press（2002）．
10) Kuwahara H. *et al.*,：*J. Agr. Fd. Chem.* 52, 4380-4387（2004）．

研究成果論文

第1章
野菜，果実中のキサントフィル類による循環器系疾患予防効果の解明と機能性食品の開発

カゴメ株式会社

はじめに

　脳卒中や虚血性心疾患などの循環器系疾患は，がんとともに我が国の死因の上位を占め，その患者数は食生活や生活環境の変化に伴い，今後も増加するものと考えられる．現在においても心疾患や脳血管疾患は主要死因の第2位，3位となっており，それぞれの死亡者数は合計で30万人近い．一般診療医療費も2兆円を超えるなど，国民医療費に占める割合はきわめて大きく，循環器系疾患の予防作用を有する食品の開発が望まれている．

　循環器系疾患の予防は，高脂血症や高血圧の発症を未然に防ぐことが重要である．さらに最近になって，循環器系疾患の主要な危険因子の1つとして酸化ストレスが注目されている．例えば，低比重リポタンパク質（LDL）が酸化されることで生じる酸化LDLは，動脈硬化の危険因子であることが示唆されている[1-4]．

　過剰な酸化ストレスに対する防御物質として，野菜や果物に多く含まれるカロテノイド色素が注目されている．カロテノイドは古くから一重項酸素の優れたクエンチャーとして知られている抗酸化物質である[5]．また，カロテノイドの1つであるリコピンやβ-カロテンは，生体内環境に近い低酸素分圧下においてその抗酸化作用が増強されることが報告されている[6]．カロテノイドは，このような優れた抗酸化作用を有することから，生体内において，動脈硬化症などの循環器系疾患の危険因子を抑制することが期待されている．

　カロテノイドは，自然界に約600種類存在することが知られているが[7]，炭素と水素のみで構成される炭化水素カロテノイド（カロテン類）と分子中に酸素を含む含酸素カロテノイド（キサントフィル類）に大別される（図1-1）．

自然界においてはカロテン類よりもキサントフィル類の方が圧倒的に多くの種類が存在するものの，既存の研究の多くはカロテン類に属するリコピンやβ-カロテンを中心になされてきている．しかし，ヒトの血液や組織にはカロテン類だけでなく，キサントフィル類も高い濃度で存在していることから[8-11]，それらの役割を明らかにすることもきわめて重要であると考えられる．

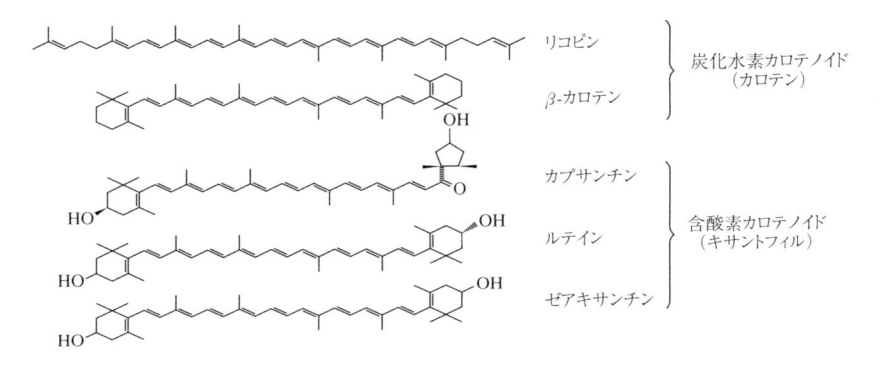

図1-1　カロテノイドの構造

さらに，リコピンやβ-カロテンは精製されたものが比較的安価で市販されており，色素や抗酸化剤，機能性強化などに利用されているが，キサントフィル類ではそれらの技術開発は行なわれておらず，機能性食品素材として利用されていない．

そこで，キサントフィル類を含有する野菜，果実を選抜し，循環器系疾患に対しての生体調節作用を明らかにし，それらを利用した機能性食品を開発することを目的として本研究を開始した．

§1. キサントフィル類を含有する野菜，果実の選抜

野菜や果実に含まれるカロテノイド含量は，いくつか報告があるものの[12-16]，日本において一般的に食されている野菜や果実類のカロテノイド含量をいっせいに分析した報告はない．そこで，日本で購入可能な約70種類の野菜や果実類のカロテノイド含量分析を実施し，キサントフィル類を特異的に含有する野菜や果実類の選抜を行なった．

野菜や果実類に含まれるキサントフィル類の抽出方法として，エステル体そのものを抽出する方法（けん化なし）とエステル体をアルカリ処理によりキサ

ントフィル類の遊離体を抽出する方法（けん化あり）の 2 種類を検討した．

生の野菜，果実にピロガロールを 3％程度添加し，ジューサーで磨砕したものを試料とした．試料（1〜6 g）を採取し，ヘキサン：アセトン：エタノール：トルエン溶液（＝10：7：6：7（v/v/v/v）；HAET 溶液）40 ml 加え，エタノールで 100 ml に定容した．この際，内部標準物質として β-アポ-8'-カロテナールを添加した．この溶液を 5〜20 分超音波処理を行ない，キサントフィル類の抽出を行なった．なお，得られた抽出液の一部はフィルターで濾過し，HPLC 用サンプル（けん化なし）とした．抽出液 10 ml にピロガロール 0.2 g，60％（w/v）水酸化カリウム水溶液 1 ml，水酸化カリウム粒約 0.5 g を加えて撹拌した後，70℃の水浴中で 30 分加熱した．この混液を冷却後，1％（w/v）塩化ナトリウム水溶液 15 ml，2-プロパノール 3 ml 添加し，ヘキサン：酢酸エチル（＝9：1（v/v））により抽出した．抽出液を合わせ，減圧下濃縮し，40％HAET／エタノール溶液で 10 ml に定容し，フィルターで濾過後，HPLC 用サンプル（けん化あり）とした．なお，測定を行なった HPLC 条件は以下の表 1-1 に示した通りである．

表 1-1　キサントフィル類分析の HPLC 条件

カラム　　：YMC Carotenoid S5 μm（4.6×250 mm Column）
移動相　　：A 液　　メタノール：メチル t-ブチルエーテル：水
　　　　　　　　　　＝75：15：10（v/v）
　　　　　　B 液　　メタノール：メチル t-ブチルエーテル：水
　　　　　　　　　　＝8：90：2（v/v）

時間（分）	A液（％）	B液（％）
0	100	0
25	0	100
27	0	100
29	100	0
39	100	0

流　　速　：1.0 ml／min
検　　出　：460 nm（290，325 nm）
カラム温度：30℃
試料注入量：10 μl

結果の一部を表 1-2 に示す．今回評価を行なった素材中で，赤ピーマンはカプサンチンを含有する唯一の素材であった．ルテインは，カボチャやパセリ，ホウレンソウなどに多く含まれていたが，トマトやニンジンの葉にも多く含ま

表1-2 各素材中に含まれるカロテノイドの含量 (mg/100g生可食部)

素材	けん化	炭化水素カロテノイド (キサントフィル)			含酸素カロテノイド (カロテン)				カロテノイド総量
		AC	BC	LY	CS	LT	ZX	CX	
ピーマン (赤)	(−)	—	1.34	—	1.73	0.13	0.09	0.10	3.69
	(+)	—	1.32	—	7.80	0.25	0.07	0.33	9.77
ピーマン (緑)	(−)	—	0.36	—	—	0.67	—	—	1.03
	(+)	—	0.36	—	—	0.71	—	—	1.07
カボチャ (皮)	(−)	—	5.47	—	—	12.23	1.13	—	18.83
	(+)	0.47	5.85	—	—	15.97	1.45	0.24	23.98
カボチャ (実)	(−)	—	2.94	—	—	2.27	0.68	—	5.89
	(+)	0.28	3.08	—	—	3.14	0.68	0.10	7.28
ホウレンソウ	(−)	0.09	2.85	—	—	4.70	—	0.12	7.76
	(+)	0.15	2.99	—	—	5.09	—	0.08	8.31
パセリ	(−)	0.16	4.61	—	—	8.29	—	—	13.06
	(+)	0.16	4.61	—	—	8.29	—	—	13.06
トマト	(−)	0.26	6.64	—	—	9.33	0.15	—	16.38
	(+)	0.49	6.31	—	—	9.38	0.27	—	16.45
ニンジン (葉)	(−)	2.67	6.08	—	—	11.88	—	—	20.63
	(+)	3.29	6.55	—	—	13.57	0.14	0.10	23.65
ニンジン (茎)	(−)	0.44	1.02	—	—	2.11	—	—	3.57
	(+)	0.49	1.10	—	—	2.15	—	0.07	3.81
アスパラガス	(−)	—	0.18	—	—	0.40	—	—	0.58
	(+)	—	0.20	—	—	0.43	—	—	0.63
シシトウガラシ	(−)	—	0.71	—	—	1.16	0.02	—	1.89
	(+)	—	0.79	—	—	1.41	0.02	—	2.22
アシタバ (茎)	(−)	0.01	0.56	—	—	0.82	—	—	1.39
	(+)	0.02	0.66	—	—	1.05	—	—	1.73
アシタバ (葉)	(−)	0.32	10.16	—	—	12.25	0.10	—	22.83
	(+)	0.49	11.64	—	—	15.21	0.20	—	27.54
エダマメ	(−)	0.01	0.24	—	—	0.62	—	—	0.87
	(+)	0.011	0.26	—	—	0.73	—	—	1.00
サヤインゲン	(−)	0.06	0.33	—	—	0.45	—	—	0.84
	(+)	0.07	0.27	—	—	0.36	—	—	0.70
小松菜 (葉)	(−)	0.25	8.47	—	—	8.18	—	0.01	16.91
	(+)	0.28	8.96	—	—	9.51	—	0.01	18.76
モロヘイヤ	(−)	0.42	13.38	—	—	0.76	—	—	14.56
	(+)	0.45	13.79	—	—	0.96	—	—	15.20
ニガウリ	(−)	0.01	0.34	—	—	0.76	—	—	1.11
	(+)	—	0.36	—	—	0.96	—	—	1.32
パパイヤ	(−)	—	—	—	—	0.11	—	0.16	0.27
	(+)	0.04	0.16	—	—	0.20	—	1.21	1.61
マンゴー	(−)	—	0.54	—	—	0.07	—	—	0.61
	(+)	0.04	0.55	—	—	0.05	—	—	0.64
モモ	(−)	—	—	—	—	—	0.02	0.01	0.03
	(+)	—	0.01	—	—	—	0.01	0.01	0.03
オレンジ (皮)	(−)	—	—	—	—	—	—	—	0.00
	(+)	—	—	—	—	0.15	—	—	0.15
オレンジ (果肉)	(−)	—	—	—	—	—	—	—	0.00
	(+)	—	0.12	—	—	0.14	0.14	0.18	0.58
ミカン (皮)	(−)	—	—	—	—	—	—	0.69	0.69
	(+)	0.04	0.17	—	—	0.32	0.18	3.67	4.38
ミカン (果肉)	(−)	—	—	—	—	—	—	0.74	0.74
	(+)	—	0.17	—	—	1.10	0.05	2.54	2.86

AC：α-カロテン, BC：β-カロテン, LY：リコピン, CS：カプサンチン, LT：ルテイン,
ZX：ゼアキサンチン, CX：β-クリプトキサンチン

れていることが判明した．ゼアキサンチンは，カボチャに含まれていた．存在型としては，カプサンチンはその多くがエステル型で存在していたのに対し，ルテインやゼアキサンチンは多くが遊離型であった．以上の結果より，カプサンチンを含む素材として赤ピーマンを選抜した．

§2．キサントフィル類の精製

食用としての純度の高いカプサンチンは存在せず，また試薬としての高純度のカプサンチンは非常に高価である．そこで，動物試験に使用する純度の高いカプサンチンを得るために，カプサンチンの精製方法について検討した．

原料として市販のパプリカ色素を用い，アルコールに溶解させた後，濾過にてアルコール不溶性成分を除去した．その後，アルコール可溶部を分取用HPLCにて分画を行ない，得られたカプサンチン画分を再結晶により精製し，カプサンチン精製物を得た．なお，分画を行なったHPLC条件は以下の通りである．

　　カラム：ODS-ST-CS-15/30
　　移動相：メタノール
　　流速：150 ml / min
　　検出：474 nm

パプリカ色素20 gを精製することにより，カプサンチン精製物600 mgを得た．なお，カプサンチン精製物の純度は，HPLCによる検定の結果，90％以上であることが判明した（図1‐2，図1‐3）．

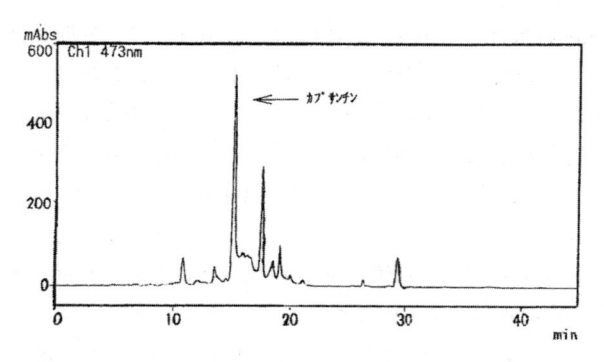

図1‐2　パプリカ色素（精製前）のHPLCクロマトグラム

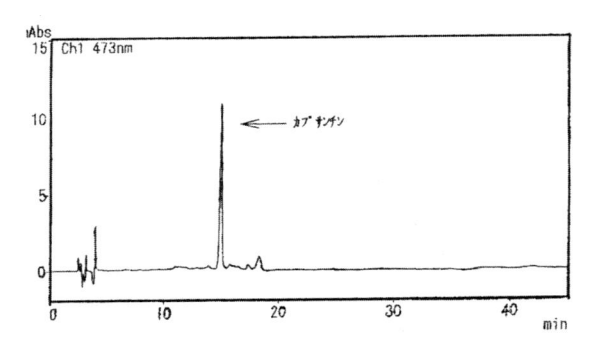

図1-3 カプサンチン精製物(精製後)のHPLCクロマトグラム

§3. キサントフィル類の機能性の評価

β-カロテンは生体内において抗酸化作用を示すことから,LDLなどの過酸化を抑制し,動脈硬化などの循環器系疾患の予防に有効であることが,*in vitro*や *in vivo* での評価で明らかになっている.一方で,カプサンチンは優れた抗酸化作用を有するとの報告はあるものの,循環器系疾患に対する報告はない.そこで,カプサンチンの循環器系疾患に対する作用を,血中脂質の変動を指標に評価した.

3・1 動物での評価

1) 赤ピーマンペーストの血中脂質に対する影響

カプサンチンを含む赤ピーマンペーストを用い,実験動物による血中脂質に対する影響を調査した.

4週齢Wistar系雄性ラットを,1週間の予備飼育の後,各群8匹ずつ2群に分けた.1群はコントロール群で通常飼料と水道水を,2群は赤ピーマン摂取群で赤ピーマンペーストの凍結乾燥物(カプサンチン濃度 85 mg / 100 g)を20%加えた飼料と水道水を自由摂取させた(表1-3).2週間飼育後,血中の総コレステロール値,トリグリセライド値,HDL-コレステロール値の分析を行なった.

その結果,総コレステロール値に関しては,コントロール群と赤ピーマン摂取群との間に有意な差は認められなかった.一方で,赤ピーマン群のHDL-コレステロール値はコントロール群と比較して有意に高く,逆にVLDL+LDLコレステロールの値は有意に低下していた(図1-4).なお,この2群間に体重増

加量や摂食量には差は認められなかったが，赤ピーマン群の排泄量は増加した．以上のことから，赤ピーマンには動脈硬化などの循環器系疾患の予防作用があることが示唆されたが，その作用には食物繊維が関係している可能性が考えられた．

表 1 - 3　飼料組成（%）

	コントロール群	赤ピーマン摂取群
コーンスターチ	45.3	25.3
カゼイン	25.0	25.0
ショ糖	20.0	20.0
ミネラル[*1]	3.5	3.5
ビタミン[*2]	1.0	1.0
塩化コリン	0.2	0.2
コーン油	5.0	5.0
赤ピーマン乾燥物[*3]	0.0	20.0

[*1]：オリエンタル酵母 AIN-93M，　[*2]：オリエンタル酵母 AIN-93-VX
[*3]：赤ピーマンペーストの凍結乾燥品，カプサンチン濃度 85 mg / 100 g

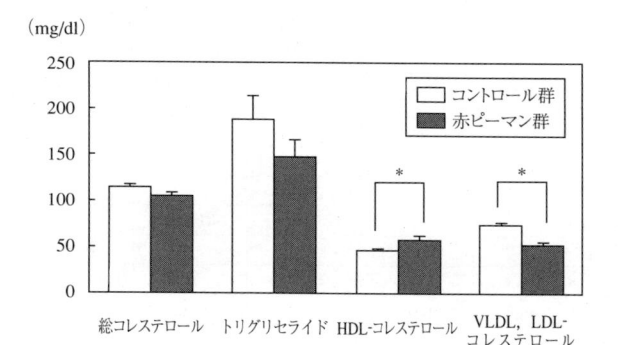

図 1 - 4　赤ピーマン摂取における血中脂質濃度
（平均±標準偏差, n＝8, * $p < 0.05$ （Turky））

2) 赤ピーマンペースト分画物の血中脂質に対する影響

1) の評価では，ラットに 20%赤ピーマン凍結乾燥物入り飼料を摂取させることで，血中の総コレステロール値は変化せず，HDL - コレステロール値のみ有意に上昇することを明らかにした．そこでは，赤ピーマン中のどのような成分が HDL - コレステロール値の上昇に関与しているか評価するために，ラットを用いて赤ピーマン粉末，赤ピーマンの有機溶媒抽出物，残渣（食物繊維），

およびカプサンチン単体それぞれを含む飼料を摂取させた場合の血中脂質に対する影響について評価した．

4週齢Wistar系雄性ラットを，1週間の予備飼育後，各群6匹ずつ5群に分けた．1群は何も加えないコントロール群（Cont），2群は赤ピーマンの凍結乾燥物を加えた赤ピーマン摂取群（Pap），3群は赤ピーマンペースト凍結乾燥物を有機溶媒（HAET溶液）で抽出し減圧下濃縮させたものを添加した群（Ext），4群はその抽出残渣を添加した群（Preci），5群はカプサンチンを添加した群（Cap）とし，それぞれの飼料を自由摂取させた．なお飼料の組成は表1-4に示す通りである．

表1-4 飼料組成（％）

	1（Cont）	2（Pap）	3（Ext）	4（Preci）	5（Cap）
カゼイン	25.00	25.00	25.00	25.00	25.00
コーンスターチ	45.30	25.30	44.80	25.80	45.26
ショ糖	20.00	20.00	20.00	20.00	20.00
コーン油	5.00	5.00	5.00	5.00	5.00
ミネラル[*1]	3.50	3.50	3.50	3.50	3.50
ビタミン[*2]	1.00	1.00	1.00	1.00	1.00
塩化コリン	0.20	0.20	0.20	0.20	0.20
コレステロール	—	—	—	—	—
コール酸ナトリウム	—	—	—	—	—
ラード	—	—	—	—	—
赤ピーマン乾燥物[*3]	—	20.00	—	—	—
赤ピーマン抽出物[*4]	—	—	0.50	—	—
赤ピーマン抽出物残渣[*5]	—	—	—	19.50	—
カプサンチン[*6]	—	—	—	—	0.045
カプサンチン濃度（mg％）	0.0	28.4	19.0	7.1	28.5

[*1]：オリエンタル酵母 AIN-93M，　[*2]：オリエンタル酵母 AIN-93-VX，
[*3]：赤ピーマンペーストの凍結乾燥品，[*4]：赤ピーマンペースト凍結乾燥品の有機溶媒（ヘキサン：アセトン：エタノール：トルエン＝10：7：6：7）抽出物，[*5]：赤ピーマンペースト凍結乾燥品の有機溶媒（ヘキサン：アセトン：エタノール：トルエン＝10：7：6：7）抽出物残渣，
[*6]：赤ピーマンより精製したカプサンチン

2週間飼育後，血清を分離し，総コレステロール値，トリグリセライド値，HDL-コレステロール値の分析を行なった．また，血清を採取する前3日分の糞を採取し重量測定（湿重量）を，採血後の肝臓を摘出し重量測定を行なった．

その結果，体重，飼料摂取量，採血後の肝臓の重量では，各群間に差は認められなかった．しかし，飼育期間中の糞の重量は，コントロール群と比較して

第 1 章　野菜，果実中のキサントフィル類による循環器系疾患予防効果の解明と機能性食品の開発

赤ピーマンの凍結乾燥物を加えた群（Pap），抽出残渣を添加した群（Preci）に有意な増加が確認された（図 1-5）．総コレステロールにおいては，コントロール群と比較して他の 4 群は顕著な変化は認められず，それぞれの群間に有意差は認められなかった（図 1-6）．一方，HDL-コレステロールにおいては，コントロール群と比較してカプサンチン投与群（Cap）は有意な上昇が確認された．赤ピーマンの凍結乾燥物を加えた群（Pap），赤ピーマンペーストの有機溶媒抽出物を添加した群（Ext）も上昇傾向が認められたが有意差は確認できなかった（図 1-7）．トリグリセライドにおいては，各群間で有意な差は認められなかった（図 1-8）．

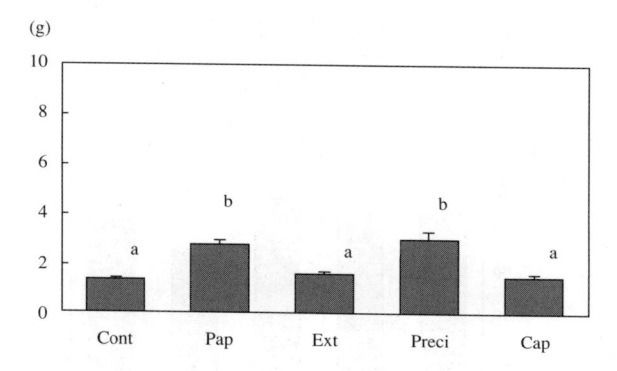

図 1-5　試験終了前の 3 日間における糞の湿重量
（平均±標準誤差，n＝6，$p<0.05$（Turky））

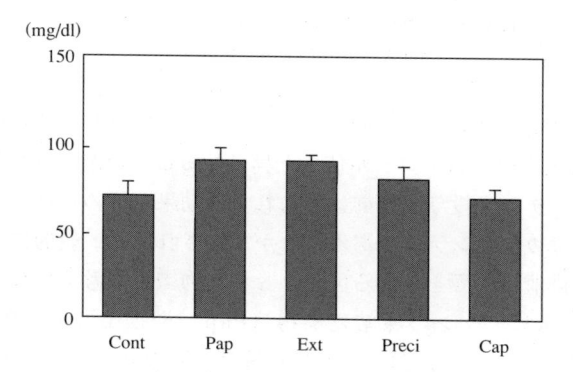

図 1-6　各群における血清中の総コレステロール濃度
（平均±標準誤差，n＝6）

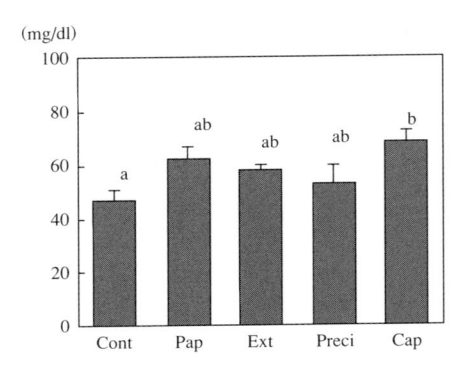

図1-7　各群における血清中のHDL‐コレステロール濃度
（平均±標準誤差，n＝6，$p<0.05$（Turky））

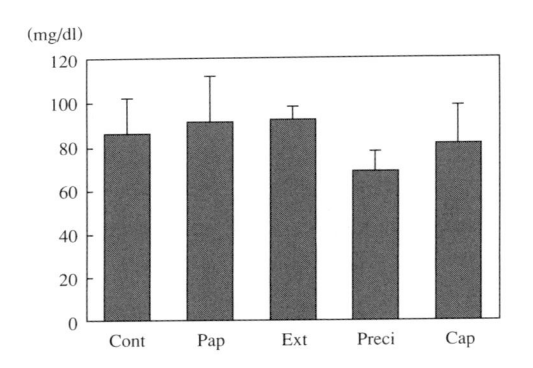

図1-8　各群における血清中のトリグリセライド濃度
（平均±標準誤差，n＝6）

　このように，前回と同様に，赤ピーマンの摂取は総コレステロール値に影響を与えず，HDL‐コレステロール値を上昇させることが確認された．また，精製したカプサンチンを投与した群にもこれらの効果が認められたことから，主たる作用物質はカプサンチンであることが示唆された．一般的に，コレステロールの吸収や排泄に影響を与える因子として食物繊維が考えられるが，食物繊維を多く含む赤ピーマンの凍結乾燥物（Pap）や抽出残渣（Preci）には，HDL‐コレステロール値に顕著な変化が確認されなかったことから，HDL‐コレステロールを上昇させる作用は，食物繊維にはないものと考えられる．

3・2 細胞での評価

3・1の評価では，ラットにカプサンチンを摂取させることで，血中の総コレステロール値は変化せず，HDL‐コレステロール値が有意に上昇することを明らかにした．HDL‐コレステロール濃度は，その構成成分であるアポリポタンパクA‐Ⅰ産生や，HDL‐コレステロールの代謝に関与するCETP（コレステロールエステル転送タンパク）の影響を受けやすいと言われている．そこで，赤ピーマンまたはカプサンチンがアポリポタンパクA‐Ⅰ産生に与える影響について細胞を用いて評価した．

10％FBSを加えたDMEMを用いて6 well plateにヒト肝がん細胞（Hep G2 cell）をまき24時間培養した．24時間後，培地を交換し，さらに24時間培養した．24時間後，培地を吸引除去し，サンプルのwellには赤ピーマン抽出物の95％エタノール溶液または200〜2000 nMのカプサンチンを含んだ95％エタノール溶液を，コントロールのwellには95％エタノール溶液を1％の濃度で添加し，24時間培養した．24時間後に培地を回収し，ELISAを用いて培地中のアポリポタンパクA‐Ⅰ濃度を測定した．なお，赤ピーマン抽出物の95％エタノール溶液は，赤ピーマンペーストの凍結乾燥物をHAET溶液で抽出し，減圧下濃縮したものを，95％エタノール溶液にカプサンチン濃度600 nMになるように溶解して使用した．また，カプサンチンは市販の試薬を用いた．

その結果，Hep G2細胞に赤ピーマン抽出物またはカプサンチンを添加して培養したところ，コントロールと比較して培地中のアポリポタンパクA‐Ⅰ濃度は上昇した．また，その作用は濃度依存的であった（図1‐9）．

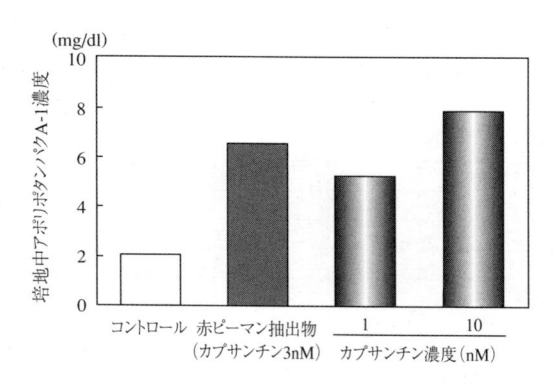

図1‐9 Hep G2細胞における赤ピーマン抽出物またはカプサンチンのアポリポタンパクA‐Ⅰ産生に対する影響

以上のことから,赤ピーマンの HDL‐コレステロール上昇作用の作用物質はカプサンチンであり,作用機序の 1 つとして,アポリポタンパク A‐I を増加させることが示唆された.

3・3 ヒトでの評価

動物,細胞での評価により,カプサンチンの摂取は,アポリポタンパク A‐I を増加させ,HDL‐コレステロール値を上昇させることを見いだした.そこで,カプサンチンを含む赤ピーマンジュースをヒトに飲用してもらった際の血中脂質の動向について評価を行なった.

健康な成人の男性ボランティア 9 名を被験者とした.なお,被験者は 26〜35 歳であり,空腹時の血清中総コレステロール値は 158〜229 mg/dl であった.被験者は,薬剤を利用しておらず,また,医師の治療を受けている他の疾患をもつものはおらず,正常な日常生活を送っていた.本試験はヒトを対象としたヘルシンキ宣言の基本的原則に従って行なわれた.

本試験期間は,前観察期間(1 週間),試験用ジュース飲用期間(2 週間),後観察期間(2 週間)の計 5 週間とした.試験用ジュース飲用期間中は,被験者は赤ピーマンジュース(表 1‐5)を 1 日に 2 缶(320 g)飲用することとした.特に飲用する時間は指定しなかったが,朝と夕方に 1 本ずつ飲用することが望ましいとした.採血は,前観察期間 1 回,試験用ジュース飲用期間中 1 回,後観察期間中 1 回行なった.いずれも 12 時間以上の空腹時採血とし,定法により血清を分離した.また,採血時には体重の測定も行ない,試験期間中は,アンケートにより食事について(種類,量),飲酒について(回数,種類,量),運動について(回数,歩数)調査を行なった.

表 1‐5 試験用赤ピーマンジュースのエネルギーおよび栄養成分

	(単位)	100 g 中	320 g 中(1 日摂取)
エネルギー	kcal	36.0	115.2
タンパク質	g	1.1	3.5
脂質	g	0.4	1.3
炭水化物	g	6.6	21.1
コレステロール	mg	0.0	0.0
食物繊維	g	0.8	2.6
カプサンチン	mg	7.1	22.7

血清は,分析まで −80℃ で保存し,総コレステロール(T-Chol),HDL‐コレステロール(HDL‐Chol)およびトリグリセライド(TG)を市販の臨床検

査キットを用いて測定した．なお，LDL‐コレステロール（LDL-Chol）については，以下の式により算出した．

　　LDL-Chol ＝ T-Chol-HDL-Chol-TG/5

また，血清中のアポリポタンパク質A‐Ⅰ，A‐Ⅱ，C‐Ⅲ，C‐Ⅳ，E濃度およびHDL‐コレステロールの代謝に関与するレシチンコレステロールアシルトランスフェラーゼ（LCAT）およびコレステロールエステル転送タンパク（CETP）は，市販の臨床キットあるいは（株）エスアールエルに委託し分析を行なった．同時に血清中のカロテノイドはHPLC法にて分析を行なった．

試験期間中の被験者の体重や飲酒（回数，種類，量），運動（回数，歩数）において，顕著な変化は認められなかった（表1‐6）．また，試験期間中に実施した食事（種類，量）に関するアンケート調査から，五訂食品成分表に基づき，被験者の摂取したエネルギーおよび栄養摂取量を算出した．その結果，試験期間中において栄養摂取量の大きな変化は認められなかった（表1‐7）．

表1‐6　前観察期間，摂取期間，後観察期間の体重，アルコール摂取，運動の変化

	（単位）	前観察期間	摂取期間	後観察期間
体重	kg	67.7±4.4	67.4±4.3	67.8±4.4
飲酒回数	回/週	2.8±0.9	2.8±0.9	2.6±0.9
アルコール摂取量	ml/週	128.9±54.1	150.0±49.0	139.2±47.5
運動回数	回/	1.2±0.6	1.1±0.4	1.1±0.5
歩数	歩/週	63509±3535	61688±3005	72705±4819

（平均±標準誤差，n=9）

表1‐7　前観察期間，摂取期間，後観察機関の1日あたりのエネルギーおよび栄養摂取量

	（単位）	前観察期間	摂取期間	後観察期間
エネルギー	kcal	1991±152	2085±134	2065±158
タンパク質	g	75.3±8.4	70.1±4.9	79.3±6.9
脂質	g	63.9±6.2	63.1±5.4	64.9±5.2
炭水化物	g	258±12	276±23	246±18
コレステロール	mg	230±25	238±18	228±24
食物繊維	g	13.3±1.3	14.9±1.9	12.0±2.0

（平均±標準誤差，n=9）

総コレステロール，トリグリセライドについては，前観察期間，摂取期間，後観察期間に顕著な差は認められなかった．一方，HDL‐コレステロールに関しては，赤ピーマンジュースを飲用することで有意に上昇することが観察され

た．さらに，後観察期間において，HDL‐コレステロールは元に戻る傾向は認められたものの，前観察期間と比較すると高い値を保ち有意差が認められた．またLDL‐コレステロールに関しては，有意差は認められなかったが，赤ピーマンジュースの飲用で低下し，飲用をやめることで元に戻る傾向が認められた（図1‐10）．

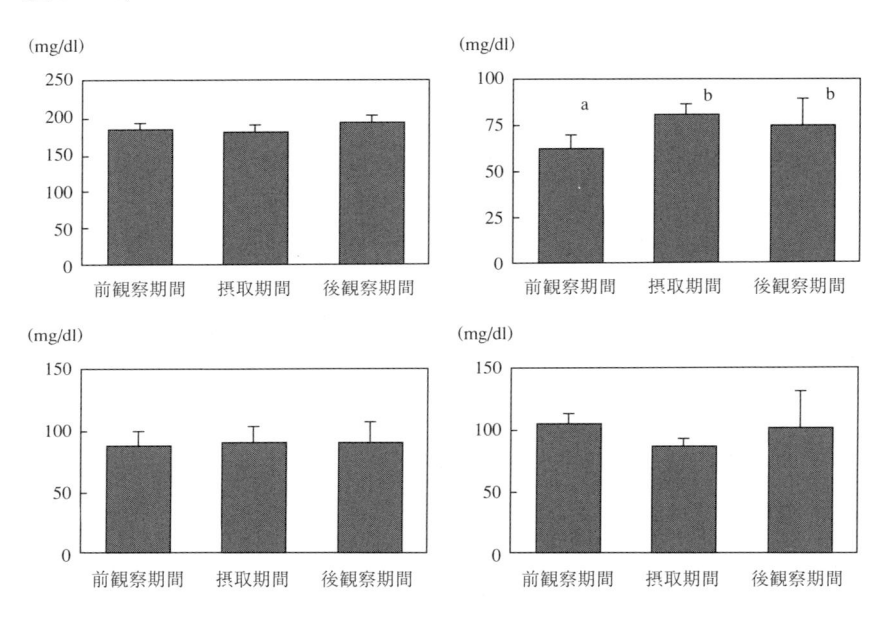

図1‐10　赤ピーマンジュースの摂取による血中脂質濃度の変化
左上：総コレステロール，右上：HDL‐コレステロール
左下：トリグリセライド，右下：LDL‐コレステロール
（平均±標準誤差，n=9，$p<0.05$（Turky））

血清中のアポリポタンパク質A‐Ⅰについては，赤ピーマンジュースを飲用することで上昇する傾向が認められた．また飲用をやめることで，やや低下するが，前観察期間と比較するとやや高い傾向が認められた．他のアポリポタンパク質については，摂取による顕著な変動は確認できなかった（表1‐8）．血清中のLACTについては，飲用により上昇する傾向が認められ，飲用をやめることでやや低下するが，前観察期間と比較するとやや高い傾向が認められた．CETPについては，飲用による顕著な変動は確認できなかった（表1‐9）．

なお，赤ピーマンジュースを飲用することで，血清中のβ‐カロテン，ルテ

イン，ゼアキサンチン，β-クリプトキサンチン，カプサンチン，α-トコフェロールが有意に上昇した（表1-10）．

表1-8　前観察期間，摂取期間，後観察期間のアポリポタンパク質の変化

	（単位）	前観察期間	摂取期間	後観察期間
Apo A-I	mg/dl	142.7±11.1	174.2±15.0	169.1±16.9
Apo A-II	mg/dl	32.5±2.0	32.9±2.7	34.4±2.6
Apo C-II	mg/dl	2.4±0.5	2.6±0.5	2.7±0.5
Apo C-III	mg/dl	7.9±0.6	8.4±0.8	8.6±1.0
Apo E	mg/dl	1.9±0.5	2.4±0.5	2.2±0.4

（平均±標準誤差，n=9）

表1-9　前観察期間，摂取期間，後観察期間のLCAT，CETPの変化

	（単位）	前観察期間	摂取期間	後観察期間
LCAT	U	18.9±3.5	26.5±2.7	21.3±4.3
CETP	μg/ml	2.0±0.1	2.1±0.1	2.0±0.1

（平均±標準誤差，n=9）

表1-10　前観察期間，摂取期間，後観察期間の血清中カロテノイド濃度

	（単位）	前観察期間	摂取期間	後観察期間
α-カロテン	μg/ml	0.154±0.093	0.148±0.067	0.148±0.092
β-カロテン	μg/ml	0.341±0.114[a]	0.584±0.228[b]	0.402±0.155[a]
リコペン	μg/ml	0.148±0.073	0.136±0.044	0.150±0.071
ルテイン	μg/ml	0.237±0.087[a]	0.335±0.152[b]	0.224±0.053[a]
ゼアキサンチン	μg/ml	0.058±0.014[a]	0.153±0.050[b]	0.081±0.013[a]
β-クリプトキサンチン	μg/ml	0.174±0.132[a]	0.487±0.186[b]	0.278±0.092[c]
カプサンチン	μg/ml	0.005±0.001[a]	0.080±0.052[b]	0.010±0.013[a]
α-トコフェロール	μg/ml	0.361±0.071[ac]	0.424±0.100[bc]	0.389±0.090[c]

（平均±標準誤差，n=9，$p<0.05$（Turky））

　以上の結果，ヒトにおいて赤ピーマンジュースの飲用は総コレステロールに影響を与えず，HDL-コレステロールのみを上昇させることを立証した．これらは動物での評価と同様な結果であった．一般的にHDL-コレステロールに影響を与える因子として，食事，運動，飲酒などが挙げられている．今回は，それらについてアンケートにより調査を行ない，試験期間中に大きな変動がないことを確認しており，HDL-コレステロールを上昇させているものは赤ピーマンジュースであることが示唆された．また，血清中のアポリポタンパク質や

脂質代謝に影響を与える因子についても測定を行なったが，摂取により上昇したものは，HDL‐コレステロールの構成成分であるアポリポタンパク質A‐Ⅰのみであった．一部の食品成分には，アポリポタンパク質A‐Ⅰを上昇させることによりHDL‐コレステロールを増加させるとの報告があるため，カプサンチンの効果もこれらと同様なものかもしれない．今回は，1日に約20 mgのカプサンチンを摂取すること目標に，濃縮タイプの赤ピーマンジュースを1日に320 g摂取してもらったが，2週間摂取した場合で，体重をはじめとする健康状況の悪化は確認されなかった．しかし，一部で便がゆるくなったり赤くなったとの報告があった．これらの作用は，下痢などのような負の作用ではなく，むしろ便秘改善などのような作用であったため，被験者と相談のうえ評価は継続したが，投与量については今後も検討が必要であると考える．

まとめ

食生活の変化により，循環器系疾患をはじめとする生活習慣病の罹患数が増加している．このような疾患を誘発する原因の1つとして，生体内における酸化ストレスが挙げられており，その防御物質として抗酸化作用を有するカロテノイドが注目されている．カロテノイドに関する研究は，炭素と水素のみで構成されるリコピンやβ‐カロテンなどで代表されるカロテンに関するものが多く，分子内に酸素原子を含むキサントフィル類の研究は少ない．そこで，キサントフィル類を含有する野菜や果実を選抜し，循環器系疾患の新規機能を明らかにし，それらを利用した機能性食品を開発する目的で本研究を実施した．

まず，キサントフィル類を特異的に高含有している素材を選抜する目的で，日本で一般に食されている野菜，果実約70種類のカロテノイド含量を測定した．その結果，キサントフィルの一種であるカプサンチンは特異的に赤ピーマンのみに含まれていることが明らかになった．カプサンチンは優れた抗酸化作用を有するとの報告はあるものの，それ以外の機能についてはあまり検討されていない．そこで，赤ピーマンを研究対象の素材として選抜した．

次に，赤ピーマンの新規機能を解明するために，動物を用いた血中脂質への影響について評価を実施した．ラットの飼料に赤ピーマン粉末や精製したカプサンチンを添加し摂取させたところ，血中の総コレステロール濃度は変化せず，HDL‐コレステロール濃度が有意に上昇した．

さらに，そのメカニズムについて細胞を用いて検討した．ヒト肝がん由来細

第1章　野菜，果実中のキサントフィル類による循環器系疾患予防効果の解明と機能性食品の開発

胞（Hep G2 cell）を赤ピーマン抽出物あるいはカプサンチン含有培地で培養したところ，培地中のアポリポタンパクA-Ⅰが増加した．

以上の結果より，赤ピーマンに含まれるカプサンチンは，アポリポタンパクA-Ⅰを増加させることで血中のHDL-コレステロール濃度を上昇させることと結論した．

最後に，ヒトに赤ピーマンジュースを飲用してもらった際の血中脂質の動向について調査した．その結果，ヒトにおいても赤ピーマンジュースの飲用は，血中の総コレステロール濃度に影響を与えず，HDL-コレステロール濃度を有意に上昇させた．その際，血中のアポリポタンパクA-Ⅰ濃度は上昇する傾向を示したが，他のHDL-コレステロール濃度に影響を与える因子については顕著な変化は確認できなかった．

以上のように，赤ピーマン（カプサンチン）の摂取は，HDL-コレステロール濃度を上昇させることから，循環器系疾患の予防に有効であることが示された．HDL-コレステロール濃度を上昇させる医薬品や食品の報告例はきわめて少なく，今回の結果は非常に興味深いものである．今後，これらを利用した機能性食品の開発を進めていく．

参考文献

1) Witztum J. L.：*Lancet*, 344, 793 (1994).
2) Panasenko O.M. and Sergienko V.I.：*Biol. Med.*, 7, 323 (1994).
3) Esterbauer H. and Ramos P.：*Rev. Physiol. Biochem. Pharmacol.*, 127, 31 (1995).
4) Halliwell B.：*Am. J. Clin. Nutr.*, 61, 670S (1995).
5) Di Mascio P., Kaiser S. and Sies H.：*Arch.Biochem.Biophys.*, 274, 532 (1989).
6) Burton G.W. and Ingold K.U.：*Science*, 224, 569 (1984).
7) Rock C. L., Jacob R. A. and Bowen P. E.：*J.Am.Diet.Assoc.*, 96, 693 (1996).
8) Khachik F., Beecher G. R., Goli M. B., Lusby W. R. and Daitch C. E.：*Methods Enzymol*, 213, 347 (1992).
9) Bone R. A., Landrum J. T. and Tarsis S. L.：*Vision Res.*, 25, 1531 (1985).
10) Handelman G.J., Dratz E.A., Reay C.C. and van Kuijk J. G.：*Invest Ophthalmol Vis Sci.*, 29, 850 (1988).
11) Yeum K. J., Taylor A., Tang G. and Russell R. M.：*Invest Ophthalmol Vis Sci.*, 36, 2756 (1995).
12) James P. S. and Anne C. M.：*J. Agirc. Food Chem.*, 19, 854 (1971).
13) Thomas P. and Tung-Shan C.：*J. Food Sci.*, 53, 1703 (1988).
14) Khachik F., Goli M. B., Beecher G. R., Holden J., Lusby W.R., Tenorio, M.D. and Barrera M. R.：*J.Agirc.Food Chem.*, 40, 390 (1992).
15) Michael G.L. Hertog, Peter C.H. Hollman and Martijn B. Katan：*J. Agric. Food Chem.*, 40, 2379 (1992).

16) Mangels A. R., Holden J.M., Beecher G. R., Forman M. R., and Lanza E. : *J Am Diet Assoc*, 93, 284 (1993).

文責　　カゴメ（株）　相澤宏一

第2章
わさび由来成分の新規機能性の探索および機能性食品素材としての高度利用技術の開発

金印株式会社

はじめに

わさびは刺身の薬味などとして古くから使用されている．また，その成分であるイソチオシアネート（ITC）類は抗菌性を有しており，各種抗菌剤や鮮度保持剤などに応用され，食品衛生分野などで広く使用されている[1]．

近年の機能性研究により，わさびにはその他にも各種の機能性があることが明らかになってきている．例えば本わさびに含まれる 6 - methylsulfinyl hexylisothiocyanate（6 - MSITC）には，グルタチオン - S - トランスフェラーゼ（GST）およびキノンレダクターゼといった解毒代謝酵素（フェーズⅡ酵素）を強く誘導することが報告されており，その GST 誘導活性は，アメリカで発がん予防目的の健康食品として商品化されているブロッコリー由来のスルフォラファン（4 - methylsulfinylbuthylisothiocyanate）よりも強いことが確認されている[2]．解毒代謝酵素は発がん物質などの有害物質を体外に排泄する酵素であり，それを誘導することは化学発がんの予防につながると考えられ，実際にそれを裏づける抗がん作用やがん転移抑制作用[3-5]も報告されている．また，GST の誘導には適度な活性酸素種（radical oxygen species；ROS）の生成が関与していることも解明されている[6]．

その他にも 6 - MSITC には，血小板凝集抑制作用[2]などが明らかにされている．また，これら以外にもわさびには各種の機能性が報告されている[7-9]．

近年，ダイオキシンや環境ホルモンなどに対する不安が広がっており，これらの有害物質から生体を防御する機能性成分が求められている．わさびの生理活性，特に解毒代謝酵素誘導作用はその解決策の 1 つとして注目を浴びるに値するものと考えられる．このことから，本事業では本わさび中の 6 - MSITC に着目し，有害物質の代表としてダイオキシンの排泄促進作用を検討することとした．

また，生活習慣病をはじめとする疾病を予防する機能性成分が求められてい

るが，多くの疾病は酸化ストレスが原因となっていると言われている．6-MSITCは，酸化ストレスに対し，なんらかの影響を与えると考えられることから，生体内での抗酸化作用を科学的に検証することとした．

一方，わさびは前述のように優れた機能性をもちながらも，機能性成分を抽出精製する技術が未確立なことや，コスト面など解決しなければならない問題があり，機能性素材としての実用化には至っていない．また，わさびはその特有の辛味のため，機能性成分が生理活性を発揮するのに必要な量を摂取することが困難である．そこで，6-MSITCを多く含有する本わさび原料の選定を行なうとともに，6-MSITCを効率的に抽出し，高濃度化する加工技術および，辛味の除去技術などを開発し，6-MSITC高含有素材を開発することとした．さらに，この素材を用いたサプリメントを作製し，実際にヒトが飲用したときの効果を測定した．

また，ヒトが摂取した場合の6-MSITCの体内動態や，わさびの血流に対する影響についても研究を実施した．

§1．6-MSITC高含有素材の開発
1・1　6-MSITC高含有原料の選定

本わさびの香気成分は，品種や部位（葉，茎，根茎，根），産地，季節などによって含有量が異なる．6-MSITCも香気成分の一種であることから同様のことが考えられる．そこで，本わさびの品種，部位による6-MSITC含有量を分析し，6-MSITC含量の高い原料を選定することとした．

愛知県内の圃場にて同一条件で畑栽培された本わさび5品種（みつき，みさわ，ダルマ，加茂自交，島根3号：前2者は金印の開発品種）を試料に用いた．植えつけは平成9年10月，収穫は平成11年7月に実施した．各品種5個体について部位別（葉，茎，根茎，根）に重量，水分量，香気成分の分析を行なった．香気成分分析は，各個体の各部位をドライアイスまたは液体窒素で急速凍結後，マルチブレンダーミルにて凍結粉砕した．これを37℃で3時間酵素反応させることにより香気成分を十分生成させた後，ジエチルエーテルにて抽出し，ガスクロマトグラフィー（GC）分析した．

その結果，6-MSITCはいずれの品種も根茎に最も多く，次いで根，茎，葉の順であった．品種ではみつき，ダルマの含有量が多かったことから（図2-1），これらの品種の根茎が6-MSITC高含有素材の原料として適していると判断した．

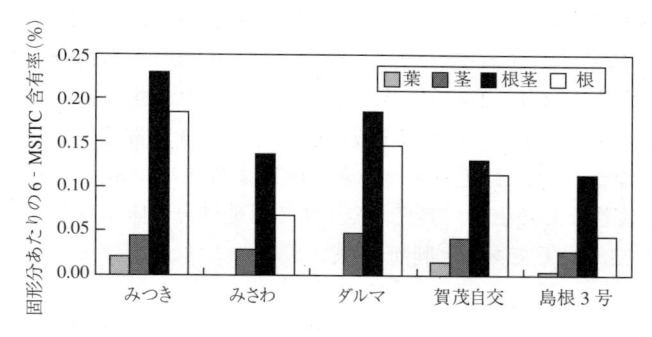

第 2 章　わさび由来成分の新規機能性の探索および機能性食品素材としての高度利用技術の開発

図 2 - 1　各品種，部位別の 6 - MSITC 含有率

1・2　6 - MSITC 高含有素材の開発
1）最適加工条件の検討

6 - MSITC は他の香気成分と同様，わさびをすりおろすことによって初めて酵素反応により生成する．6 - MSITC の含有量は約 0.03％と低いため，最大限に 6 - MSITC が生成する条件を見いだす必要がある．そこで，すりおろし粒度およびすりおろし後のインキュベーション温度による 6 - MSITC 生成量および生成速度への影響を検討し，最大限 6 - MSITC が生成する条件を探索した．

本わさび根茎を凍結粉砕した後，篩にかけ 1 mm パスと 1.4 mm パスに分け，37℃でインキュベートして経時的に香気成分をエーテル抽出し，GC 分析した．6 - MSITC は 1 mm パスが 1 時間程度でほぼ最大値に到達しているのに対し，1.4 mm パスでは 2 時間かかった（図 2 - 2）．原料を替えて実験を繰り返した結果，粒度が細かい方が生成速度は速いものの，むしろ原料の違いの影響が大きく，生成速度の遅い原料でも，おおむね 2 時間で最大値に達することが明らかになった．

インキュベーション温度の検討は，本わさびの根茎を凍結粉

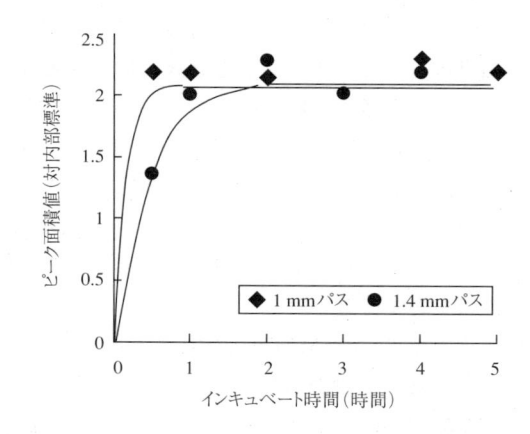

図 2 - 2　粒度による 6 - MSITC 生成速度

砕したものをアルミ蒸着袋に 20 g ずつ密封し,流水解凍した後,10℃,25℃,37℃,50℃にてインキュベートし,経時的に GC 分析した.6 - MSITC は 25℃以上の温度では 1〜2 時間で最大値に達しており,生成量にも大差がなかった(図 2 - 3).一方,10℃では生成速度は遅く,24 時間後も半分量程度しか生成していなかった.温度が高い場合,熱によるアリルイソチオシアネート(AITC)の変性などが生じ,異臭が発生する可能性を考慮すると,最適な酵素反応温度は 25〜37℃であると判断した.

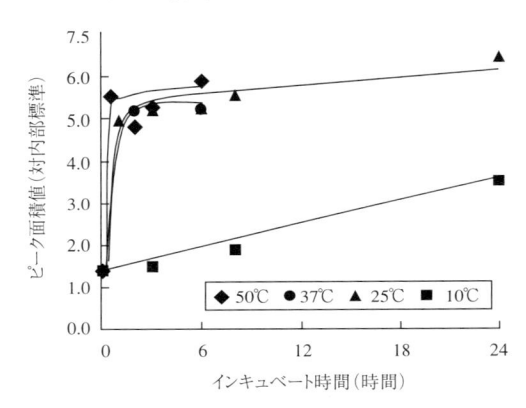

図 2 - 3　インキュベーション温度による 6 - MSITC 生成速度

2) 殺菌方法の検討

6 - MSITC 高含有素材の形態として,本わさびから 6 - MSITC を抽出する抽出エキスと,本わさびを乾燥粉砕する乾燥粉末の形態が考えられる.わさびは土壌菌が多く,特に乾燥粉末の場合,殺菌が重要な問題となってくる.そこで,6 - MSITC を最大限に生成させた後,菌数を食品素材として利用可能な範囲に抑える手法を検討した.具体的には,反応時に密封することで 6 - MSITC と同時に生成してくる AITC によってわさび素材自体を殺菌できるか検討した.さらに,反応温度,容器に占めるわさびの容積率,反応前後の加熱殺菌条件について検討した.

その結果,6 - MSITC の生成反応を密封状態で行なうことで,菌数の減少が早くなり,一般生菌数も一桁程度減少した.さらに様々な条件検討を行い,最適な殺菌条件を確立した.すなわち,密封状態で加温し,6 - MSITC と同時に発生する AITC で菌数を減少させた後,品温を 80℃まで上昇させてから減圧

下で辛味成分を蒸留除去し,乾燥することで,一般生菌数が 10^3 台,大腸菌群が陰性のわさび素材を得ることができた.また,6‐MSITC 残存率も 80％以上を保てることがわかった.

3) 6‐MSITC高含有素材；本わさび抽出パウダーの製法開発

本わさびから 6‐MSITC を効率的に抽出,高濃度化する条件を検討した.前述の 6‐MSITC 生成条件の他に,辛味の除去条件,抽出溶媒の種類,溶媒量,抽出回数,濃縮条件,粉末化方法,賦型剤の種類,賦型剤量などについて検討した.その結果,下記の製法を確立した.

[加水(原料と同量)→酵素反応37℃3時間→減圧水蒸気蒸留による辛味除去→6倍量50％エタノール抽出→抽出液の減圧濃縮→賦型剤溶解(抽出固形分の同量〜2倍量のパインデックス；使用目的によって変える)→スプレードライ]

実際にこの製造条件をもとにプラント設備を組み,試作を行なった結果,本わさび凍結すりおろし原料 100 kg から,本わさび抽出エキスパウダー 4.7 kg を得た.6‐MSITC の含量は 14 倍に濃縮することができた.装置への付着分などが大きかったため,収率が低かったが,実生産では改善できるものと考えられる.

4) 6‐MSITC 高含有素材；本わさび乾燥粉末の製法開発

本わさびの凍結すりおろし原料から,6‐MSITC を最大限に生成させた後,辛味を除去し,そのまま乾燥,粉砕し,本わさび乾燥粉末を製造する条件を検討した.この素材は,本わさび抽出パウダーに比べ,6‐MSITC 含量は低いものの,低価格での製造が可能である.その結果,下記の製法を確立した.

[酵素反応37℃3時間→減圧蒸留による辛味除去→必要に応じて賦型剤混合(セルロースパウダーなど)→乾燥＋殺菌→粉砕]

表2‐1 6‐MSITC 素材規格

	本わさび抽出エキスパウダー	本わさび乾燥粉末
起源・製法	本わさびの根茎または根から,辛味成分を除去し,含水エタノールで抽出,粉末化したもの	本わさびの根茎から辛味成分を除去し,乾燥,粉砕したもの
外観・性状	黄土色粉末 水溶性	灰黄色粉末 非水溶性
6‐MSITC 含量	0.2％以上	0.05％以上
水分	5％以下	5％以下
菌数	10^3 以下	10^3 以下

実際にこの条件をもとに，プラントレベルでの試作製造を行なった結果，本わさび凍結すりおろし原料 30 kg から，本わさび乾燥パウダー 11.6 kg を得た．ただし，このうち約 6 kg は賦型剤として添加したセルロースパウダーである．

以上の試作結果から，各素材の規格を表 2-1 のように設定した．

1・3 6-MSITC の安全性
1) 変異原性

6-MSITC の安全性を確認するため，変異原性を調べた．検定菌として *Salmonella typhimurium* TA98 および TA100 を用い，復帰突然変異試験（Ames 試験）を行なった．6-MSITC は合成香料である 6-methylthiohexylisothiocyanate（6-MTITC）を原料として，m-クロロ過安息香酸にて酸化することで合成したもの（純度 98％以上）を用いた．合成 6-MSITC をジメチルスルホキシドで数段階に希釈して試験に供した．陽性対照としては AF-2，Trp-P-2 を用いた．

その結果，6-MSITC に突然変異原誘発性は認められず，薬物代謝酵素 S9mix を添加しても同様であったことから，6-MSITC には突然変異誘発性はないと判断した．

2) 急性毒性

6-MSITC の急性毒性試験を行なった．試料として，前述の合成 6-MSITC および，本わさびから抽出精製した天然 6-MSITC を用いた．各検体について，6 週齢の SD 系ラット雌雄各 5 匹 7 群に対し，125〜562 mg/kg 体重の範囲で投与量を 7 段階に設定し，経口ゾンデにて強制単回経口投与した．観察期間は投与後 14 日間とした．剖検は死亡例，生存例ともに実施し，各器官・組織の異常の有無を肉眼的に観察した．半数致死量（LD_{50}）は 14 日間の累積死亡率に基づいて Probit 法により算出した．

その結果，6-MSITC の LD_{50} は 338〜451 mg/kg であり，AITC に比べ安全性が高いことが確認できた（表 2-2）．天然 6-MSITC の LD_{50} は合成品に比較して若干低値を示したが，明らかな差はなかった．同様に雌雄間での急性毒性に明らかな差はなかった．投与当日の死亡例では投与後数分よりほとんどの個体で流涎，呼吸徐緩，伏臥位および流涙が，一部の個体では自発運動の亢進あるいは減少が見られ，その後間代性痙攣を呈し投与後 5 時間までに死亡した．遅延死亡ではこれらの症状に加えて軟便，血便および蒼白が見られた後，投与後 1〜3 日後に死亡した．死亡例の剖検の結果，前胃あるいは腺胃粘膜の

糜爛，潰瘍または赤色化が認められたが，その他の器官に異常は見られず，投与当日の死亡例は刺激性をもった6-MSITCの大量投与による中毒死と，また，遅延死例は消化管障害による衰弱死と考えられた．

1・4　6-MSITCの耐久性試験

6-MSITCの安定性，物性に関する知見は，機能性食品素材として加工す

表2-2　急性毒性試験結果

	LD_{50} (mg/kg)	
	雄	雌
合成6-MSITC	451.2	400.7
天然6-MSITC	383.6	338.0
AITC	105.0	119.1
6-MTITC	564.5	597.0

AITC : allylisothiocyanate,
6-MTITC : 6-methylthiohexylisothiocyanate

るうえで，重要である．ITC類は一般的に熱やpHなどの影響を受けやすく，また，水やアミノ酸などとの反応性が高いため変性しやすい[10]．そこで，6-MSITCの安定性，耐熱性，水溶液中および油中での安定性，pHやアミノ酸の影響を検討した．なお，6-MSITCの定量には高速液体クロマトグラフィー（HPLC）とGCを用いた．

6-MSITC単独での耐熱安定性試験の結果，温度が低い方が安定性はよく，合成6-MSITCよりも天然6-MSITCの方が耐熱性に優れていた（図2-4）．そのため，天然物のなかに，6-MSITCの安定性を向上させる成分が含まれていることが示唆された．さらに80〜150℃の高温での，安定性を見た結果，150℃でも1時間程度であれば残存率が90％以上あり，食品加工時など，短時間の加熱に関しては特に問題はないと思われた．

水溶液中でのpH安定性を見た結果，アルカリ領域では，1ヵ月で10％程度まで残存率が低下したが，pH 3〜5の酸性領域では約50％と安定性は高かった（図2-5）．いずれのpHでも安定性は低いものの，AITCなど他のITC類に比べ安定性はかなり高かった．

一方，油溶液中では安定性が高く，1％濃度の場合，50℃ 3ヵ月後の残存率はほぼ100％であった．

合成6-MSITCを2 mMアミノ酸（Thr，Arg，Glu）溶液中に100 mMとなるように溶解し，アミノ酸共存下での安定性を見た結果，塩基性アミノ酸であるArg溶液中では安定性が悪くなる傾向が見られた（図2-6）．

6-MSITC含有素材の製造時には50％エタノールで抽出・濃縮操作を行なうことから，6-MSITCが水またはエタノールと反応し，変性物が生じる可能性がある．そこで，まず水溶液またはアルコール溶液中でどのような変性物が

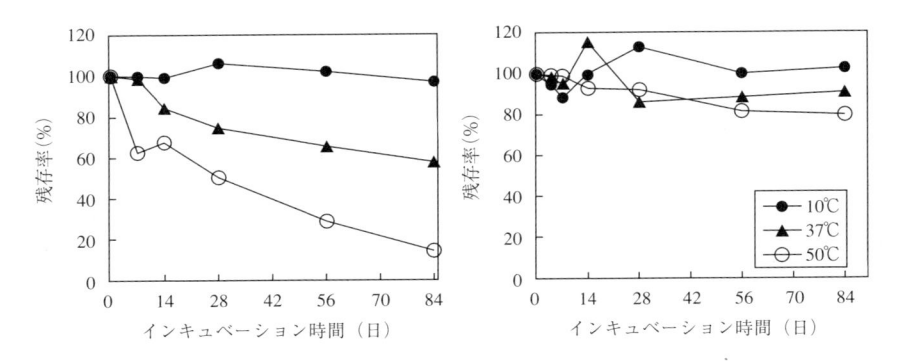

図2-4 6-MSITCの耐熱安定性
左：合成6-MSITC，右：天然6-MSITC

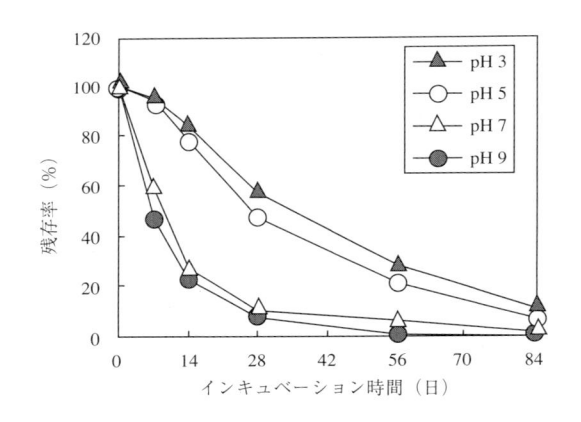

図2-5 合成6-MSITCのpH安定性

生じるかを見た．アルコールには反応性の高いメタノールを用いた．試験条件は，水系では1.5% 6-MSITC水溶液を37℃にて振盪し，経時的にHPLCにて分析した．メタノール系では10% 6-MSITCメタノール溶液を37℃で保管し，水系と同様に経時的に分析を行なった．その結果，水系，メタノール系ともに，6-MSITCの減少に伴ってそれぞれ異なる不明ピークが増加してきた（図2-7，2-8）．6-MSITCの減少速度はほぼ同じであった．

　主要な不明ピークは各系1本ずつであり，モデル系においてはほぼ単一の反応によって6-MSITCが変成していくものと思われた．各不明ピークをLC/MSにより分析した結果，水系の不明ピークはN, N'-ジアルキルチオウレ

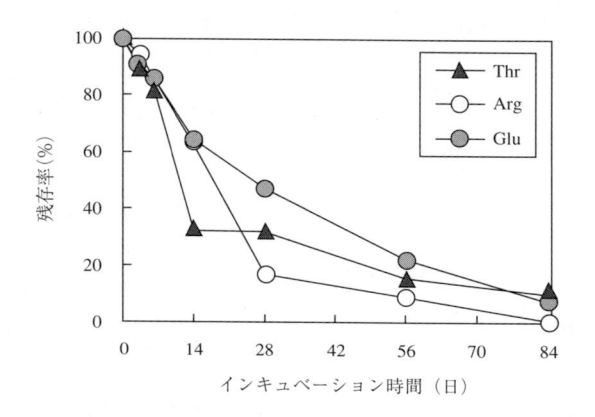

第 2 章　わさび由来成分の新規機能性の探索および機能性食品素材としての高度利用技術の開発

図 2 - 6　合成 6 - MSITC のアミノ酸溶液中での安定性

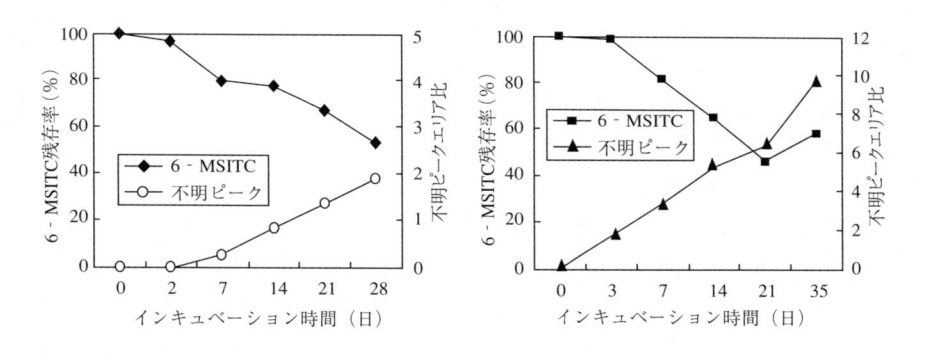

図 2 - 7　水系での合成 6 - MSITC 経時変化　　図 2 - 8　メタノール系での合成 6 - MSITC 経時変化

ア体，メタノール系ではメチルチオカーバメイト体であると推定された．AITC の水やメタノールとの反応生成物については，N, N' - ジアルキルチオウレア体，メチルチオカーバメイト体であることが報告されており[11, 12]，6 - MSITC でも同様の経路をたどるものと思われる（図 2 - 9）．また，各中間体は検出されなかったことから，この反応はすみやかに進行するものと思われる．

　また，6 - MSITC が体内に吸収された場合を想定して，血液環境を模した pH 7.4 の牛血清アルブミン（BSA）存在下での安定性を見たところ，24 時間ではほぼ消失した．これはタンパク質やアミノ酸と付加，反応したことによるものと推察された．このことから，人体中でも非酵素的反応によって 6 - MSITC

$$A) \quad R\text{-}CH_2\text{-}N=C=S + H_2O \qquad B) \quad R\text{-}CH_2\text{-}N=C=S + CH_3OH$$

$$\Downarrow \qquad\qquad\qquad\qquad\qquad \Downarrow$$

$$R\text{-}CH_2\text{-}NHC(=S)\text{-}OH \qquad\qquad R\text{-}CH_2\text{-}N=C(=S)\text{-}OCH_3$$

$$\Downarrow -COS \qquad\qquad\qquad \Downarrow$$

$$R\text{-}CH_2\text{-}NH_2 + R\text{-}CH_2\text{-}N=C=S \qquad R\text{-}CH_2\text{-}NHC(=S)\text{-}OCH_3$$

$$\Downarrow$$

$$\begin{array}{c} R\text{-}CH_2\text{-}NH \\ R\text{-}CH_2\text{-}NH \end{array} \!\!\!\! \Big\rangle C=S$$

N, N'-ジアルキルチオウレア　　　　　メチルチオカーバメイト

図2-9　A) N, N'-ジアルキルチオウレア体（水系）と B) メチルチオカーバメイト体（メタノール系）の生成経路

の多くが失われると考えられる．また，胃液を想定し，pH 1.5 に調整した系ではBSAとの反応性は高くなく，24時間後でも80％は残存していた．このことから，6-MSITCは胃での損失は少ないと考えられる．

§2. 6-MSITC およびわさびの機能性

2・1　抗酸化作用

1) *In vitro* での検討

合成 6-MSITC を用い，抗酸化作用を測定した．測定は，TBA法，DPPHラジカル消去法，XOD消去活性法を用い，定法に則って実施した[13]．その結果，DPPHラジカル消去活性は $IC_{50} = 28.8$ mg/ml であった（図2-10）．TBAは弱く，$IC_{50} = 50$ mg/ml 以上であった．XODラジカル消去活性は，$IC_{50} = 0.2$ mg/ml あった．

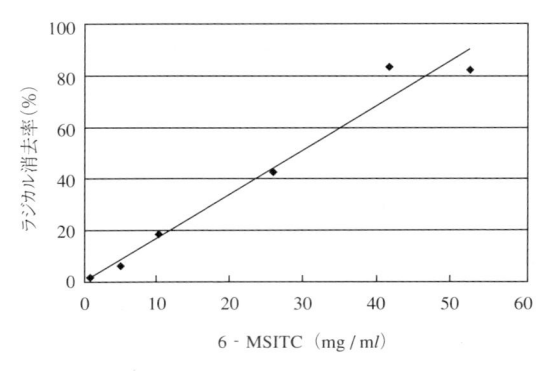

図2-10　DPPHラジカル消去活性

2) 細胞系での作用

体内の好中球などの白血球は，ROS を産生し，体内に細菌などの異物が侵入したときの生体防御にかかわっている．しかし，過剰な ROS は炎症を悪化させ，体内の各組織や器官の老化を促進する．

合成 6 - MSITC を用い，ROS 産生抑制作用を，ラットの血液から分離した多型核白血球（PMN），またはヒトの口腔内好中球（OPMN）を用いて測定した．測定方法は，phorbol 12-myristate 13-acetate（PMA）またはオプソニン化処理を行なったザイモザン（OZ）で白血球を刺激し，産生した ROS を 8-amino-5-chloro-7-phenylpyrido [3, 4-d] pyridazine-1, 4 (2H, 3H) dione（L-012），にて補足し，発光強度（CHL）を Luminescence Reader BLR-201（アロカ社製）で測定した[14, 15]．なお，PMN と OPMN から産生する ROS は，各種 ROS 消去剤を用いた試験から，スーパーオキシドや一重項酸素，ヒドロキシラジカルなどであることを確認した．

PMN に 6 - MSITC を添加後 OZ 刺激を行なった結果，0.5 mM の 6 - MSITC により ROS 産生が約 1/5 に低下した（図 2 - 11A）．また，OZ 刺激後に 6 - MSITC を添加した場合，ROS 産生は 1 mM の 6 - MSITC で約 1/2 に低下した（図 2 - 11B）．

6 - MSITC とのプレインキュベートにより，ROS の産生がより強く抑制されたことから，6 - MSITC の作用は，刺激により生成した ROS を直接消去するのではなく，PMN の ROS 産生部位に作用して，ROS の産生自体を抑制し

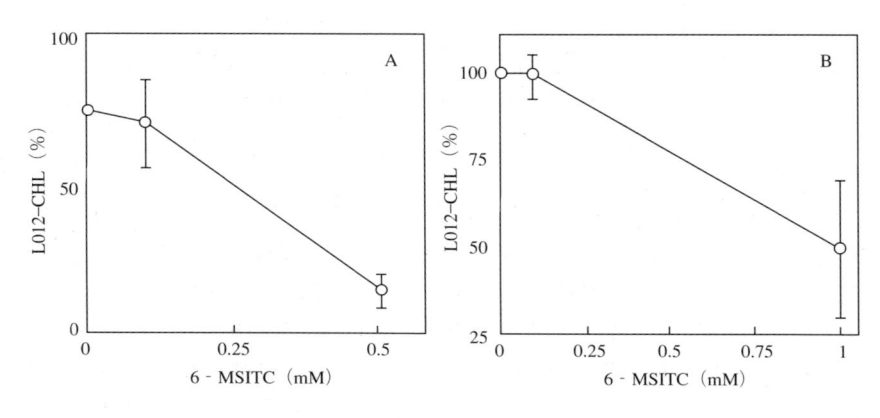

図 2 - 11　PMN からの ROS 産生抑制効果

ていることが示唆された．このことは，6‐MSITC と類似の ITC であるベンジルイソチオシアネート（BITC）を用いた研究でも報告されており[16]，BITC が白血球膜上の NADPH オキシダーゼ複合体の p51 タンパク質と結合してスーパーオキシドの産生を抑制することが示唆されている．6‐MSITC でも同様に NADPH オキシダーゼを直接阻害しているものと推測される．

OPMN は食品をはじめとする外界の成分に常にさらされているため，無刺激でも ROS を産生する．この OPMN に対する作用を調べた結果，6‐MSITC 存在下では PMA で刺激しても，ROS 産生は 90％以上抑制された（図 2‐12A）．PMA 刺激により ROS を産生している OPMN に対しても，0.5 mM の 6‐MSITC で 90％以上の抑制を示した（図 2‐12B）．OPMN は無刺激下でも ROS を産生しており，この基礎産生量も阻害されたが，用量依存性は認められなかった（図 2‐12B）．このことから，6‐MSITC は炎症性の白血球に対して特異的に作用すると考えられた．

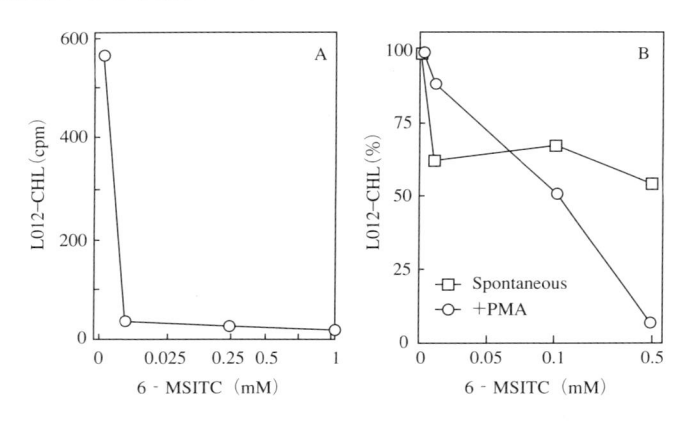

図 2‐12 OPMN からの ROS 産生抑制効果

ところで，*Helicobactor pylori*（ピロリ菌）に感染すると，ピロリ菌を排除するために顆粒球が集まり，ROS を産生する．この ROS とピロリ菌が有するウレアーゼにより産生されるアンモニアとの反応で，細胞障害性の高いモノクロラミンが生成され，胃炎や胃潰瘍を悪化させることが知られている．また，ピロリ菌自体から産生される ROS もこれら症状の悪化の原因と考えられている．そこで，ピロリ菌に対する 6‐MSITC の作用を見た．ピロリ菌株としては，NCTC‐11637 を用いた．培養には 5％馬血清を含む *Brucella* broth を用

い，微好気性環境下で37℃20時間培養した[17]．まず，6-MSITCをピロリ菌に作用させたところ，濃度依存的にピロリ菌からのROSの産生が抑制された（図2-13）．なお，試験を行なった6-MSITC濃度の範囲内でピロリ菌の呼吸活性を測定したが，呼吸速度の低下は認められなかったことから，本試験結果はピロリ菌が死滅したものではなく，ROSの産生を阻害していることによるものと考えられた．

また，ピロリ菌に6-MSITCを作用させ，その生育に対する影響を調べた．その結果，IC_{50}は6-MSITC濃度約4μMであった（図2-14）．最小殺菌濃度（Minimal bactericidal concentration，MBC）は約25μMであった．6-MSITCのMBCは*Escherichia coli*で0.1 mg/ml，*Staphylococcus aureus*で2.0 mg/mlと報告されており[18]，それぞれ0.5 mM，10 mMであることから，ピロリ菌には，それらの細菌と比べ，より低濃度で作用することが示唆された．

また，本わさびの葉にピロリ菌に対する殺菌作用があることが木苗らにより確認されており，その作用成分である6-MTITCのMBCは0.25 mg/ml（約1.3 mM）であることが報告されている[19]．今回の結果と比較すると，6-MTITCは6-MSITCと構造的にスルフィド基とスルフォキシド基の違いがあるだけだが，そのMBCには約50倍の差が見られた．このことから反応性の高いITC基以外に，6-MSITCのスルフォキシド基も殺菌作用の発揮に関与していることが示唆された．

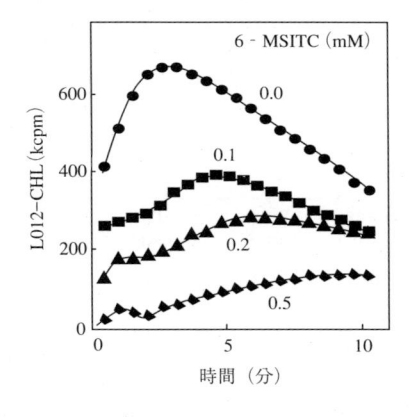

図2-13　ピロリ菌からのROS産生抑制効果

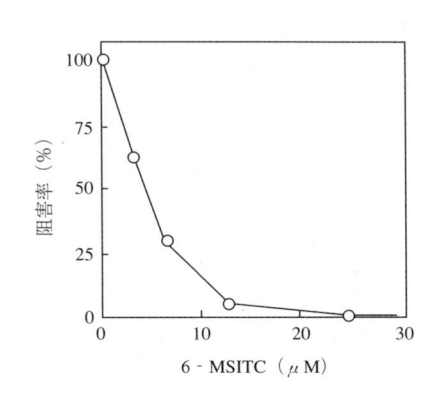

図2-14　ピロリ菌の生育阻害効果

3）*In vivo* での抗酸化作用；糖尿病合併症予防作用

糖尿病のリスクのある日本人は，予備軍と呼ばれる人まで含めると 1,300 万人と言われており，糖尿病自体の抑制に加え，糖尿病患者の高血糖に起因する酸化障害を抑制することも非常に重要な課題である．そこで，6-MSITC の高血糖による酸化障害抑制作用について検討を行なった．

30 匹の 6 週齢 KK-A^y マウス（日本クレア）を 1 群 10 匹に分け，6 週齢から 9 週齢までの 4 週間は肥満および糖尿病を誘発するために高脂肪食（エネルギー比 30％）を摂取させた．その後，30 匹のマウスを体重および血糖値が均等になるよう 3 群に分けて，10 週齢から 14 週齢までの 5 週間でコントロール食，または本わさび抽出エキスパウダー食（WP 食），6-MSITC 食を摂取させた（表 2-3）．12 週齢時に経口グルコース負荷試験（OGTT）を実施した．OGTT は，グルコース溶液をグルコース 1.0 mg / g 体重となるように経口投与し，投与前，投与後 30 分，60 分，120 分に，血糖値を尾の先端から，インスリン濃度を眼底から採血して測定した．また，13 週齢時に 24 時間の採尿とその尿成分の分析，およびマウスの尾に与えた熱刺激に反応して尻尾を動かすまでの時間を測定するテールフリックテストを実施した．14 週齢時にエーテル麻酔下で下大静脈採血により屠殺した後，腓腹筋，腎周囲脂肪組織，副精巣周囲脂肪組織，鼠径周囲脂肪組織，心臓，腎臓，脾臓，膵臓を摘出し，秤量した．心臓，腎臓および膵臓は中性緩衝ホルマリン溶液に入れ固定化した．得られた血清は血液成分分析に共した．また，比較として C57BL/6J マウスを用いて，同様の測定を実施した．

その結果，各群とも体重増加，摂取餌量，肝臓，脾臓，腎臓，脂肪細胞などの重量で違いは見られなかった．

表 2-3　飼料組成

	高脂肪食	Control 食 （Control 群）	WP 食 （WP 群）	6-MSITC 食 （6-MSITC 群）
粉末飼料[*1]	60	100	99.5	99.967
ショートニング	25	—	—	—
コンデンスミルク	15	—	—	—
本わさび抽出エキスパウダー[*2]	—	0.5	—	—
合成 6-MSITC	—	—	—	0.033
計	100	100	100	100

[*1]：CRF-1　オリエンタル酵母株式会社
[*2]：6-MSITC 含有率 0.15％

第 2 章　わさび由来成分の新規機能性の探索および機能性食品素材としての高度利用技術の開発

　尿中成分は，WP 群および 6 - MSITC 群において尿中アルブミン量，尿中クレアチニンクリアランス，尿量が有意に低下し（図 2 - 15，2 - 16，表 2 - 4），尿中 8 - OHdG 量にも低下傾向が認められた（表 2 - 4）．これらの指標は腎症の初期の診断に使用されるもので，炎症が進行すると，高値になることが知られている．今回の試験結果は，わさび素材の投与により，腎炎が抑制されていることを示すものであるが，正常な C57BL/6J マウスと比較すると，わさび投与群でも各指標が高値を示しており，腎炎を完全に抑制するほどの強い作用ではなかった．

　血液成分では，長期間の血糖コントロールの指標である血中フルクトサミン量

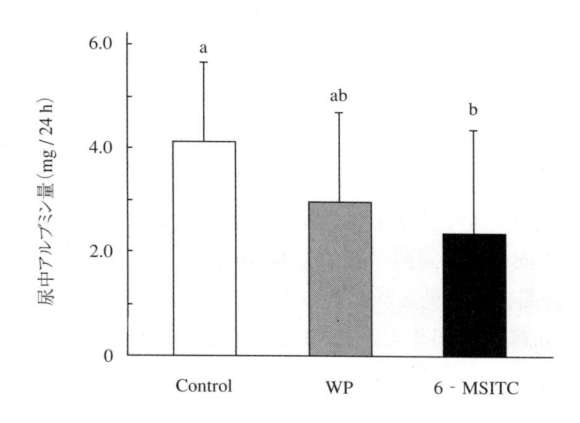

図 2 - 15　尿中アルブミン量

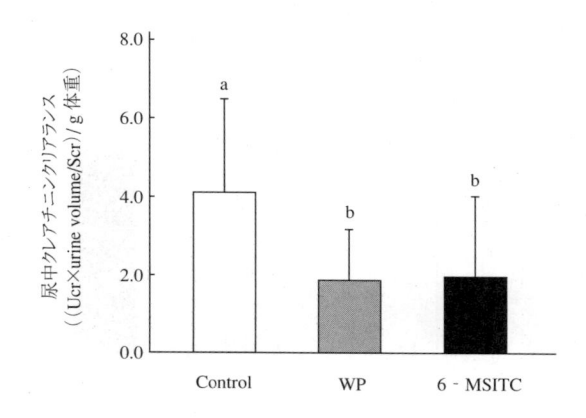

図 2 - 16　尿中クレアチニンクリアランス

表 2-4 摂水量, 尿量, 8-OHdG 量, 尿素窒素量

	Control	WP	6-MSITC
摂水量（ml / 24 h）	12.5±2.6	9.5±2.5	11.4±4.4
尿量（ml / 24 h）	7.3±2.4[a]	4.9±2.5[b]	5.3±3.1[ab]
尿中 8-OHdG（ng / 24 h）	87.4±44.6	65.4±12.9	59.2±29.7
尿素窒素（mg / dl）	35.7±3.67	38.3±3.37	32.3±3.90

を測定したが，3 群間に差は認められなかった．糖尿病性腎症の初期では GFR が上昇し，クレアチニン排泄量が増加するため，血清クレアチニン（Scr）濃度は低下する．そこで，血清クレアチニン濃度を測定したところ，Control 群と比べ，WP 群では低い傾向を示した．その他の血液成分に差は見られなかった．

耐糖能改善の指標として実施した OGTT では，血糖値，インスリン濃度ともに 3 群間に差は見られず，テールフリックテストでも 3 群間の反応時間に差は見られなかった．

また，WP および 6-MSITC による抗酸化作用を検討するため，肝臓，腎臓および血清中の過酸化脂質（TBARS）と，肝臓，腎臓中の HEL，DT 濃度を測定したところ，同週齢の対照系統 C57BL/6J マウスと比べ，有意に高い濃度を示したが，3 群間に差は見られなかった．

6-MSITC は抗酸化に関与する GST 誘導活性があることが報告されていることから[2]，Habig らの方法に従い肝臓の GST 活性を測定した[20]．その結果，WP 群が Control 群と比べ有意に高い活性を示し，6-MSITC 群も高い傾向を示した（図 2-17）．

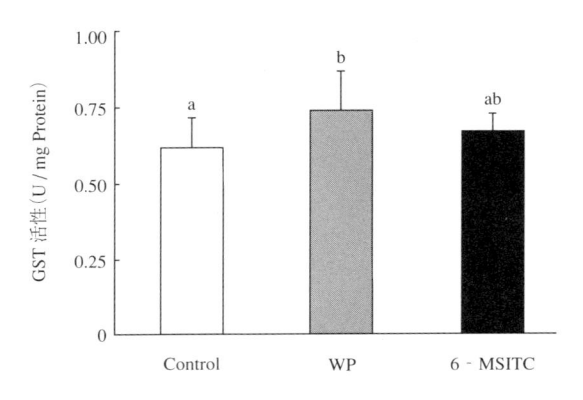

図 2-17 わさび素材による GST 酵素活性に対する作用

これらの結果から，WP および 6‐MSITC は腎臓の炎症を抑制する作用を有し，その作用は耐糖能の改善による血糖コントロールではなく，GST 酵素活性の誘導などによる酸化障害の抑制によるものと推察された．

2・2 解毒代謝作用
1）ダイオキシン排泄促進作用

6‐MSITC には解毒代謝酵素誘導活性があることが報告されている[2]．生活のなかで私たちは常に環境中の有害物質に暴露されており，健康被害を生じるケースもある．中でもダイオキシン類に代表される多環芳香族などは体内への蓄積性が高く，その排泄は健康上非常に重要である．そこで，本わさび素材によるダイオキシン類の排泄促進作用の検討を行なった．

5 週齢 F344 系/jcl ラット雄 25 匹に，コーンオイルで希釈した 200 ng/ml の 2,3,7,8‐テトラクロロジベンゾ‐p‐ダイオキシン（TCDD）を 0.1 ml（20 ng/匹）ずつカニューレを用いて胃内投与した．ラットは WP 食＋TCDD 投与群（WP 群），6‐MSITC 食＋TCDD 投与群（6‐MSITC 群），コントロールとして基本食（BF 群）と基本食＋TCDD（BF＋TCDD 群），セルロースパウダー＋TCDD（CP 群）の 5 群に分けた（表 2‐5）．5 週齢から 9 週齢までの 4 週間は，BF 群を除く 4 群に TCDD を 1 週間おきに 4 回投与し，血液の生化学分析，糞便中への TCDD 排泄量，肝臓中の TCDD 蓄積量を測定した．飼育終了後は堵殺・解剖し，肝臓への TCDD 蓄積量を測定した．

糞便および肝臓中の TCDD 量は，Ah‐イムノアッセイ法（Paracelsian Inc. 社製 Ah‐イムノアッセイキット）により測定した．この方法は試料に TCDD，

表 2‐5 飼料組成

	BF 食	WP 食	6‐MSITC 食	CP 食
カゼイン	25	25	25	25
コーンオイル	5.0	5.0	5.0	5.0
ミネラル類[*1]	3.5	3.5	3.5	3.5
ビタミン類[*2]	1.0	1.0	1.0	1.0
塩化コリン	0.2	0.2	0.2	0.2
本わさび抽出エキスパウダー[*3]	—	5.0	—	—
合成 6‐MSITC	—	—	0.03	—
セルロースパウダー	—	—	—	5.0
シュークロース	to 100	to 100	to 100	to 100

[*1]：AIN-76　　[*2]：AIN-77 共にオリエンタル酵母社製
[*3]：6‐MSITC 含有率 0.1％

Allyl hydrocarbon receptor（AhR），Allyl hydrocarbon nuclear translocator（Arnt），DNA 断片を添加して反応させ，TCDD との複合体を生成させ，1 次抗体，蛍光標識した 2 次抗体にて複合体を認識し，吸光度を測定することで TCDD 濃度を測定するものである．飼料中 TCDD 濃度の算出は，あらかじめ検量線を作成していった．

その結果，各群で体重増加に違いは見られず，TCDD やわさび素材の投与による生育への影響はなかった．また，血中の総コレステロール（TC），HDL，LDL，トリグリセリド（TG），遊離脂肪酸（FFA），リン脂質（PL），GOT，GPT 濃度を測定したところ，コレステロール濃度は各群間で大きな差は見られず（図 2 - 18A），TG 量，FFA 量では WP 群，6 - MSITC 群で低下傾向が見られた（図 2 - 18B）．また，肝臓の障害の指標となる GOT 値，GPT 値では，TCDD 投与後 24 時間で WP 群，6 - MSITC 群に低下傾向が見られた（図 2 - 18C）．これらのことから，WP および 6 - MSITC に急性の TCDD 投与の影響を抑制する可能性が示唆された．

糞中への TCDD 排泄量は，WP 群で有意に増加が見られたが，CP 群，6 - MSITC 群では有意な排泄量の増加は見られなかった（図 2 - 19）．一般に食物

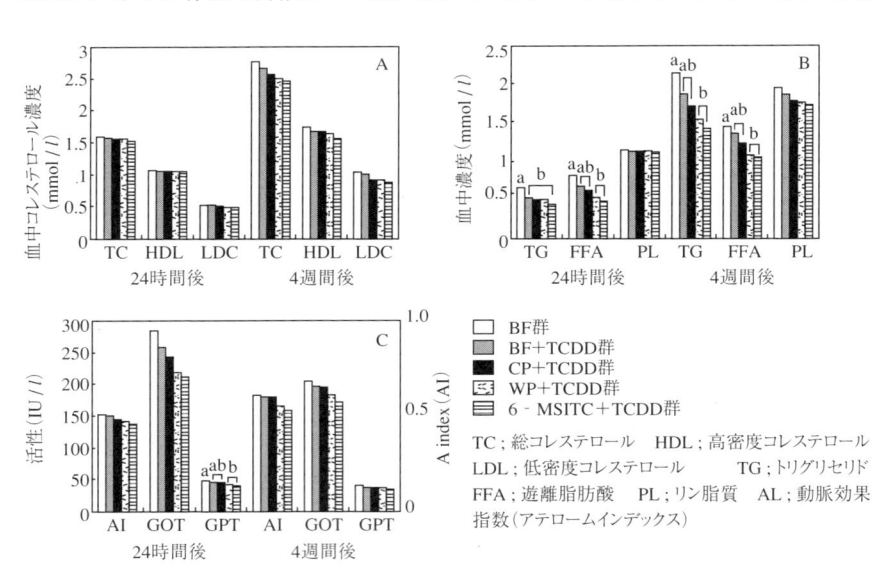

図 2 - 18　血清成分分析結果

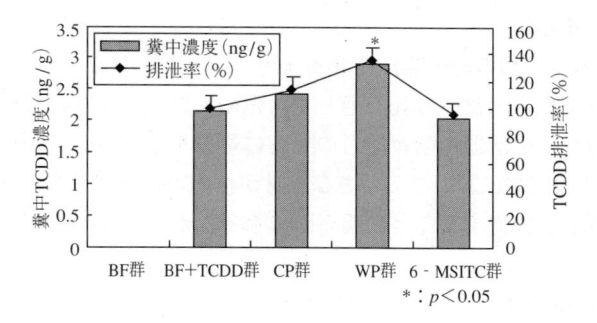

第 2 章　わさび由来成分の新規機能性の探索および機能性食品素材としての高度利用技術の開発

図 2‐19　糞中 TCDD 濃度と排泄率

繊維などはダイオキシン類を吸着することで，排泄を促進することが知られている．しかし，WP 群と食物繊維量を合わせた CP 群で，有意な排泄量の増加が見られなかったことから，WP 群での糞中 TCDD 排泄量増加は食物繊維などの吸着作用によるものではないと考えられる．

さらに，WP 群，6‐MSITC 群で肝臓中 TCDD 蓄積量の低下が見られたが，CP 群では低下が見られなかった（図 2‐20）．このことから，WP および 6‐MSITC は TCDD の代謝を促進する作用を有しており，結果的に肝臓への蓄積量が減少したことが示唆された．

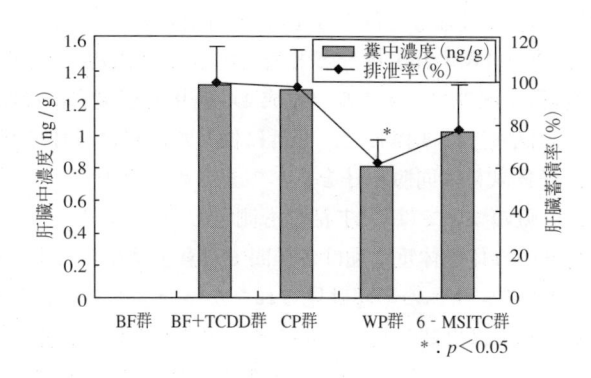

図 2‐20　肝臓中 TCDD 濃度

以上のことから，わさび成分および 6‐MSITC には TCDD の代謝を促進する作用があることが示唆された．その機構としては，解毒代謝酵素誘導の他に，血中遊離脂肪酸などの減少が見られたことから，脂質代謝の増強による TCDD

の排泄促進が考えられる．

2）ダイオキシン類の母子間移行抑制作用

ダイオキシン類は胎盤や母乳を通して胎児や乳児に高濃度に移行することが報告されており，生殖器や学習能力の発達に影響を与えることが指摘されている[21-23]．前述の試験において，わさび素材が体内の代謝活性を増強し，ダイオキシン類の排泄を促進することが明らかになったが，母体から仔への移行を抑制できるか検討した．

9週齢Winstar/STラット雌30匹，11週齢Winstar/STラット雄15匹を使用し，TCDDを0.2 ng/日（ラット無毒性量1 ng/kg/日に相当）となるように連続5日間経口ゾンデにて投与し，コントロール群（C群），TCDD投与群（IC群），TCDD＋6-MSITC食群（IW群）の3群に分けた．6-MSITC食は，6-MSITC素材をラット用の飼育餌であるAIN-96（オリエント酵母（株）製）に5％配合して製造した（6-MSITC含有率約0.01％）．雄：雌＝1：1にて24時間のペアリングを実施した後，C群，IC群は通常餌を，IW群には6-MSITC餌を与えて飼育した．出産後，仔が餌を摂取し始める前の9日間授乳させ，その後屠殺した（図2-21）．なお，1回のペアリングで妊娠しなかった雌ラットについては，1回目のペアリングから27日目に再度ペアリングを実施した．ペアリングの時間は48時間とし，雄：雌＝1：1の比率で実施した（1回目のペアリングで妊娠した群を1st群，2回目のペアリングで妊娠した群を2nd群とし，以下IW-2nd群などと表記する）．TCDDの分析は，野生生物のTCDD類蓄積状況等マニュアル（平成14年9月環境省環境保健部環境安全課環境リスク評価室）に準拠した．分析に供した試料は母体の肝臓と出産仔体全体であり，仔体試料は同腹の仔をすべてまとめてホモジナイズし，1検体とした．また，肝臓のついてはGST活性も測定した．

その結果，各群の母体の体重増加は各群間で有意差は見られず，TCDDおよび6-MSITCによる成長への影響は見られなかった．ペアリング後，20日間ですべての妊娠ラットは出産した．出産仔数，出産した仔の体重ともにIC群，IW群間で有意差は見られなかったが，1st群と比較して2nd群ではC群，IC群，IW群ともに有意に仔の体重が小さかった．この体重差は1st群，2nd群で約30日間の経過があったため，その間の母体の加齢によるものと考えられる．この結果より，TCDD，6-MSITCの投与の生殖系への影響はなかったと考えられた（表2-6）．

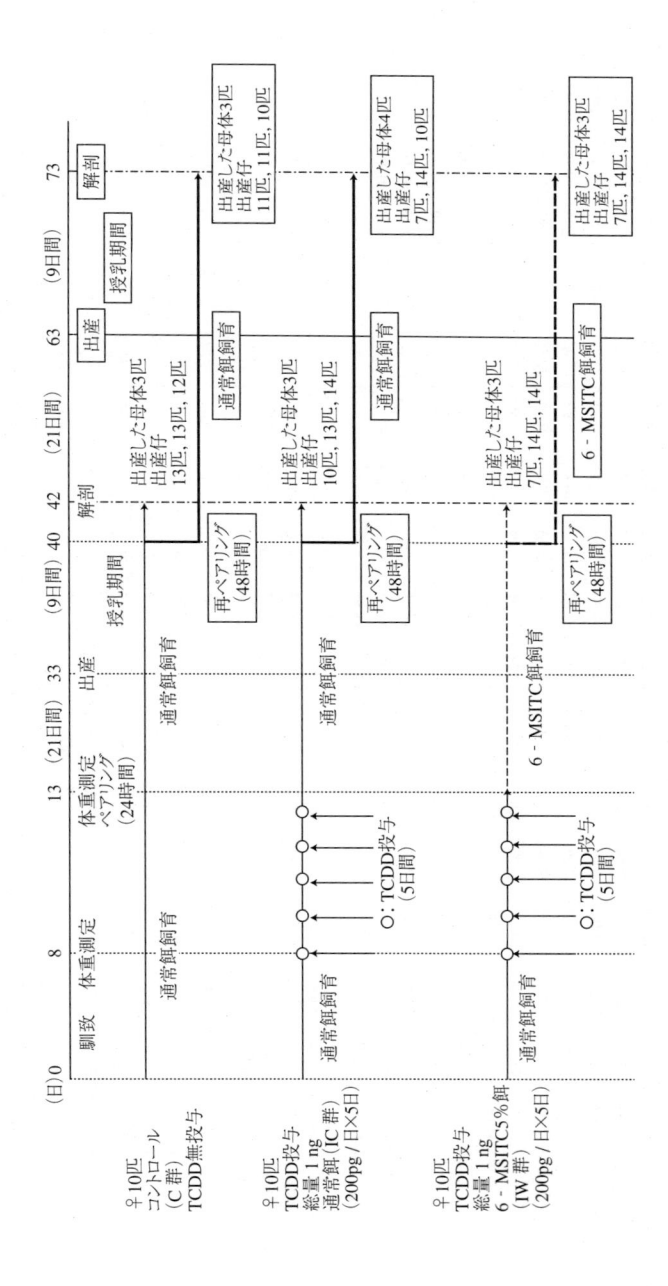

第2章 わさび由来成分の新規機能性の探索および機能性食品素材としての高度利用技術の開発

図2-21 ダイオキシン類の母子間移行抑制作用試験スケジュール

表 2 - 6 母体毎の出産仔体重

群	C群						IC群						IW群					
	1st				2nd		1st			2nd			1st			2nd		
検体番号	C-1	C-4	C-7	C-6	C-9	C-10	IC-2	IC-6	IC-9	IC-3	IC-4	IC-8	IW-2	IW-5	IW-7	IW-4	IW-9	IW-10
出産仔個体別体重	15.99	3.96	13.90	13.20	6.73	12.97	15.64	11.48	9.13	9.00	5.42	9.41	16.49	12.28	14.59	8.11	17.01	4.89
	14.52	4.91	9.39	12.40	5.77	9.90	16.75	12.10	8.85	10.21	6.67	8.70	16.44	12.23	11.86	8.23	14.82	
	12.64	11.53	11.55	9.63	6.86	11.47	15.67	9.70	9.24	12.77	6.99	9.64	15.43	13.33	13.01	7.03	13.21	
	12.08	11.49	13.24	13.04	9.99	11.19	14.61	10.98	11.30	8.69	9.73	9.62	15.36	13.16	14.61	7.30	14.79	
	14.93	10.67	13.52	12.12	7.89	8.56	13.61	9.97	12.37	11.84	10.34	9.70	14.44	9.73	12.25	9.11	18.00	
	15.56	11.40	12.48	12.46	7.44	9.14	14.73	11.83	11.56	11.65	9.84	10.40	16.55	13.53	12.97	10.91	16.28	
	14.91	11.79	12.44	13.34	6.90	13.34	15.59	12.84	11.09	12.08	9.29	9.89	16.18	12.23	14.96	8.76	15.95	
	16.06	9.85	13.23	12.49	8.33	13.18	17.46	12.95	11.48		10.50	11.43		11.13	13.28	9.53	14.06	
	15.32	8.71	14.09	12.70	9.05	10.77	16.02	11.33	12.16		11.58	10.22		12.68	12.48	9.94		
	15.11	11.47	13.77	11.54	6.09	11.65	16.42	11.81	12.27		11.27	11.00		12.41	14.19	7.89		
	15.10	11.81	12.40	7.73	9.06			12.43	12.95		10.13			10.70	13.93	10.84		
	14.26	11.17	13.79					13.46	11.68		11.04			12.49	13.38	10.01		
	13.92	10.02						12.75	11.58		10.42			12.73	12.02			
									11.55		11.47			11.82	12.87			
Average	14.65	9.91	12.82	11.88	7.95	11.22	15.65	11.82	11.23	10.89	9.62	10.00	15.84	12.18	13.31	8.97	15.52	4.89
S.D.	1.19	2.60	1.32	1.71	1.34	1.67	1.12	1.13	1.27	1.60	1.91	0.79	0.79	1.05	1.01	1.30	1.59	
出産数	13	13	12	11	11	10	10	13	14	7	14	10	7	14	14	12	8	1
	平均体重	12.45	平均体重	11.88	平均体重	10.22	平均体重	15.65	平均体重	12.63	平均体重	10.03	平均体重	13.36	平均体重	8.97	平均体重	11.59
	SD	2.68	SD	1.71	SD	2.45	SD	1.12	SD	2.20	SD	1.59	SD	1.66	SD	1.30	SD	3.57
	平均出産数	12.67	平均出産数		平均出産数	10.67	平均出産数		平均出産数	12.33	平均出産数	10.33	平均出産数	11.67	平均出産数		平均出産数	10.00
	SD	0.58	SD		SD	0.58	SD		SD	2.08	SD	3.51	SD	4.04	SD		SD	2.83
	全平均体重	11.43					全平均体重	11.45					全平均体重	12.72				
	SD	2.79					SD	2.33					SD	2.64				
	全平均出産数	11.67					全平均出産数	11.33					全平均出産数	11.00				
	SD	2.79					SD	2.33					SD	2.64				

肝臓の GST 活性は，TCDD のみを投与した IC 群と比べて TCDD＋6 - MSITC 食を摂取させた IW 群では活性増強が見られた．さらに，ラットへの TCDD 投与によって肝臓中の過酸化脂質量が増加することが報告されているため[24]，肝臓の過酸化脂質と血清中の過酸化脂質量を測定したが，各群間で有意な差はなかった．報告では TCDD を大量投与（120μg / kg）しているが，本試験では無毒性量である 1 ng / kg / 日程度の投与量であるため，過酸化脂質の増加が起こらなかったものと考えられた．

肝重量は IC 群，IW 群で有意な差は見られなかったが，肝臓中の脂肪含量は，IW - 2nd 群では IC - 2nd 群に比べて有意（$p<0.05$）に低下していた（図 2 - 22）．この結果から，6 - MSITC 素材は脂肪の代謝を促進する作用を有する可能性が示唆された．しかし，IC 群 - 1st，IW 群 - 1st 間では有意な差は見られなかった．これは，2nd 群が 6 - MSITC 素材をより長期間摂取したことによるものと思われた．

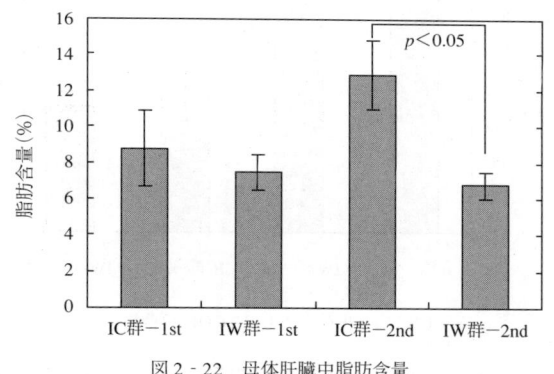

図 2 - 22　母体肝臓中脂肪含量

母体の肝臓中の TCDD 負荷量は，1st 群，2nd 群ともに IC 群より IW 群の方が有意に高く（$p<0.05$），約 2 倍に増加していた（図 2 - 23）．TCDD は脂溶性のため，脂質とともに体内を移動する．6 - MSITC が脂質代謝を増強した結果，脂質と同時に TCDD も肝臓に集積されたが，脂質の代謝速度の方が TCDD の代謝速度よりも早いため，TCDD が肝臓に残存した結果，一時的に TCDD 量が増加した可能性が考えられる．今後の更なる分析が必要である．

一方，仔の TCDD 体内負荷量は IW 群で 1st 群，2nd 群ともに，IC 群に比べ 5～7％低下していた（図 2 - 24）．また，1st 群と比較して 2nd 群の仔では，TCDD 体内負荷量は約半分に低下していた．仔の TCDD 体内負荷量はほぼ母

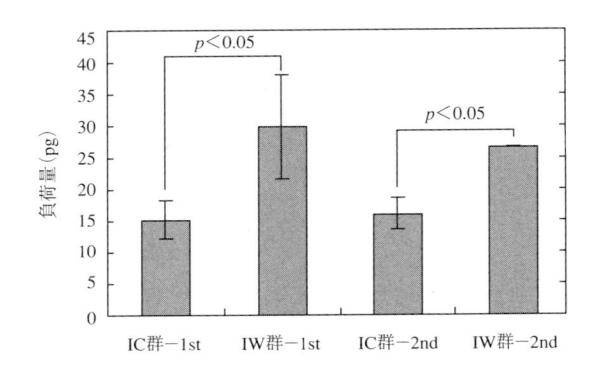

図 2 - 23　母体肝臓中 TCDD 負荷量

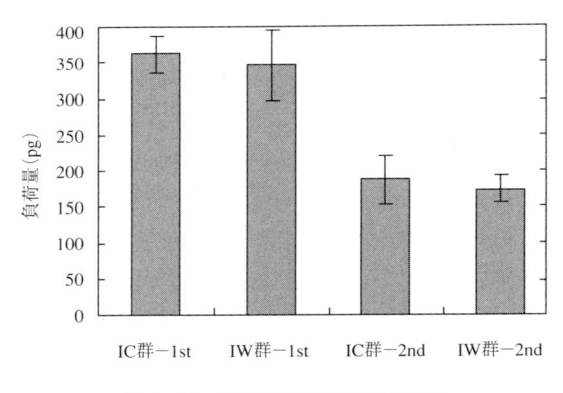

図 2 - 24　出産仔体中の TCDD 負荷量

乳を通してのものと考えられることから，母乳中の TCDD の量は 2nd 群で約半分に低下していると考えられる．一方，前記のように母体の肝臓中の TCDD 負荷量は 1st 群と 2nd 群で差がなかったことから，体内の TCDD は肝臓に積極的に集められていることがこのデータからも示唆された．特に，IW 群では肝臓中の TCDD 濃度が高くなっており，代謝速度が増加していることが考えられる．

§3. ヒトボランティア試験
3・1　6 - MSITC の体内動態

これまで 6 - MSITC の人体での動態については報告がなされていない．機能

性食品素材として利用するうえで,体内動態に関する情報は非常に重要である.そこで,6-MSITC の体内吸収率や体内濃度,生理的な影響について検討した.なお,以下のヒト試験はすべて社内ボランティアを用い,ヘルシンキ宣言に則り,事前に試験内容の説明と承諾を得て試験を実施した.

まず,合成 6-MSITC 10 mg を飲料または食用油に混合して摂取させ,尿中への排泄率や人体への影響を見た($n=3〜4$).ITC 類は吸収後,代謝を受け,システインやグルタチオンと結合したかたちで存在していることが報告されていることから,これらをブチルチオウレア化させ,HPLC にて測定することで,6-MSITC 代謝物量を測定した[25].

摂取時には不快感を伴うチリチリとした辛味がのどの奥に残ったものの,血圧や脈拍への影響など,生理的変化は特に観察されなかった.

尿中の 6-MSITC 代謝物は,摂取後数時間で見られ始めた.このことより,6-MSITC は速やかに吸収,排泄されることがわかった(図 2-25).また,24 時間後には尿中の 6-MSITC 代謝物はほぼ見られなくなり,総排泄総量は摂取量の $49.7±1.3\%$ であった.また,満腹時では排泄までの時間が長くなる傾向が見られた.さらに,油に溶解した場合の吸収率について検討した結果,特に吸収効率に差は見られなかったが,満腹時と同様に排泄までの時間が長くなる傾向が見られた.さらに,6-MSITC 投与後 2 時間,5 時間後の血液中の 6-MSITC 濃度を測定したところ,検出限界($0.1\,\mu g/ml$)に近い濃度で検出されたが,定量には至らなかった.

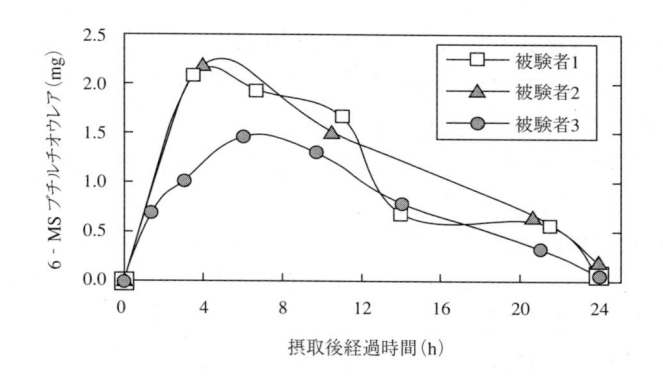

図 2-25 尿中 6-MSITC 代謝物量(6-メチルスルフィニルブチルチオウレア(6-MS ブチルチオウレア)量として)

以上の結果から，6-MSITC は摂取後，速やかに吸収されることが明らかとなった．

3・2　わさびパウダーの探索的臨床試験

開発した WP について，安全性の確認と人体への効果を見るため探索的臨床試験を行なった．

被験者は 33〜49 歳（平均年齢 41 歳）の男性社員 6 名で，選定基準は医師の定期的な診察，指導を受けていないこと，市販の服用薬を日常的に使用していないこと，抗酸化剤，抗酸化食品を日常的に摂取していないこと，アレルギー，アトピー，糖尿病，高血圧，心疾患，循環器系疾患などで，重篤な症状の既往歴がないこととした．

WP（6-MSITC 含量 0.14％）をハードカプセルに 0.75 g ずつ充填し，サプリメントを作製した．1 錠あたり約 1.1 mg の 6-MSITC を含量している（本わさび 3.5 g に相当）．サプリメントの摂取量はヒトでの有効摂取量を設定するために，3 段階に変えて設定した．

すなわち，被験者 6 名を 2 名ずつ，3 群に分け，サプリメントの摂取量を，2 錠／日（1 群），4 錠／日（2 群），10 錠／日（3 群）とした．

試験スケジュールは，事前観察期間を 1 ヵ月間置き，その後 3 ヵ月間サプリメントを摂取し，その後 1 ヵ月間の事後観察期間を置くという計 5 ヵ月間の試験とし，その間，5 回の採血，採尿を実施した．また，毎日，サプリメントの摂取記録と生活習慣記録を記入してもらい，採血・採尿時には食習慣，生活習慣に関する問診表を記入してもらった．

影響評価は，血液，尿の成分分析および体調の自己評価にて実施した（表2-7）．さらに，6-MSITC の摂取により抗酸化作用が期待できるため，酸化ストレスプロファイル（日研ザイル（株））の分析を行なった．また，体内の有害物質を排泄する作用についても確認するため，血中ダイオキシン類濃度を測定した（東レリサーチセンター）．

まず，6-MSITC の吸収率を確認するため，3 群の被験者 1 名の尿を 24 時間採取し，尿への 6-MSITC の排泄量を測定した．その結果，合計 2.42 mg の 6-MSITC が尿中に排泄されており，摂取量（前日夜から合計 15 粒 ＝ 6-MSITC 含量として 15.8 mg）のうち，15.4％が尿中に排泄されていた．これは，前述の 6-MSITC を水に溶かして直接飲用した場合の尿中排泄量の半分以下であった．これは飲用する形態，タイミングなどの違いによって，体内への

第2章　わさび由来成分の新規機能性の探索および機能性食品素材としての高度利用技術の開発

表2-7　ヒトボランティア試験　評価項目一覧

血液成分	白血球数	抗酸化指数
血清総タンパク	赤血球数	尿中8-OHdG
A/G	ヘモグロビン量	8-OHdG生成速度
A/G比	ヘマトクリット値	尿中イソプラスタン
アルブミン	MCV	イソプラスタン生成速度
ZTT	MCH	CoQ10酸化率
総ビリルビン	MCHC	血清LPO
GOT	血小板数	鉄
GPT	好中球	銅
総コレステロール	好酸球	フルクトサミン
HDL-C	好塩基球	コレステロール
HDL-率	リンパ球	中性脂肪
動脈硬化指数	異型リンパ球	総抗酸化能（STAS）
中性脂肪	単球	VC
尿素窒素	α1-GL	尿酸（UA）
クレアチニン	α2-GL	葉酸
尿酸	β-GL	血清ビタミンB12
ナトリウム	γ-GL	ルテイン＋ゼアキサンテン
カリウム	血中ダイオキシン類濃度	β-クリプトキサンチン
クロール	尿成分分析	リコピン
CRP定量	ビリルビン	α-カロテン
無機リン	ウロビリノーゲン	β-カロテン
CRP定性	タンパク質	VA
LDL-C定量	ケトン体	α-トコフェロール
血清鉄	亜硝酸塩	δ-トコフェロール
血糖	ブドウ糖	γ-トコフェロール
Hb-A1C	潜血	ユビキノール

吸収率が変わったことが考えられる．

　酸化ストレスプロファイル分析の結果，摂取直前と摂取終了時（3ヵ月後）の比較では，各群で尿中8-OHdG生成量が16～66％減少していた（図2-26）．また，8-OHdG生成速度も23％～60％低下していた．前述のように6-MSITCはNADPHオキシダーゼなどからの過剰なROSの産生を抑制することが示唆されていることから，本試験においても体内のROSの産生量が抑制され，DNAの損傷が少なくなった可能性が考えられる．

　CoQ10酸化率も，各群で18～32％程度の減少が見られたことから，8-OHdG生成量の低下と同様に，体内のROS産生量が減少したことで，CoQ10の酸化も抑制された可能性が考えられる．

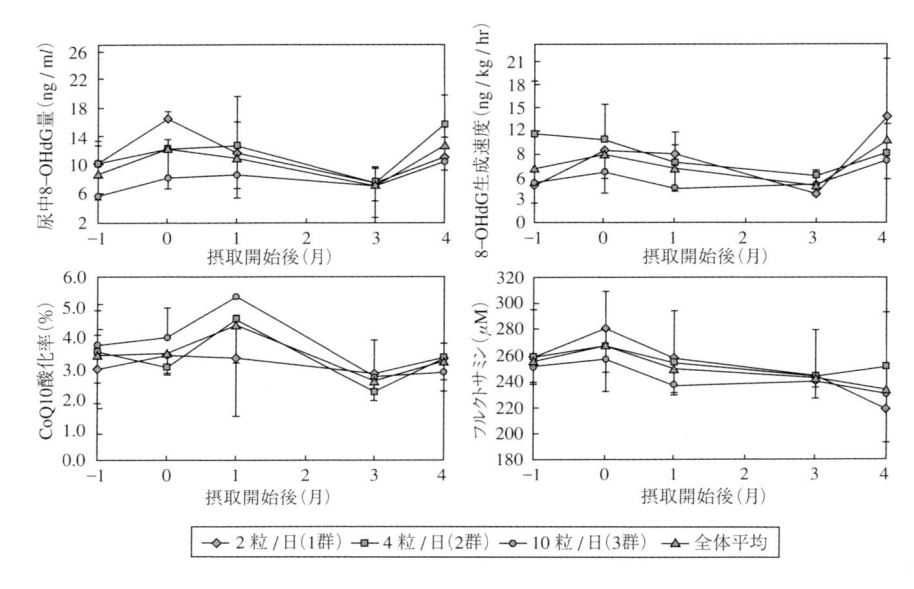

図2-26 抗酸化指標の変動

　フルクトサミンも6〜13％の減少傾向が見られた．フルクトサミンは過去1〜2週間の血糖状態を反映する指標とされており，血糖値の改善作用があることが示唆された．その他の指標では，血清LPOやイソプラスタンを始め，すべての指標で目立った変動は観察されなかった．

　また，これらの指標で6-MSITCの濃度依存性は確認されず，6-MSITC摂取量の設定の問題や，被験者の個人差（年齢・生活習慣）が大きいこと，分析数が少ないことなどが原因と考えられた．なお，尿中8-OHdG生成量，生成速度，CoQ10酸化率，フルクトサミンに関しては，摂取0ヵ月目と3ヵ月目のデータ間で，有意差（$p<0.05$）が得られた．

　次に，血清成分をタンパク質関連，血清酵素類，脂質類，胆汁成分，腎臓関連，血糖関連，血球関連（貧血など）の指標に分類し，各々総合的に評価を行なったが，すべての指標で悪化的な数値の変動は観察されず，6-MSITCの摂取による悪影響は見られなかった．

　ダイオキシン類負荷量への影響を見るため，2群の1名と3群の2名により，血中ダイオキシン類濃度を測定した．コプラナーPCBも含めた全ダイオキシン類の毒性指標（TEQ）は，3ヵ月間では低下が見られなかった．しかし，コ

プラナー PCB 類だけを見ると，低下傾向が見られた．今回の被験者の血中ダイオキシン量は，これまで報告されている健常者の範囲のなかでも，低い部類であり，日常の食事からのダイオキシン類の摂取による影響を受けやすかったことや，摂取期間が短かったことにより，ダイオキシン類の減少が見られなかったと思われる．

以上のことから，6 - MSITC 素材の長期摂取により，血液成分や尿成分の分析から悪化の傾向は認められず，長期摂取しても安全であると考えられる．また，体内の酸化指標の改善，具体的には DNA の損傷を抑制し，抗酸化能を高める作用が期待できると考えられる．

§4. わさびの機能性血流改善作用について

6 - MSITC は血小板凝集抑制作用を有することが報告されており[2]，伝承的にも本わさびが血の流れをよくすると言われている．しかし，これまで血流への影響に関して調べられていなかったことから，本わさびや AITC，6 - MSITC などのわさび成分を摂取した場合の血流への影響について検討を行なった．測定方法は，試料摂取前と摂取後1時間に血液を 25～35 ml 採取し，ただちに MC - FAN（日立原町電子工業社製）を用いて血液流動性を測定した．MC - FAN は，100 μl の血液がマイクロチップ上に作製した流路幅 7 μm の溝が並列に 8,736 本並ぶ擬似毛細血管（Bloody6 - 7，日立原町電子工業社製）内を 20 cm 水柱圧下にて通過する通過時間（A）を測定するものである．各試料の通過時間は次式により，生理食塩水の通過時間（B）を 12 秒に換算して算出した．

　　式：通過時間 ＝（A）/（B）×12

試験に用いた試料は，本わさび 5.0 g，合成 6 - MSITC 5.0 mg，合成 6 - MTITC 2.0 mg，AITC 10 mg とした．6 - MSITC は本わさび 16 g 相当であり，6 - MTITC は本わさび 100 g，AITC は 5 g に相当する．また，試験前日からは血流に大きな影響を与える魚などの飲食を制限してもらった．

のべ 19 人に本わさびを摂取させた結果，18.4％の血流改善作用が確認された（図 2 - 27）（$p<0.05$；paired t test）．また，試験不適格者（試験中に気分が悪くなった人，前日の食事制限を守らなかった人）を除外すると 27％の改善作用となり，14 人中 13 人の血流が改善した．この結果から，本わさびには血流を改善する作用があることが確認された．

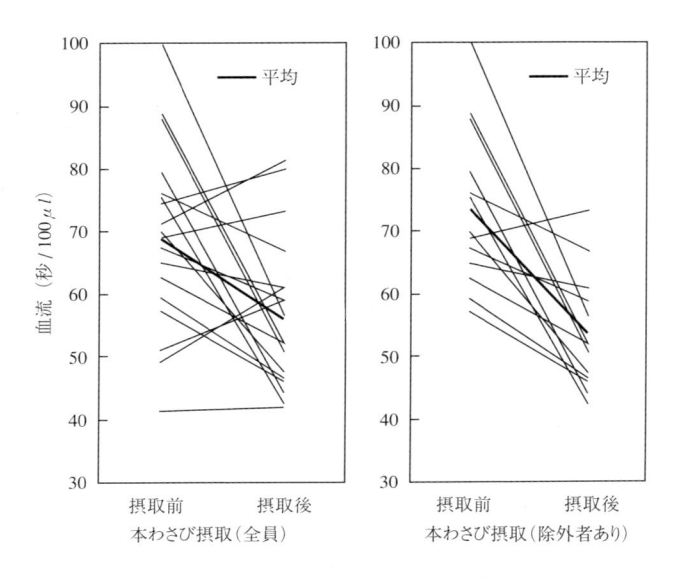

図2-27 本わさび摂取による血流改善作用

　さらに，わさび中の血流改善作用の強い成分を探索するために，AITC，6-MSITC，6-MTITC について，被験者数 6〜9 人で測定した．その結果，AITC では血流改善効果が見られたが，本わさびの代表的香り成分である 6-MTITC や 6-MSITC では血流改善効果はほとんど見られなかった．AITC の効果は本わさびと比べ，血流改善率は 6 割程度であったが，血流が改善した人の割合は同程度であった（図 2-28）．このことから，わさびの血流改善作用

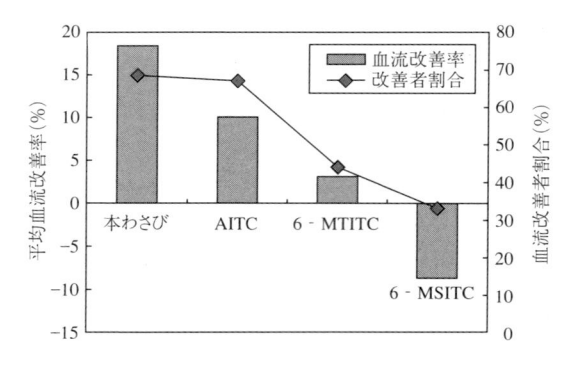

図2-28 血流改善率と改善者割合の比較

を有する主成分は AITC であり，その他にもビタミンC などの成分も関与しているものと考えられた．

まとめ

「本わさび」は日本固有の作物であり，日本の食文化に欠かせないものである．本研究により，本わさびに含まれる機能性成分である 6‑MSITC が生体内で抗酸化作用を発現することを明らかにできた．また，昨今問題となっているダイオキシンを解毒代謝，排泄促進することを明らかにできた．6‑MSITC がもつ解毒作用は発がん抑制作用にもつながるものであり，非常に重要な機能性である．また，実際にヒトが摂取した場合の体内動態や安全性，その効果についても知見が得られた．さらに，体によくても辛いがゆえに多く食べられなかったわさびを，技術開発により，摂取しやすい健康食品素材に加工できたことは健康維持の需要に応える上でも，わさびの新たな需要を切り開く上でも重要なことと考えられる．また，海外で日本食の良さが認知されているが，さらに認知向上を図る上で，本研究で明らかになったわさびの機能性が良い材料となると考えている．

参考文献

1) 徳岡敬子，一色賢司：『日本食品工業学会誌』，41，595-599（1994）．
2) Morimitsu Y., Hayashi K., Nakagawa Y., Fujii H., Horio F., Uchida K. and Osawa T.：*Mechanisms of Ageing and Development*. 116, 125-134（2000）．
3) 福家洋子，大石芳江，岩下恵子，小野晴寛，篠原和毅：『日食工誌』，41，709-711（1994）．
4) 小野晴寛，足立圭子，福家洋子，篠原和毅：『食科工』，43，1092-1097（1996）．
5) 福家洋子，沢木佐重子，野村孝弘，猟山一雄：『食科工』，47，760-766（2000）．
6) Nakamura Y., Ohigashi H., Masuda S., Murakami A., Morimitsu Y., Kawamoto Y., Osawa T., Imagawa M. and Uchida K.：*Cancer Research*. 60, 219-225（2000）．
7) Suzuki T., Nakayama H. and Yamaguchi M.：*A Food Sci. Tchnol. Int. Tokyo*. 3, 366-369（1997）．
8) 中山勉ら：公開特許公報,特開平10‑287578.
9) 中村カホル，上野亜希子，渕上正昭，石田 裕，滝田聖親，岡修一：『日本栄養食糧学会大会講演要旨集』（1998）．
10) 太田義雄，川岸瞬朗：『日本食品化学工学会誌』，**45**，12，744-747（1998）．
11) 川岸舜朗：『日食工誌』，32，836-846（1985）．
12) 伊奈和夫，佐野昭仁，信国美香子，木島勲，中島基貴：『日食工誌』，28，371-375（1981）．
13) 浅田浩二，中野 稔，柿沼カツ子：『活性酸素測定マニュアル』，講談社サイエンティフィク（1992）．
14) 柿沼カツ子："Medical Technology"，医歯薬出版，691（1982）．

15) Imada I., Sato F.E., Miyamoto M., Ichimori Y., Minamiyama Y., Konaka R. and Inoue M. : *Analytical Biochemistry.* 271, 53-58 (1999).
16) Nakamura Y., Miyoshi N., Takabayashi S. and Osawa T. : *The 3rd International Conference on Food Factors.* 107, Tokyo (2003).
17) Nagata K., Satoh H., Iwahi T., Shimoyama T. and Tamura T. : *Antimicrob. Agents Chemother.* 37, 769-774 (1993).
18) Ono H., Tesaki S., Tanabe S. and Watanabe M. : *Biosci. Biotechnol. Biochem.* 62, 363-365 (1998).
19) Masuda H., Nakaya K., Takabayashi F., Oguni I., IL Shik Shin., Furugori M., Masuda S. and Kinae N. : *The 3rd International Conference on Food Factors*, 96, 113, Tokyo (2003).
20) Habig W.H. and Jakoby W.B. : *Methods Enzymol.* 77, 398-405 (1981).
21) Gray L. E. Jr., Ostby J.S. and Kelce W.R. : *Toxicol. Appl. Pharmacol.* 146, 11-20 (1997a).
22) Gray L. E. Jr., Wolf C., Mann P. and Ostby J. S. : *Toxicol. Appl. Pharmacol.* 146, 237-244. (1997b).
23) Lai T. J., Chen Y.C., Chou W.J., Guo Y.L., Ko H.C. and Hsu, C.C., *Dioxin.* 93, 14, 247-250 (1993).
24) Stohs S. J., Hassan M.Q., and Murray W. J. : *Bioch. Biophy. Res. Commun*, 111, 854-859 (1983).
25) Mennicke W.H., Gorler K., Krumbiegel G., Lorenz D. and Rittmann N. : *Xenobiotica*, 18, 441-447 (1998).

文責　　金印（株）　奥西　勲

第3章
グルコマンナンの物性改善および機能性食品素材化技術の開発

清水化学株式会社
西川ゴム工業株式会社

はじめに

　我が国における食材・食品の種類の豊富さは，世界に誇れる最たるものの一つといえるだろう．コンニャクは，原料であるこんにゃく精粉を水に溶解させたのち，アルカリ処理を施すことによって製造される．その特有のテクスチャーが古くから幅広く賞味され，まさに欧米文化にはない我が国の伝統食品として今日まで継承されている．ところが，近年，食物繊維の摂取量の減少とともに，各種の生活習慣病が急激に増加していることから，そのなかに含まれる豊富な食物繊維に高い関心が寄せられている．

　こんにゃく精粉の主成分は，難消化性のグルコマンナンで，水溶性食物繊維に分類されている．グルコースとマンノースが約2：3の割合でβ-1,4結合した高分子多糖であるが，分子量は通常100万以上を示し，天然多糖類のなかでは最大であるといわれている．Burkittによる食物繊維仮説[1]が報告された1970年代以降，グルコマンナンの生理機能についても，大腸がん，糖尿病，高脂血症などの疾患に対する予防効果が明らかにされてきた[2-6]．

　しかしながら，これらの有益な効果を有する精製グルコマンナンは，主として高粘性を示すとともに粘度発現に長時間を要するものに限定されてきた．そのため，コンニャク製品の生産性やコストなど市場を拡大させるうえで多くの問題が残されている．そこで本研究では，まず，グルコマンナンの粒子径を調節することにより，短時間で一定の粘性が得られる易水溶性グルコマンナンの作製を検討した．さらに，それらの物理化学特性を調査するとともに，新たな機能性食品素材としての可能性に着目した．

　アレルギー疾患は近年，先進国を中心に急激に増加しており，その要因として食生活や居住環境の変化，ストレスや過剰な衛生志向など，多くの事項が議論されている．QOLが著しく低下するアレルギー疾患の予防および治療法の

確立は，焦眉の急となっている．ここ数年の間，食品成分の免疫調節機能が徐々に解明されつつあるが，グルコマンナンをはじめとする多糖に関する研究は，未開拓な点も多く今後の発展が望まれている．

本研究では，各種グルコマンナンの抗アレルギー素材としての有用性を検証し，さらに，それらの免疫調節機能の詳細と実用化の可能性を検討した．

§1. 易水溶性グルコマンナンの作製

各種グルコマンナンの製造フローを，図3-1に示す．原料芋を水洗して薄片状にスライスし，乾燥，粉砕することによってこんにゃく精粉（KP）を得た．アルコール精製法によってKPから，タンパク質，脂質，灰分などの不純物を除去した．次に，粘度の発現速度を高めることを目的として，衝撃粉砕機を用いて機械的な微粉砕を行ない，二種類の微粉砕グルコマンナン（SおよびZ）を作製した．さらに，微粉末は溶解時にダマになりやすいという欠点があることから，水への分散性を向上させるため，流動造粒乾燥装置を用いて微粉砕グルコマンナンSの凝集造粒を試みた．水をバインダーに用いて製造条件の検討を行ない，造粒品（S-gw）を作製した．なお，KPからアルコール精製を繰り返すことにより得られたものが，高粘性を有する高純度精製グルコマンナン（PA, PROPOL®）である．

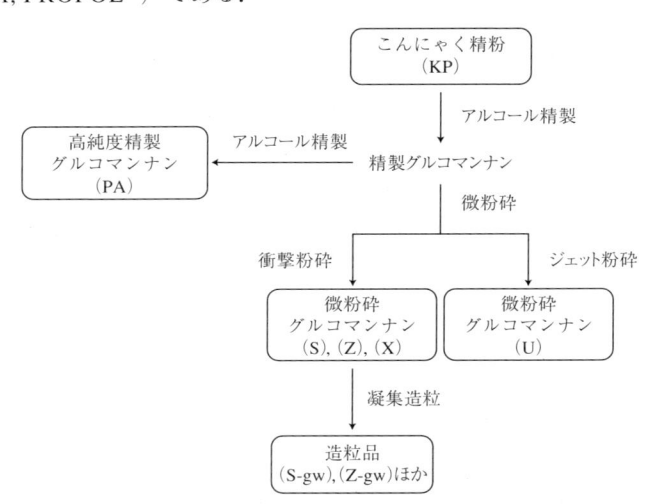

図3-1 各種グルコマンナンの製造工程

§2. 各種グルコマンナンの物性評価
2・1 粒子表面の観察および粒子径の調査

各種グルコマンナンの粉体表面を，走査型電子顕微鏡（日本電子（株）製，JSM-5500LV）を用いて観察した．それらの顕微鏡写真を，図 3-2 に示す．KP および PA の表面性状は，一様な凹凸がみられ，特に PA の表面は精製時に不純物の除去によって形成されたと思われる特有の模様が観察された．微粉

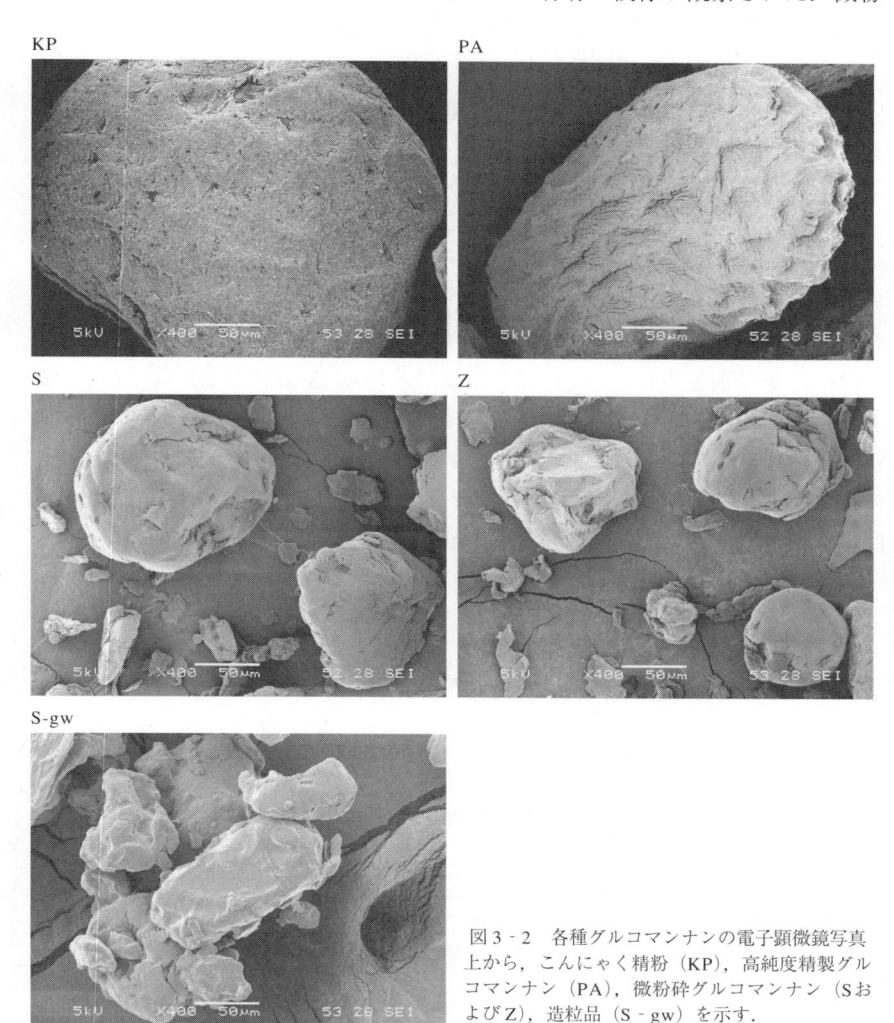

図 3-2 各種グルコマンナンの電子顕微鏡写真
上から，こんにゃく精粉（KP），高純度精製グルコマンナン（PA），微粉砕グルコマンナン（S および Z），造粒品（S-gw）を示す．

砕グルコマンナン（SおよびZ）は，当然，粒子径は小さかったが，粉体表面は比較的滑らかであった．S‐gwに関しては，造粒処理によって微粒子が互いに結合している状況が確認できた．

各試料の粒子径と粒度分布を，レーザー式粒度分布測定器（セイシン企業製，LMS-24）を用いて分析した．KPおよびPAの平均粒子径は，約300μmであった．粒度分布は，正規分布に近く，分布幅は狭くなっていた．一方，微粉砕グルコマンナンの平均粒子径は，それぞれSは約100μm，Zは約77μmであった．10μm以下の微細な粒子もみられ，分布に偏りがみられた．S‐gwにおいては，平均粒子径が約160μmまで大きくなり，微粒子が互いに結合することによって粒度分布幅は縮小していた．

2・2　粘度の経時変化

各試料の水への親和性を評価するため，1％の濃度で水に溶解した際の粘度変化を，B型粘度計を用いて分析した．図3‐3に示したように，KPの粘度上昇速度は小さく，ピークに到達するまでに約4時間を要した．高純度に精製されたPAは，10万mPa・s以上の高い粘性が得られたが，粘度がピークに達するのに約7時間を要した．微粉砕グルコマンナン（SおよびZ）は，粘度の最大値がKPの約60％に低下したが，粉体の表面積が大きくなることによって，粘度ピークの到達時間が約30分と大幅に短縮した．S‐gwに関しては，粉体の表面積の増加によって溶解初期の粘度上昇が，SおよびZに比較して低い傾向にあったが，粘度と粘度ピークの到達時間に大きな差はみられなかった．

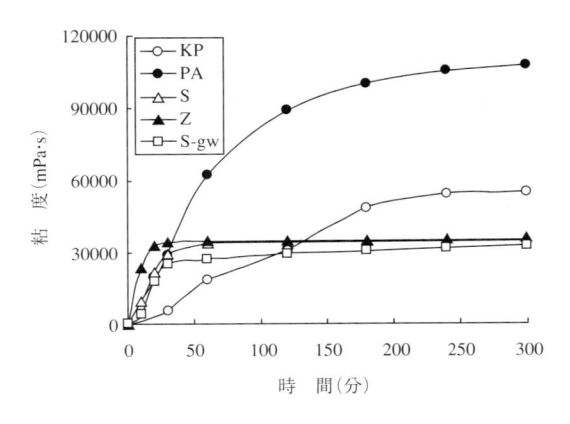

図3‐3　各種グルコマンナンの粘度の経時変化（1％水溶液）

2・3 食品としての一般品質

各試料の食品としての基本的な品質を，日本薬局方と衛生試験法に基づき分析した．それらの分析結果を，表3-1 にまとめて示す．KP と比較すれば，精製グルコマンナンはいずれも，タンパク質，脂質，灰分などの不純物が除去され，食物繊維の含量が高くなっていることが確認された．

表3-1 各種グルコマンナンの基本品質の比較

項　目	グルコマンナン				
	KP	PA	S	Z	S-gw
pH	6.8	6.9	7.1	7.0	7.2
タンパク質（％）	3.4	0.7	0.7	0.9	0.6
脂　質（％）	1.1	<0.1	<0.1	<0.1	<0.1
灰　分（％）	4.5	0.4	1	0.7	1
一般細菌数（個/g）	3,000以下	300以下	1,000以下	1,000以下	3,000以下
大腸菌群	陰性	陰性	陰性	陰性	陰性
食物繊維（％）	75	98.5	96.8	96.8	96.5
粘　度*（mPa·s）	56,200 [a]	123,700 [b]	35,100 [c]	34,700 [c]	32,200 [c]
平均粒子径（μm）	274	301	101	77	156

* 1％水溶液の絶対粘度：[a]4 hr 後，[b]7 hr 後，[c]2 hr 後の分析値

§3. グルコマンナンの抗アレルギー作用の検討

3・1 各種グルコマンナンのアトピー性皮膚炎発症に及ぼす影響

NC/Nga マウスは，通常環境下で飼育すると 8 週齢頃から頭部，頸部および耳介部にかけて出血，脱毛，乾燥などの皮膚病変を多発し，血清中の IgE 量が上昇していくことが知られており，アトピー性皮膚炎のモデルマウスとして注目されている[7]．各種グルコマンナンの経口投与により，NC/Nga マウスの皮膚炎発症ならびに抗体産生能に及ぼす影響を検討した．

4 週齢の雄性 NC/Nga マウス（Conventional grade，日本SLC（株））を 1 群 5 匹飼いとし，23±3℃，12 時間ごとの明暗サイクルで，飼料と水を自由摂取させた．コントロール飼料として，マウス飼育用 MF（オリエンタル酵母工業（株）製）を用いた．これに，こんにゃく精粉（KP），高純度精製グルコマンナン（PA），微粉砕グルコマンナン（S および Z），S の造粒品（S-gw）をそれぞれ 5 重量％添加し，各種グルコマンナンの影響を比較調査した．週ごとに皮膚炎症状をスコア化して評価した．症状は，痒み，出血・紅斑，浮腫，擦過傷，乾燥の程度をそれぞれスコア化した．スコアは，0；無症状，1；軽度，

2；中程度，3；強度とし，皮膚炎症状はその合計値で示した．また，2週間ごとに採血を行ない，血清中の総IgE, IgG1, IgG2a量をサンドイッチ ELISA 法によって分析した．

　週ごとに皮膚炎症状をスコア化によって評価した結果を，図 3-4 に示す．コントロール群では 9 週齢頃から，頭部，頸部および耳介部に脱毛，出血，浮腫などの病態がみられ，アトピー様の病態進行が確認された．コントロール群と比較して，KP 群，PA 群および S-gw 群では差がなくスコアの上昇がみられたが，S および Z 群では，これらの病変の顕著な抑制が観察された．10 週齢におけるコントロール群と Z 群の外観写真の 1 例を，図 3-5（巻頭口絵）に示す．

　採血を 2 週間ごとに行ない，血清中の総 IgE 量について分析した結果を，図 3-6 に示す．コントロール群では，スコア値の上昇に伴って 12 週齢までの間に総 IgE 量の顕著な上昇が確認された．コントロール群と比較して，KP 群，PA 群および S-gw 群では差がみられなかったが，S および Z 群では高 IgE 産生が有意に抑制されることが明らかになった．12 週齢における血清中の総 IgG1 量，IgG2a 量について分析した結果を，図 3-7 に示す．総 IgG1 量に関して，同様に KP 群，PA 群および S-gw 群ではコントロール群と差はみられなかったが，S および Z 群では有意な減少が確認された．また，総 IgG2a 量に関しても，S および Z 群では減少傾向にあることが明らかになった．

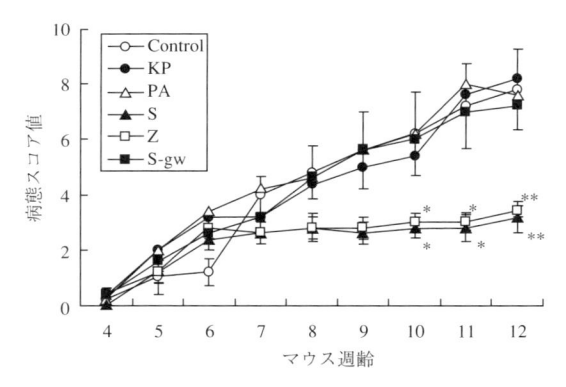

図 3-4　NC/Nga マウスの皮膚炎症状に及ぼす各種グルコマンナンの影響
　　　　データは平均値±標準誤差（n=5）を示す．
　　　　Control 群と比較して統計的に有意差あり（$*p<0.05, **p<0.01$）．

第3章 グルコマンナンの物性改善および機能性食品素材化技術の開発

これらの結果から,微粉砕を施したグルコマンナンがアトピー性皮膚炎の発症を予防する,機能性食品素材として有効であることが明らかになった.造粒処理を施したS‐gw群において,抑制効果がみられなかったことから,グルコ

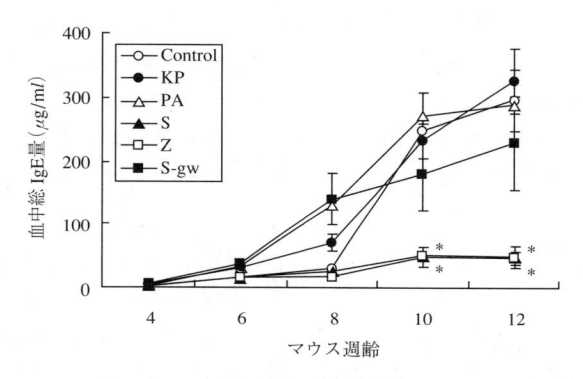

図3‐6 NC/Ngaマウスの高IgE血症に及ぼす各種グルコマンナンの影響
データは平均値±標準誤差(n=5)を示す.
Control群と比較して統計的に有意差あり($*p<0.05$).

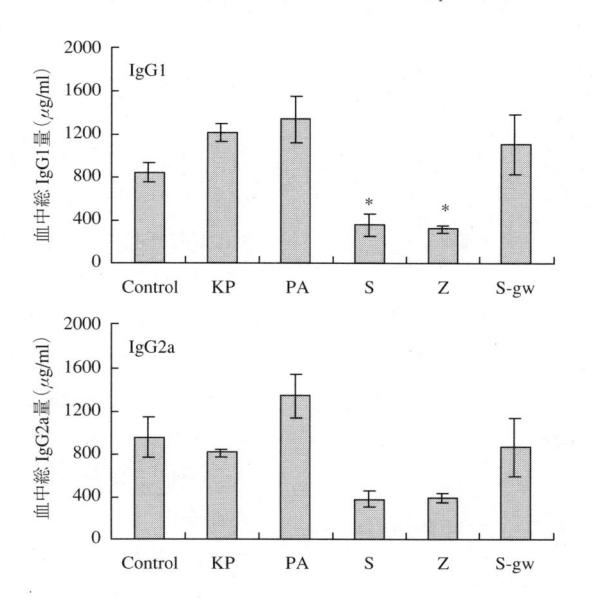

図3‐7 12週齢における血清中の総IgG1およびIgG2a量
データは平均値±標準誤差(n=3)を示す.
Control群と比較して統計的に有意差あり($*p<0.05$).

マンナンの抗アレルギー作用は，粘度特性に加えて粒子径が重要な役割をもつことが推察された．

3・2 微粉砕グルコマンナンの投与量の影響

NC / Nga マウスは皮膚炎の発症に伴って，後肢による激しい掻破行動がひき起こされる．この行動は，痒みに関連したものと考えられ，病態の増悪因子となることが示唆されている．しかしながら，本モデルにおける掻痒行動は，皮膚炎を発症した慢性段階においては血中 IgE 量と相関がないことが明らかになっている[8]．また，STAT6 が欠損された NC / Nga マウスは，IgE の産生がないにもかかわらず，皮膚炎を発症することが報告されている[9]．そこで，微粉砕グルコマンナンの投与量の影響を，特に NC / Nga マウスの掻痒行動と IgE 産生の抑制の相関に着目して検討した．

前項 3・1 での検討と同様に，4 週齢の NC / Nga マウスを 1 群 5 匹飼いとし，飼料と水を自由摂取させた．コントロール飼料に，微粉砕グルコマンナン Z を 0.2％，1.0％，5.0％の濃度で添加した飼料をそれぞれ作製し，濃度依存性を検討した．2 週間ごとに，皮膚炎症状をスコア化によって評価した．掻痒行動に関しては，群ごとにビデオ撮影を行ない，20 分間あたりにマウスが後足で耳介，背部，腹部および顔面を引っ掻く回数を測定した．また，2 週間ごとに採血を行ない，血清中の総 IgE，IgG1 量をサンドイッチ ELISA 法によって分析した．

皮膚炎症状をスコア化によって

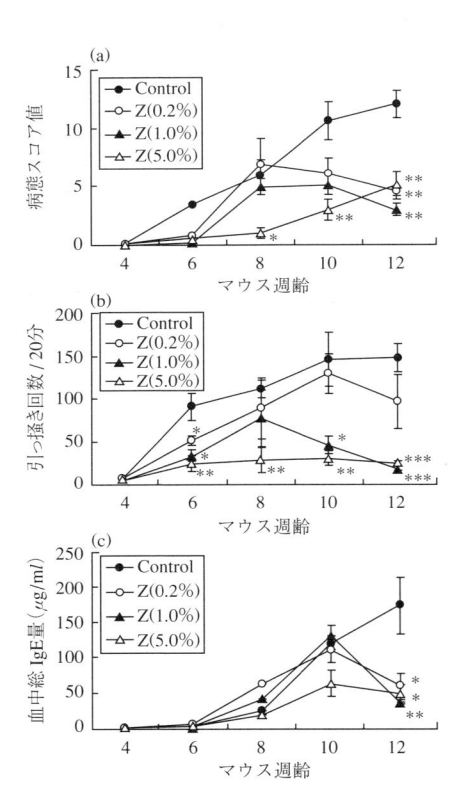

図 3-8 皮膚炎症状 (a)，掻痒行動 (b) および高 IgE 血症 (c) の抑制における微粉砕グルコマンナンの投与量の影響
データは平均値±標準誤差（n=5）を示す．Control 群と比較して統計的に有意差あり（$*p<0.05$，$**p<0.01$，$***p<0.001$）．

評価した結果を図3‐8（a），掻痒行動について調査した結果を図3‐8（b）に，それぞれ示す．また，血清中の総IgE量について分析した結果を，図3‐8（c）に示す．コントロール群では，8週齢頃からアトピー様の病態進行が確認され，スコア値が上昇した．Z群では，10週齢までは投与量依存的に抑制される傾向があったが，12週齢では0.2％の投与量でもスコア値の有意な抑制が観察された．

掻痒行動に関しては，血清中のIgE量に差がみられない6週齢の時点から，コントロール群とZ群で顕著な差がみられ，その抑制効果も投与量依存的な挙動を示した．Zの5.0％投与群では，6週齢から横這いになったが，0.2％投与群では上昇し，コントロール群と有意な差がなくなった．Zの1.0％投与群は8週齢まで上昇したが，10週齢から減少し12週齢では5.0％投与群と同様の抑制効果が観察された．

血清中のIgE量に関しては，8週齢以降にコントロール群で顕著な上昇が確認された．コントロール群と比較して，Z群では10週齢までは投与量依存的に抑制される傾向があったが，12週齢ではいずれの群においても同様に有意な抑制効果が確認された．

12週齢における血清中の総IgG1量について分析した結果を，図3‐9に示す．微粉砕グルコマンナンZの5.0％投与群においては，コントロール群と比較して有意な減少が確認されたが，0.2％および1.0％投与群では減少傾向にあったものの有意な差はみられなかった．

これらの結果から，NC/Ngaマウスの掻痒行動は皮膚炎の発症に高い相関

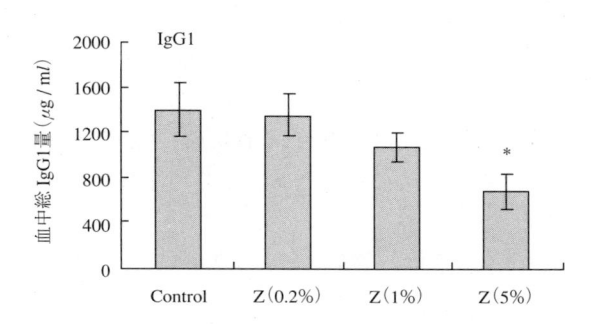

図3‐9 血中総IgG1抗体量の抑制における微粉砕グルコマンナンの投与量の影響
データは平均値±標準誤差（n=5）を示す．Control群と比較して統計的に有意差あり（*$p<0.05$）．

があり，また，IgE は発症に直接関与するというよりは，むしろ病態進行の増悪因子になる可能性が示唆された．

Z の 5.0％投与群を 8 週齢からコントロール飼料に切換えると，アトピー様の病態進行，掻痒行動ならびに血中 IgE 量が次第に上昇してくることが確認された（データ示さず）．微粉砕グルコマンナンの投与量は，低濃度であるほど若齢期における抑制効果が低かったが，摂取の継続で次第に効果が出てくることが明らかになった．これらのことからも，微粉砕グルコマンナンの抗アレルギー効果は，継続的な摂取が重要であることが示唆された．

3・3 微粉砕グルコマンナンの T 細胞応答能に及ぼす影響

1) サイトカイン産生に及ぼす影響

前項 3・1 および 3・2 において，微粉砕グルコマンナンの経口摂取は，NC / Nga マウスにおける皮膚炎発症を抑制するとともに，血中の抗体産生を顕著に抑制することが明らかになった．この作用機序の解明を目的として，微粉砕グルコマンナン Z が全身免疫系の T 細胞応答に及ぼす影響を検討した．

12 週齢において，コントロール群および Z 群の NC / Nga マウスから脾臓をシャーレ内へ摘出した．ピンセットでそれぞれの実質細胞を扱き出し，コニカルチューブへ採取した．脾細胞は，lysis buffer（150 mM NH_4Cl，15 mM $NaHCO_3$，0.1 mM EDTA2Na [pH 7.3]）により赤血球を取り除いた．それぞれ得られた細胞は PBS で洗浄した後，10％FCS を添加した RPMI-1640 medium に懸濁した．その後，トリパンブルーで染色することにより生細胞数を計測し，$2×10^6$ cells / ml に調整した．

抗マウス CD3 抗体（1μg / ml）を固層化した 96well プレートを RPMI-1640 medium にて洗浄したのち，抗マウス CD28 抗体（1μg / ml）を 50μl ずつ添加した．また，増殖測定用のコントロールとして，10％FCS-RPMI medium を 50μl 添加した well をそれぞれ用意した．これに，調整した細胞懸濁液を 50μl ずつ巻き込み，37℃，5％CO_2 の条件下で 3 日間（72hr）培養した．

脾細胞を 3 日間培養した後，培養液をコニカルチューブへ移した．遠心分離（1500 rpm，5 min）によって細胞を取り除き，培養上清中のサイトカイン産生量（IL‐4，IL‐5 および IFN‐γ）をサンドイッチ ELISA 法により分析した．

図 3‐10 に示すように，コントロール群と比較して，Z 群では有意な差はみられなかったが，IL‐4，IL‐5，IFN‐γ の産生量がいずれも減少傾向にある

ことが明らかになった．これらの結果から，微粉砕グルコマンナンにみられる皮膚炎病態および高 IgE 産生の抑制は，Th1/2 バランスの是正では説明できないことが示唆された．

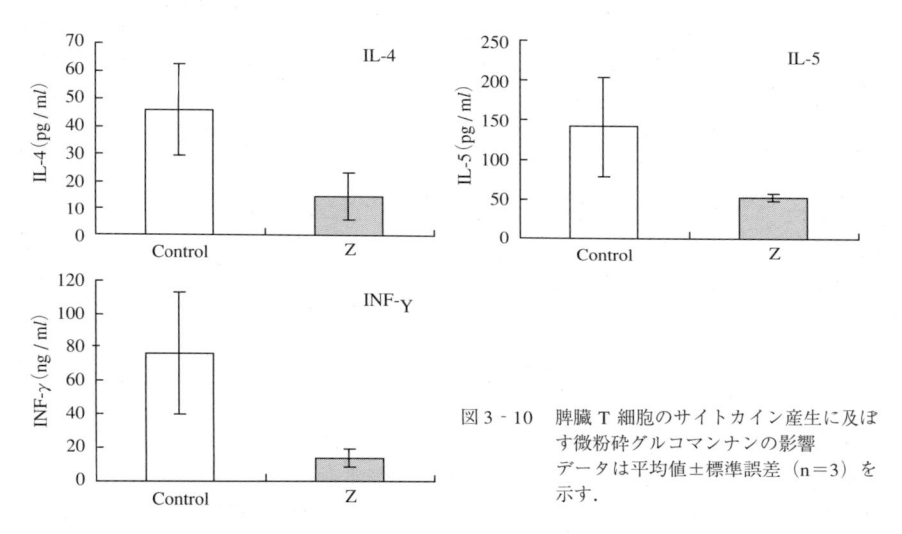

図 3-10 脾臓 T 細胞のサイトカイン産生に及ぼす微粉砕グルコマンナンの影響
データは平均値±標準誤差（n＝3）を示す．

2) T 細胞増殖能に及ぼす影響

前項のサイトカイン産生能に及ぼす微粉砕グルコマンナンの影響に加えて，脾臓 T 細胞の増殖能に及ぼす影響を検討した．

細胞培養の終了 15 時間前に添加した BrdU（5-Bromo-2'deoxy-uridine）の細胞への取り込み量を測定することにより，増殖能を調査した．測定には，BrdU Labeling and Detection Kit III（Roche Molecular Biochemicals, Mannheim, Germany）を用いた．

3 日間の培養後，別のプレートに培養液を移して遠心分離（300 rpm, 10 min）を行ない，60℃で培地がなくなるまで乾燥させた．その後，固定液（70% ethanol, 0.5M HCl）によって，－20℃で 30 分間，細胞をプレートに固定した．次に，ヌクレアーゼ溶液で DNA を部分的に消化した後，anti-BrdU-POD 抗体を 37℃で 30 分間反応させた．その後，peroxidase の基質 ABTS を添加し，405 nm の吸光度をプレートリーダーで測定した．

CD3 と CD28 の刺激による脾臓 T 細胞の増殖能を分析した結果を，図 3-11 に示す．コントロール群では，抗体の刺激によって T 細胞の顕著な増殖がみら

れたが，Z群ではこれらの応答を有意に抑制していることが明らかになった．また，T細胞の増殖能はマイトジェン（ConA）で刺激を行なった際は，コントロール群とZ群で差がみられないことがBalb/cマウスの実験系で確認された（データ示さず）．この結果から，微粉砕グルコマンナンの高IgE産生の抑制は，全身免疫系においてT細胞にトレランスを誘導することによるものではないかと推察された．

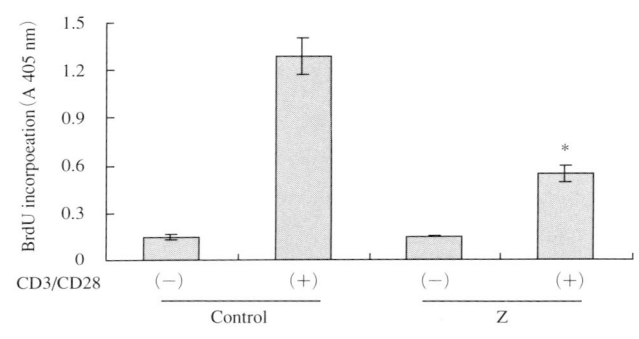

図3-11 脾臓T細胞の増殖能に及ぼす微粉砕グルコマンナンの影響
データは平均値±標準誤差（n=3）を示す．Control群と比較して統計的に有意差あり（$*p<0.05$）．

3・4 微粉砕グルコマンナンの粒子径の影響

1）微粉砕グルコマンナンの作製と物性評価

微粉砕グルコマンナンの粒子径をさらに微細にすることを目的として，加工条件の改善を行なった．衝撃粉砕ならびにジェット粉砕による検討を行ない，2種類のグルコマンナン粉末（XおよびU）を作製した．それらの基本物性として，粘度，粒子径および一般品質を前項2での検討と同様に分析し，比較調査を行なった．

微粉砕グルコマンナン（XおよびU）の基本物性を，Zと並べて表3-2に示す．微粉砕グルコマンナンの平均粒子径は，それぞれXが約30μ

表3-2 微粉砕グルコマンナンの基本物性

項　目	微粉砕グルコマンナン		
	Z	X	U
水　分（％）	6.3	5.3	9.8
タンパク質（％）	0.9	0.9	0.8
脂　質（％）	<0.1	<0.1	<0.1
灰　分（％）	0.7	1	0.8
重金属（ppm）	2.0以下	2.0以下	2.0以下
ヒ　素（ppm）	0.2以下	0.2以下	0.2以下
食物繊維（％）	96.8	97.5	97.9
粘　度*（mPa·s）	34,700 [a]	29,200 [b]	9,000 [b]
平均粒子径（μm）	77	30	17

* 1％水溶液の絶対粘度：[a] 2 hr後，[b] 1 hr後の分析値

m, U が約17μmで, X は粘度ピーク到達時間が 15 分に短縮した. 粘度ピークは微細にするほど低下し, それぞれ X は約 30,000 mPa・s, U は約 9,000 mPa・s であった.

2) 微粉砕グルコマンナンの皮膚炎発症の抑制における粒子径の影響

前項3・2での検討と同様に, 4 週齢の NC / Nga マウスを 1 群 5 匹飼いとし, 飼料と水を自由摂取させた. コントロール飼料に, 微粉砕グルコマンナン Z, X および U を 5.0％の濃度で添加した飼料をそれぞれ作製し, 粒子径の影響を検討した. 皮膚炎症状をスコア化によって評価した結果を, 図 3 - 12 (a), 掻痒行動について調査した結果を, 図 3 - 12 (b) に, それぞれ示す. また, 血清中の総 IgE 量について分析した結果を, 図 3 - 12 (c) に示す.

コントロール群と比較すれば, いずれの微粉砕グルコマンナン群においても, アトピー様の病態進行 (スコア値), 掻痒行動および高 IgE 産生を同様に抑制することが明らかになった. しかしながら, 掻痒行動は 6～8 週齢の時点で X 群および U 群の方が, Z 群よりも抑制効果が強い傾向にあり, また, 血清中の IgE 量に関しても 12 週齢において同様の傾向が認められた. これらの結果から, グルコマンナンの平均粒子径は 17～77μm の間で同様の効果がみられるが, 微粒子ほどそれらの抑制効果は強くなることが推察された.

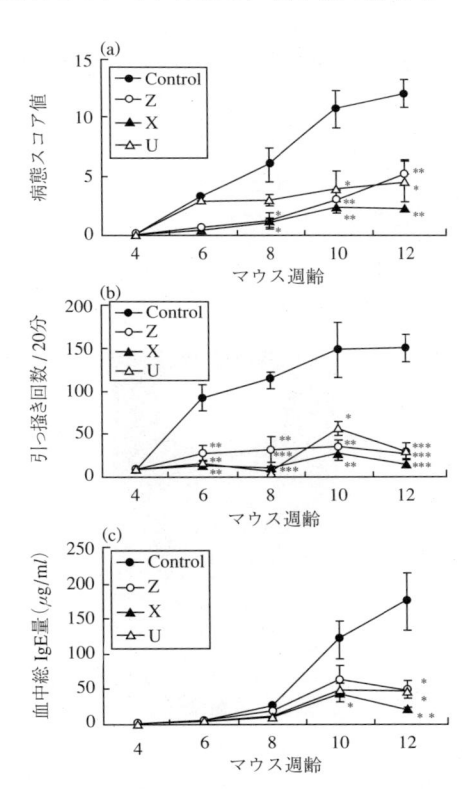

図 3 - 12 皮膚炎症状 (a), 掻痒行動 (b) および高 IgE 血症 (c) の抑制における微粉砕グルコマンナンの粒子径の影響
データは平均値±標準誤差 (n=5) を示す. Control 群と比較して統計的に有意差あり ($*p<0.05$, $**p<0.01$, $***p<0.001$).

§4. 微粉砕グルコマンナンの安全性試験

微粉砕グルコマンナン（S および Z）の急性経口毒性試験を，OECD Guidelines for the testing of Chemicals 401（1981）に準拠して行なった．試験群に 5,000 mg / kg の検体を用い，対照群には溶媒対照として綿実油を使用した．それぞれを雄雌マウスに単回投与した後，2 週間観察を行なった．観察期間中に死亡例は認められなかったことから，微粉砕グルコマンナン（S および Z）の LD50 値は，5,000 mg / kg 以上であると考えられた．

§5. 微粉砕グルコマンナンを含有する機能性食品の開発

生理機能の充分な発現と摂取の容易さなどを考慮すれば，食品形態として錠剤が第一の候補に挙げられた．そこで，生産コストなども考慮して，微粉砕グルコマンナン S を含有する錠剤の作製を試みた．

微粉砕グルコマンナン S を 60〜80 重量％の割合で添加し，賦形剤にセルロースを用いて錠剤の作製を行なったところ，微粉末は打錠の際に凝集性が強く，崩壊性が悪くなるという問題があった．そこで，各種の崩壊剤の添加と賦形剤の使用について検討した．その結果，コラーゲンの添加が崩壊性を高めることが明らかとなり，賦形剤としてマルチトールの使用が有効であることがわかった．配合条件についての検討を行ない，錠剤に 75％の微粉砕グルコマンナンを含有させることが可能になった．錠剤の外観写真を図 3-13 に示す．本錠剤は，1 日 9 粒を服用することにより，約2.0gのグルコマンナンを摂取することが可能である．

図 3-13　微粉砕グルコマンナンを含有する錠剤

まとめ

グルコマンナンの易水溶化は，製造時間の短縮，また，食品添加剤としての利用の拡大にも繋がることから，コンニャク製品の生産性や市場を，飛躍的に向上させることが期待できる．本研究開発では，まず，グルコマンナンの微粉

砕および造粒条件の検討を行ない，粒子径ならびに物性の異なる易水溶性グルコマンナンの製造技術の確立を行なった．

　グルコマンナンの摂取は，各種の疾病予防に有益なことが明らかにされているが，免疫調節作用に関する研究は，未だ発展途上にある．そこで生理機能の検討では，各種グルコマンナンの抗アレルギー素材としての有用性を検証した．NC/Ngaマウスを用いた試験から，微粉砕を施した易水溶性グルコマンナンが，本マウスにおける高IgE血症，掻痒行動ならびにアトピー様の病態進行を，顕著に抑制することを見いだした．これらの抑制作用は，造粒処理によって消失することや，より微粒子のもので活性が強い傾向にあることが明らかになった．これらの結果から，粘度特性に加えてグルコマンナンの粒子径が，抗アレルギー作用に重要な役割を果たすことが示唆された．

　機能性を維持した食品形態の検討によって，微粉砕グルコマンナンを高含有する錠剤の作製を可能にした．素材の安全性は検証されていることからも，今後はヒトでの有用性に関してより多くの臨床例を得るとともに，免疫調節機能の詳細な作用機序の解明が，肝要であると思われる．

　今世紀は予防医学の時代であるといわれ，我々の健康の維持・増進に役立つ機能性食品の開発は，疾病の予防という観点からさらに発展することが期待されている．微粉砕を施した易水溶性グルコマンナンは，コンニャク産業の発展において，大きな布石になることが期待される．抗アレルギー食品素材としての実用化を目指して，今後さらにグルコマンナンに関する研究を進めていきたいと考える．

　最後に，本研究開発の遂行にあたり，多大なご指導，ご支援を頂いた広島大学大学院先端物質科学研究科小埜和久教授に，深甚な万謝をささげる次第であります．

参考文献

1) Burkitt D. P. : *Cancer*, 28, 3-13（1971）.
2) Mizutani T, Mitsuoka T. : *Cancer Letters*, 17, 27-32（1982）.
3) Doi K., Matsuura M., Kawara A., Baba S. : *Lancet*, 1, 987-988（1979）.
4) Vuksan V., Jenkins D. J. A., Spadafora P., Sieven-piper J. L., Owen R., Vidgen E., Brighenti F., Josse R., Leiter L. A., Bruce-Thompson C. : *Diabetes Care*, 22, 913-919（1999）.
5) Aoyama Y., Ohmura E., Yoshida A. : *Agric.Biol.Chem.*, 51, 3125-3131（1987）.
6) Doi, K. : *Eur. J. Clin. Nutr.*, 49, S190-S197（1995）.
7) Matsuda H., Watanabe N., Geba G. P., Sperl J., Tsudzuki M., Hiroi J., Matsumoto M., Ushio H.,

Saito S., Askenase P. W., Ra C. : *Int. Immunol.*, 9, 461-466 (1997).
8) Yamaguchi T., Maekawa T., Nishikawa Y., Nojima H., Kaneko M., Kawakita T., Miyamoto T., Kuraishi Y. : *J. Dermatol. Sci.*, 25, 20-28 (2001).
9) Yagi R., Nagai H., Iigo Y., Akimoto T., Arai T., Kubo M. : *J. Immunol.*, 168, 2020-2027 (2002).

文責　　西川ゴム工業（株）　大西伸和

第4章
油糧種子に含まれる機能性成分の探索およびその利用技術の開発

昭和産業株式会社

はじめに

過酸化脂質とヘム鉄との反応で生成するアルキルパーオキサイドラジカル（ROO・）は生体内半減期が他の酸素ラジカルよりも長いため，細胞傷害の点で重大な懸念が指摘されている．過酸化脂質は空気酸化により日常的に生じており，ヘム鉄に富む赤身の肉などを同時に摂取した場合，腸管内でROO・が生じ腸管上皮細胞に傷害を起こし，大腸がんにつながる可能性も考えられる[1]．これに対し，この反応を抑制する抗ラジカル活性物質は数多くの植物に存在することが知られている．また，植物原油にも含まれるが，精製により消失して通常の精製油には含まれていないとの報告もある[2]．

これらのことから，我々は抗ラジカル活性を指標とし，各種植物油中の活性物質の存在を明らかにし，抗がん作用をもつ新規な食品の開発に有効利用しようと考えた．本研究では，菜種原油中に含まれる抗ラジカル活性物質を単離・同定し，その物質が 4-vinyl-2, 6-dimethoxyphenol（Canolol）であることを初めて明らかにし，各種植物油中の Canolol 濃度，回収法，および生理機能について検討した．

§1. 菜種原油由来抗ラジカル活性物質の単離同定
1・1 抗ラジカル活性の測定[3]

96穴マイクロプレートの各ウェルに PBS 125 μl，10 mM ジエチレントリアミン5酢酸（DTPA）5 μl，300 mM tert-butylhydroperoxide（t‐BuOOH）25 μl，100 μM ルミノール 25 μl，エタノールに溶解した抗ラジカル物質 25 μl を入れ，発光測定装置（大日本製薬（株）製，Labsystems Luminoskan）にセットして3分30秒間インキュベート（37℃）と撹拌を行なった．その後，100 mg/l ヘモグロビンを発光測定装置の分注機で 25 μl 分注し発光量を測定した．

ヘモグロビン添加後に得られた各発光ピークの最大値を読み取り，抗ラジカ

ル活性物質無添加のコントロールのピークを50％抑制する抗ラジカル活性物質の濃度を50％抑制濃度（IPOX$_{50}$；inhibitory potential 50％ of peroxyl radicals）として評価した．

なお，IPOX$_{50}$ は，その値が小さいほど抗ラジカル活性が高いことを示している．

1・2 各種植物原油の抗ラジカル活性

各種植物原油の抗ラジカル活性は，菜種原油，エキストラバージン・オリーブオイルで非常に高い値であった（表4-1）．また，大豆原油，コーン原油に

表4-1 各種植物粗原油の抗ラジカル活性

試　料	IPOX$_{50}$ (mg/ml)
菜種原油	1.5
エキストラバージンオリーブオイル	1.4
コーン原油	7.3
大豆原油	9

```
菜種原油                    ※1
  │                     収率  100％
  │                   IPOX₅₀  1.46 mg/ml
  │                   トコフェロール  785 ppm
  ├──────────────→ ソーダ油滓
  │                     収率  数％
脱酸油                   IPOX₅₀  0.93 mg/ml
  収率 約98％              トコフェロール  15 ppm
  IPOX₅₀  21.6 mg/ml
  トコフェロール  754 ppm
  │
  ├──────────────→ 白土滓抽出油    ※2
  │                     収率  1％以下
脱色油                   IPOX₅₀  1.33 mg/ml
  収率 約97％              トコフェロール  877 ppm
  IPOX₅₀  105 mg/ml
  トコフェロール  749 ppm
  │
  ├──────────────→ 脱臭溜出油
  │                     収率  1％以下
脱臭油（精製油）           IPOX₅₀  0.96 mg/ml
  収率 約97％              トコフェロール  7.16％
  IPOX₅₀  ＞300 mg/ml
  トコフェロール  409 ppm
```

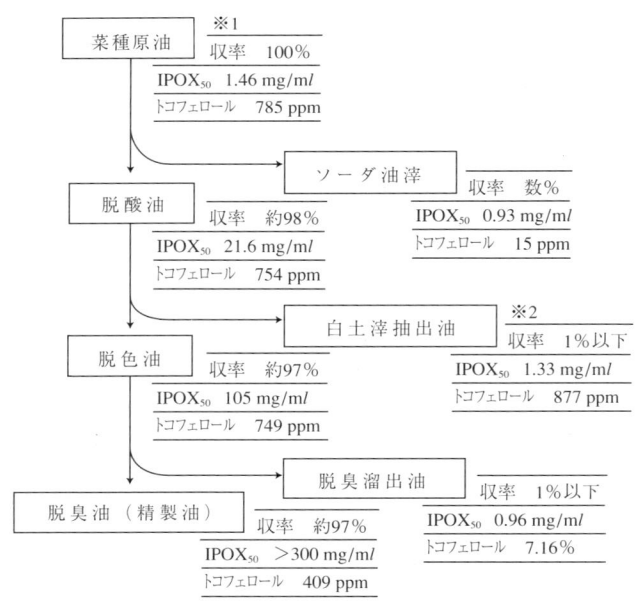

図4-1 工程油および副産物の収率，抗ラジカル活性，トコフェロール濃度
※1：工程油および副産物の収率は菜種原油を100％とした際の値である．
※2：白土滓抽出油は，白土滓（収率約2％）から，油分を抽出したものである．

も高い抗ラジカル活性が認められた．一方，菜種原油の精製過程での抗ラジカル活性の消長を調べたところ，脱酸工程で活性が約20分の1まで減少し，脱色工程でほとんど消失していた（図4-1）．この活性の消失とトコフェロールの濃度変化は相関がみられなかったことから，トコフェロール以外に高い抗ラジカル活性をもつ物質があり，精製により消失していることが考えられた．次にこの菜種原油に含まれる抗ラジカル活性物質について単離同定を行なった．

1・3 菜種原油の抗ラジカル活性物質の単離精製 [4]

菜種原油を原料とし，抗ラジカル活性を指標として，トリグリセリドや遊離脂肪酸などの抗ラジカル活性のない成分を効率よく取り除き，抗ラジカル活性物質の単離を試みた（図4-2，4-3，表4-2）．

1）メタノール抽出 [5, 6]

菜種原油からトリグリセリド以外の成分を抽出するために，菜種原油に対して0.2倍量のメタノールを加え溶剤抽出した．抽出は溶媒を交換して3回行ない，エバポレーターで溶剤を減圧乾固し，メタノール抽出物を得た．この抽出物の抗ラジカル活性は，菜種原油の20倍以上であった．

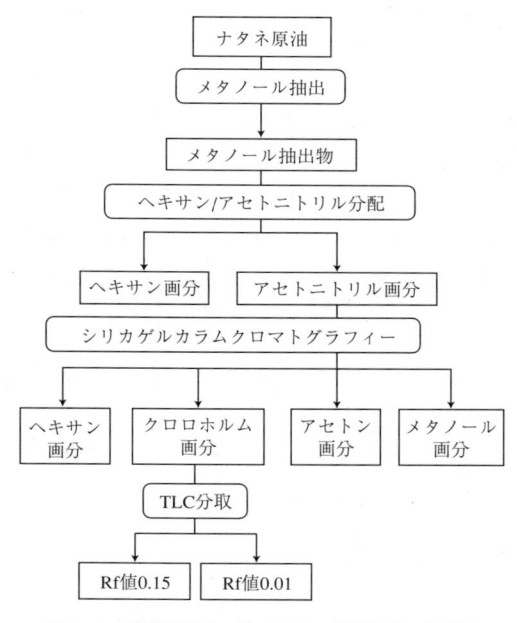

図4-2 菜種原油中の抗ラジカル活性物質の精製法

2）ヘキサン／アセトニトリル分配

前記メタノール抽出物を，ヘキサン／アセトニトリル分配により分画した．アセトニトリル画分に抗ラジカル活性成分を含む極性物質が回収され，ヘキサン画分に活性のないトリグリセリドが回収された．

3）シリカゲルカラムクロマトグラフィー

前記アセトニトリル画分をシリカゲルカラムクロマトグラフィーにより分画した．ヘキサン画分に活性の低い遊離脂肪酸が，クロロホルム画分に非常に活

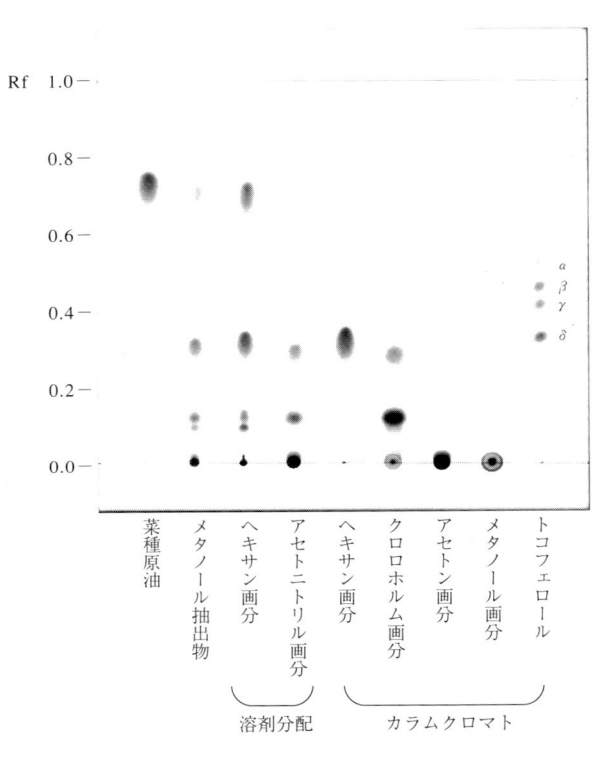

図4-3 各サンプルのTLC分析結果(展開プレート:シリカゲル(Merck Silicagel 60),展開溶媒:ヘキサン/ジエチルエーテル/酢酸=80/30/1,検出:ヨウ素)

表4-2 抗ラジカル活性の測定結果

サンプル	IPOX$_{50}$ (mg/ml)	回収量
菜種原油	4.2	450 g
メタノール抽出物	0.18	3,025 mg
ヘキサン画分	2.5	1,533 mg
アセトニトリル画分	0.044	862 mg
ヘキサン画分	2.6	163 mg
クロロホルム画分	0.022	267 mg
アセトン画分	0.12	379 mg
メタノール画分	0.22	78 mg
Rf値0.15のスポット	0.008	379 mg
Rf値0.01のスポット	0.016	78 mg

性の高い物質が，アセトン画分とメタノール画分にも活性が確認された．

4）TLC 分取および HPLC 精製

最も抗ラジカル活性が高く，油溶性の画分であるクロロホルム画分の物質について，展開溶媒をヘキサン／ジエチルエーテル（80／30）として，薄層クロマトグラフィー（Merck, Silicagel 60, 0.5 mm）により精製した．Rf 値 0.15 のスポットに非常に抗ラジカル活性の高い物質が検出された．前記スポットをかきとり HPLC 分析を行なったところ，ほぼシングルピークであった．わずかに検出された不純物を HPLC 精製により取り除いた．

1・4 菜種原油由来抗ラジカル活性物質の同定

菜種原油から単離した抗ラジカル活性の非常に高い，前記のスポットについて元素分析を行ない，さらに前記 HPLC 精製物について LC / MS 分析，NMR 分析を行なうことによりこの抗ラジカル活性物質を同定することを試みた．

1）元素分析

炭素，水素，窒素の分析は，CHN コーダー（ヤナコ分析工業（株）製，MT‐3）を用いて測定した．また，硫黄の分析は，S 分析計（ANTEC 製，7000）を用いて測定した．酸素は計算により算出した．その結果，抗ラジカル活性物質は，窒素および硫黄を含まない物質であることがわかった（表4‐3）．

表4‐3 Rf 値 0.15 のスポットの元素分析結果

	C（%）	H（%）	O（%）	N（%）	S（%）
1回目	68.65	8.04	23.31	0	0
2回目	68.92	8.1	22.98	0	0
平均	68.78	8.07	23.14	0	0

2）LC / MS 分析

HPLC 精製物の LC / MS（JEOL 製，JMS‐LCmate）による APCI（＋）低分解能での分子量測定の結果，m/z 181 の成分が主要なピークであった．APCI（＋）では，M＋H でイオン化しやすいことより，m/z 181 の成分は分子量 180 であると思われた．また，ESI（＋）低分解能では，m/z 203 および 235 が主要なピークであった．ESI（＋）では，移動相にメタノールを用いた場合，M＋Na（分子量＋23），M＋Na＋MeOH（分子量＋23＋32）でイオン化しやすいことより，m/z 203, 235 の成分は分子量 180 であると思われた．これらの結果より，抗ラジカル活性物質の主要成分は分子量 180 であると判断した．

m/z 181 の成分について APCI（＋）高分解能の分析値と元素分析の結果と

あわせて考えると，分子量 181.0865 で分子式 $C_{10}H_{13}O_3$ であると思われた．この結果から，抗ラジカル活性物質の分子式は $C_{10}H_{12}O_3$ であると判断した（表 4 - 4）．

表 4 - 4　HPLC 精製物の APCI（＋）高分解能による分析結果

測定値	化学式	計算値	誤差（mmu）
181.0813	$C_{10}H_{13}O_3$	181.0865	5.2

3）NMR 分析

HPLC 精製物を窒素気流下で乾燥させた後，重クロロホルムに溶解させ，NMR（JEOL 製，400 MHz）測定を行なった（図 4 - 4）．TMS が 0 ppm に，溶媒由来のピークとして，H_2O が 1.59 ppm に，重クロロホルム中のクロロホルムが 7.24 ppm に現われていた．活性物質のピークとしては 3.90 ppm，5.17 ppm，5.51 ppm，5.62 ppm，6.61 ppm が考えられた．この結果から，以下のことが推測された．

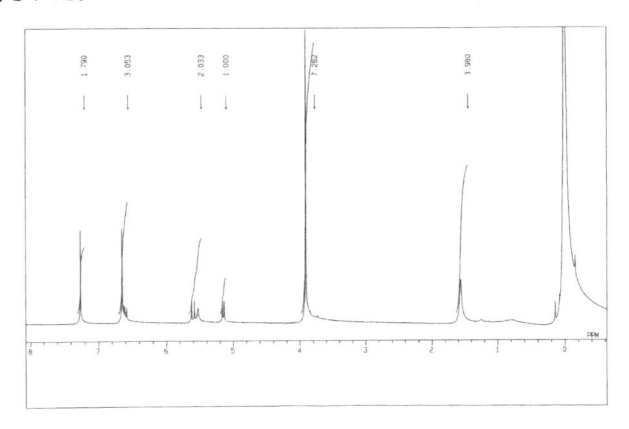

図 4 - 4　HPLC 精製物の NMR 分析チャート

3.90 ppm：$OCH_3 \times 2$（線対称）の H 6 個

5.17 ppm：C＝C の trans 位の H

5.51 ppm：フェノールの H

5.62 ppm：C＝C の cis 位の H

6.61 ppm：C＝C の gem 位の H とベンゼン環の H 2 個

また，1～3 ppm にはピークが見られないため，アルキル基（C－C）は存在

第4章 油糧種子に含まれる機能性成分の探索およびその利用技術の開発

しない.

以上の結果と分子式 $C_{10}H_{12}O_3$ ということより,単離した抗ラジカル活性物質は 4-vinyl-2, 6-dimethoxyphenol であった(図4-5A).この物質は菜種脱脂粕中に多く含まれるシナピン酸(図4-5B)に構造が類似していた[7].4-vinyl-2, 6-dimethoxyphenol は,菜種原油および他の植物油中に含まれているという報告はなく,適当な慣用名もなかったため,以後,この物質を Canolol(キャノロール)と表現することとした.

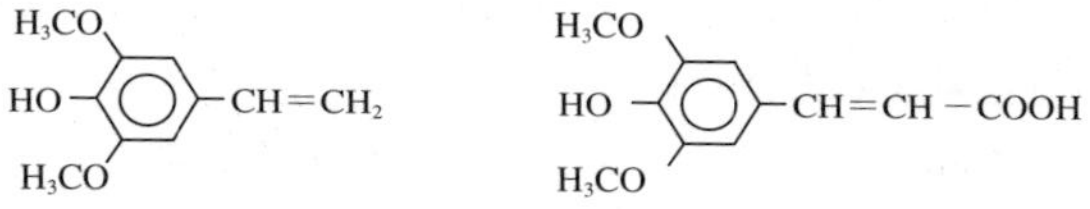

A
4-vinyl-2, 6-dimethoxyphenol(Canolol)

B
シナピン酸

図4-5 単離同定した 4-vinyl-2, 6-dimethoxyphenol(Canolol)と菜種粕中に多く含まれるシナピン酸の構造式

§2. 各種植物油中の Canolol 含量
2・1 Canolol の定量法の検討

合成した Canolol 標準物質(純正化学(株),純度99%以上)を用いて,Canolol の定量法を検討した.Canolol の蛍光波長を分析したところ,励起波長 309 nm,蛍光波長 326 nm 付近に蛍光が認められた.次いで順相系 HPLC により,菜種原油の Canolol の検出を試みたところ,リテンションタイム20分付近に形状の正常なピークを確認した(表4-5,図4-6).本溶出条件により,内部標準物質(PMC;ペンタメチルクロマノール),抗酸化剤(BHT)および植物油中に通常含まれる抗酸化物質であるトコフェロール同族体も良好な分離を示した.なお,基準油脂分析試験法[8]では,トコフェロールを励起波長 298 nm,蛍光波長 325 nmで分析しており,本波長でも Canolol は十分な蛍光

表4-5 Canolol の HPLC 分析条件

カラム	関東化学(株),LiChroCART 250-4 LiChrospher 100 NH$_2$ (244×4 mm, 5 μm)
カラム温度	室温(25℃以下)
移動相	1.2%イソプロピルアルコール/ヘキサン(v/v)
流速	1.2 ml/min
検出器	蛍光検出器(Ex 298 nm, Em 325 nm)

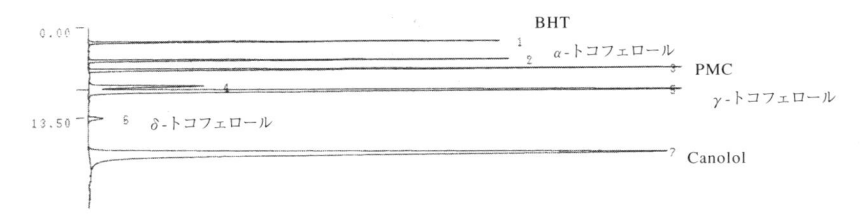

図 4 - 6 Canolol 分析例（菜種原油）

があるため，検出波長をトコフェロールの条件に合わせ，Canolol とトコフェロールを同時定量する方法を確立した．

本条件での Canolol の定量性および検出限界を検討し，0.3〜30 ppm の範囲で良好な直線関係（$r^2 = 0.9998$）があることを確認した．

2・2 各種植物原油中の Canolol 含量

各種植物原油中の Canolol 含量を測定した結果，菜種原油中の Canolol 濃度は 220 ppm であり，エキストラバージン・オリーブオイルや焙煎ゴマ油，大豆原油からは検出されず，コーン原油に 10 ppm 含まれていた（表 4 - 6）．この結果より，Canolol は菜種に多い物質であると考えられた．

表 4 - 6 各種植物粗原油中の Canolol 含量

試　料	Canolol 濃度（ppm）
菜種原油	220
エキストラバージンオリーブオイル	n.d.*
焙煎ゴマ油	n.d.
コーン原油	10
大豆原油	n.d.

* n.d.：not detected

2・3 圧搾前の熱履歴の異なる菜種原油中の Canolol 含量

菜種原油の 220 ppm に対して，焙煎菜種原油は約 6 倍量の 1,200 ppm 含まれていた．一方，抽出時に極力熱をかけないで圧搾したコールドプレス油は 12 ppm であった（表 4 - 7）．菜種原油は圧搾前に種子を蒸煮しており，焙煎菜種原油は菜種種子を直火で焙煎して圧搾している．これらのことから，Canolol は種子の状態で加熱されることで生成していると考えられる．

2・4 精製工程中の Canolol 含量の変化

菜種油の精製過程での Canolol の消長を分析したところ，Canolol は脱酸工

程で90％近く失われており，脱色油，精製油では検出されなかった（表4-8）．抗ラジカル活性の減少と Canolol の減少は相関関係があり，Canolol は菜種原油中の主要な抗ラジカル活性物質の1つであると考えられる．

表4-7 熱履歴の異なる菜種原油中の Canolol 含量

試　料	搾油前の加熱度合い	Canolol 濃度（ppm）
菜種原油	中	220
焙煎菜種原油	強	1,200
菜種コールドプレス原油	弱	12

表4-8 精製工程中の Canolol 含量

	$IPOX_{50}$（mg/ml）	Canolol（ppm）	トコフェロール（ppm）
菜種原油	1.46	220	785
菜種脱酸油	21.6	38	754
菜種脱色油	105	n.d.	749
菜種脱臭油	>300	n.d.	409

* n.d.：not detected

§3．Canolol を含有する食品の開発
3・1 Canolol の回収法の検討
1）溶剤抽出

ここまで，菜種原油からの Canolol 抽出の第1手順としてメタノール抽出を行なっていたが，メタノールは食品用途での使用は許可されていないため，代替溶媒による抽出の検討を行なった（図4-7）．まず，食品用の抽出溶剤として最も扱いやすいエタノールにより抽出したが，トリグリセリドが多く抽出されてしまい，回収効率が悪かった．そこで，エタノールに水を加え，検討した結果，菜種原油90％含水エタノール抽出物は，抗ラジカル活性，TLC パターンともに，菜種原油メタノール抽出物とほぼ同等であった．なお，菜種原油90％含水エタノール抽出物の Canolol 濃度は2％であり，Canolol の回収率は50％であった．

2）水蒸気蒸留

菜種原油の90％含水エタノール抽出により，Canolol 濃度2％の抽出物を得られたが，この方法では Canolol の回収率が50％と低いこと，抽出物の風味が悪く食用油として適さないこと，抽出に用いた溶剤の回収など問題が残っており，さらなる回収法の検討が必要とされた．

Canolol はその構造から揮発性の高い物質であると考えられたので，水蒸気蒸留により，Canolol を効率よく回収することを検討した（図4‐8）．水蒸気蒸留は，一般の油脂精製工程の脱臭操作と同様の手順で行ない，蒸留物のCanolol

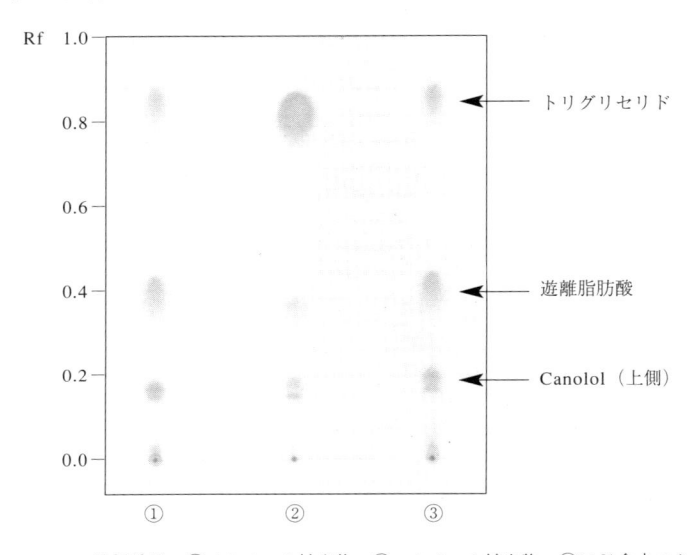

図4‐7 TLC 分析結果：①メタノール抽出物，②エタノール抽出物，③90％含水エタノール抽出物（展開プレート：シリカゲル（Merck Silicagel 60），展開溶媒：ヘキサン／ジエチルエーテル／酢酸＝80／30／1，検出：ヨウ素）

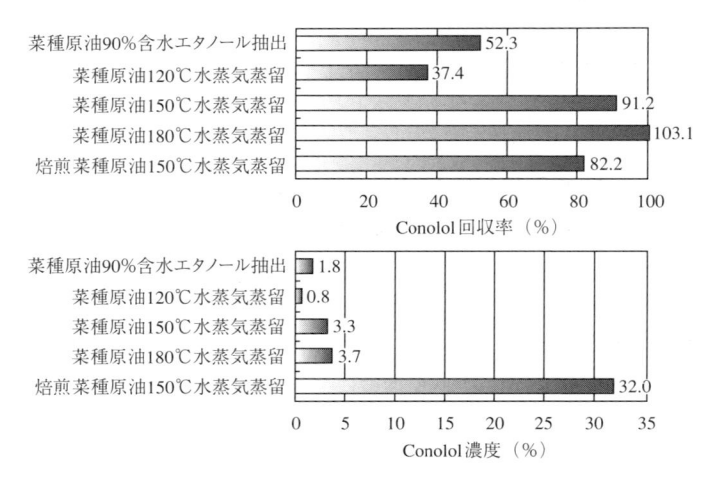

図4‐8 各Canolol 濃縮物のCanolol 回収率（上）および濃度（下）

濃度と回収率を評価した．その結果，150℃，60分間の蒸留で，Canolol濃度3％の蒸留物を回収率90％で得ることができた．蒸留温度を180℃にすることで回収率は100％に達したが，原料油が褐変してしまう問題があった．ここで，原料を焙煎菜種原油に変更すると，150℃，30分間の蒸留でも，Canolol濃度30％以上の蒸留物を回収率80％で得ることができた．

3・2 Canolol回収物の成分組成

前記，焙煎菜種原油水蒸気蒸留物について成分分析した（表4-9）．蒸留物は32％のCanololの他，トリグリセリド，遊離脂肪酸がそれぞれ，50％，10％程度含まれていた．また，微量成分としてはトコフェロールが約9,000 ppm，クロロフィルが約0.5 ppm含まれていた．

表4-9 Canolol濃縮物の組成

測定項目		濃度
Canolol		32％
トリグリセリド		50％
遊離脂肪酸		10％
トコフェロール	α-Toc	177 ppm
	β-Toc	0 ppm
	γ-Toc	8,877 ppm
	δ-Toc	54 ppm
	計	9,108 ppm
クロロフィル		0.54 ppm
水分		1,675 ppm

3・3 Canolol添加油の食用油としての評価

3・1の方法により回収した菜種原油90％含水エタノール抽出物（A），菜種原油150℃60分蒸留物（B），および焙煎菜種原油150℃30分蒸留物（C）を

表4-10 Canolol添加油の風味評価

		菜種原油90％含水エタノール抽出物添加油（A）	菜種原油蒸留物添加油（B）	焙煎菜種原油蒸留物添加油（C）
濃縮物添加濃度		1.10％	0.61％	0.06％
Canolol濃度		200 ppm	200 ppm	200 ppm
臭い	順位点評価（n＝8）	19.5	11[†]	17.5
	コメント	青臭い匂い，燻製臭	焙煎臭，燻製臭	枯草臭，青臭い匂い
味	順位点評価（n＝8）	21[†]	12	15
	コメント	収斂味，燻製味	焙煎味	収斂味，菜種の味

※順位点が低いほど評価が高い
※[†]は5％の危険率で有意差あり（Kramerの順位合計検定）

菜種精製油に Canolol 濃度 200 ppm となるように調製した添加油の風味を比較した（表 4 - 10）．A，B 添加では菜種原油由来の青臭さや収斂味が感じられたが，C 添加では，むしろ好ましい焙煎風味が感じられ，Canolol 由来の独特の燻製風味が低減された．

表 4 - 11　Canolol 濃縮物 1％添加油の品質評価

	濃縮物 1％添加油		菜種精製油	
新油分析				
色（1インチセル）	4.0Y＋0.4R		0.6Y＋0.0R	
酸価	0.32		0.02	
熱安定性試験				
カニ泡発生量				
0 h	A		A	
1 h	A		A	
2 h	A		A	
3 h	B		B	
4 h	C		E	
5 h	E		E	
備考	0-1h で発煙あり			
重合物（％）				
3 h	10.6		12.2	
5 h	16.1		19.4	
成分の残存量（ppm）(残存率，％)	Canolol	総トコフェロール	Canolol	総トコフェロール
初発	3,100（100.0）	443（100.0）	n.d.*	338（100.0）
0 h	2,004（ 64.6）	353（ 79.7）	n.d.	155（ 45.9）
1 h	473（ 15.3）	229（ 51.7）	n.d.	93（ 27.5）
2 h	95（ 3.1）	130（ 29.3）	n.d.	34（ 10.1）
3 h	17（ 0.6）	68（ 15.3）	n.d.	7（ 2.1）
4 h	7（ 0.2）	49（ 11.1）	n.d.	n.d.（ 0.0）
熱安定性試験後				
色（1インチセル）	23Y＋2.0R		5.1Y＋0.4R	
酸価	0.9		0.52	
光安定性試験				
過酸化物価（meq/kg）				
初発	0.04		0.1	
16 h	5.34		2.41	
40 h	11.4		5.75	

* n.d.：not detected
* 熱安定性試験は 180℃に加熱した状態で，1 時間ごとに薄く切ったジャガイモを 3 分間揚げる作業を 5 時間行った．カニ泡発生量は揚げ物時に発生した泡の最大面積について，A：0～20％，B：20～40％，C：40～60％，D：60～80％，E：80～100％のように表現した．

次にCを菜種精製油に1％添加した油（Canolol 添加油；Canolol 3,100 ppm）と菜種精製油との品質比較を行なった（表4-11）．Canolol 添加油に沈澱は観察されなかったが，色相はやや黄色味を帯びており，酸価は菜種精製油に比べ高かった．加熱安定性は，180℃に加熱した状態で，薄く切ったジャガイモを1時間毎に3分間揚げる方法で試験した．Canolol 添加油は，加熱開始直後より発煙が観察されたものの，フライ時の泡の発生や，重合物の生成において，未添加油に対し，若干の向上が認められた．しかしながら，加熱によりCanolol が消失した．一方で，Canolol 添加油を蛍光灯照射しても Canolol 濃度は変化せず，光による Canolol の消失はなかった．

これらの結果より，Canolol 添加油をフライ用途で使用することは難しいが，加熱調理を行なわないテーブルオイルやカプセル剤として利用することは可能であると考えている．

3・4 急性経口投与毒性試験

菜種原油90％含水エタノール抽出物（Canolol 2％）の Slc：Wistar 系ラットに対する急性経口投与毒性試験を行なった．被験物 2,000 mg／kg 投与後7日間の観察期間中，雌雄いずれの動物にも死亡例は認められず，肉眼的に異常が認められたラットもなかった．また，すべての動物で投与時と比較して体重は増加していた．観察終了時の剖検所見でも，異常は認められなかった．本試験条件における菜種原油抽出物のラット雌雄に対する経口投与による LD_{50} 値は，2,000 mg／kg より大であった．今回は当たり試験であり，Canolol 濃度が低いため，Canolol 合成品などで再度試験を行なう必要があると考えている．

§4．Canolol の生理機能評価

Canolol を摂取したときに期待される生理機能は，ラジカル消去能による酸化ストレスの低減であり，特に消化管内でその効果が期待される．我々は，活性酸素によるラジカルが発生しやすく，がんになりやすい大腸に注目して評価を行なった．また，Canolol が血中に移行した場合，動脈硬化の原因とされる低密度リポタンパク質の酸化抑制効果なども考えられるため評価を行なった．

4・1 Canolol の体内動態

Canolol が生理機能を発揮するためには，Canolol が作用部位まで到達する必要がある．そこで，人工胃液，人工腸液中での Canolol の安定性，およびラットへの単回投与試験による Canolol の体内動態を評価した．

1) 人工胃液，人工腸液中でのCanololの安定性評価[9]

　人工ヒト胃液（0.2％塩化ナトリウム含有塩酸溶液，pH 1.2），人工ラット胃液（0.2％塩化ナトリウム含有塩酸溶液，pH 3.9），人工腸液（0.05 Mリン酸二水素カリウム含有水酸化ナトリウム溶液，pH 6.8），および蒸留水に，Canololを終濃度10 ppmとなるように加え，37℃にてインキュベートした．270 nmの吸光度により経時的にCanolol濃度を算出した．

　120分後のCanololの濃度は，pH 1.2の人工ヒト胃液で10％消失したのみで，その他の溶液中では減少せず，胃液・腸液中でのCanololの安定性は高いと判断した（図4-9）．

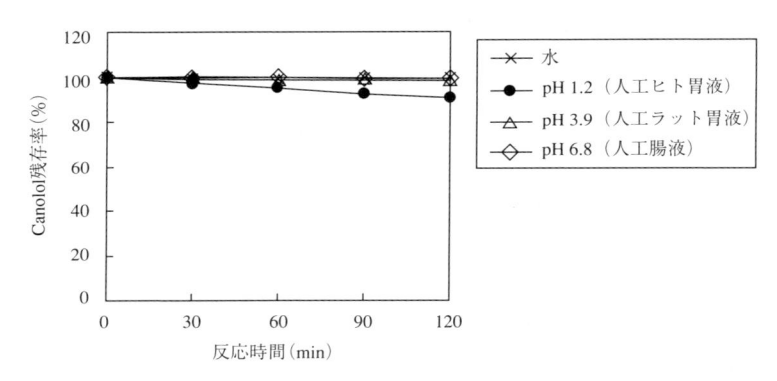

図4-9　人工ヒト胃液，人工ラット胃液，人工腸液中におけるCanololの残存率

2) ラット単回投与におけるCanolol大腸内容物中濃度および血中，リンパへの移行

　SDラット（雄，200 g）に0.5％Canolol／菜種精製油を体重1 kgあたり5 g（動物あたりCanololとして5 mgを投与）となるようにゾンデを用いて強制単回経口投与した．6時間後の大腸内容物から最大14.7 μg（投与量の0.3％）のCanololが検出された．また，腹部大動脈採血により回収した血漿中にCanololは検出されなかったが，1～2時間後の腸間膜で最大2.5 μg（投与量の0.05％）検出され，リンパ経由で吸収されたことが示唆された．以上の結果より，摂取したCanololのほとんどは吸収され，すみやかに代謝されているが，一部は大腸まで到達していることから，大腸での効果を期待できると思われた．

第4章 油糧種子に含まれる機能性成分の探索およびその利用技術の開発

4・2 Canolol の抗変異原活性 [10]

1) 目的

生体内で一酸化窒素 (NO) とスーパーオキシド (O_2^-) が反応して発生するパーオキシナイトライト ($ONOO^-$) は，反応性に富み脂質の過酸化やタンパク質，遺伝子の変異を引き起こす強力な変異原物質である．また，炎症部位で発生しやすいことが報告されており，それを消去することはがん予防につながると考えられる．この $ONOO^-$ を消去する能力は抗ラジカル活性と相関性があり，高い抗ラジカル活性をもつ Canolol も $ONOO^-$ 消去能をもつことが期待された．そこで，$ONOO^-$ で引き起こされるサルモネラ菌の変異をどの程度抑制できるか，Ames テストを改変した系で Canolol の抗変異原活性を評価した．

2) 方法

2 ml のバイアル瓶に PBS (pH 7.4) 0.52 ml，サルモネラ菌 (*Salmonella typhimurium* TA102) の懸濁液 (109 CFU) 0.1 ml，任意の濃度の抗変異原物質を加え，37℃にて撹拌した（図4‐10）．変異原として $ONOO^-$ を 4 μM となるように 4 μl / min の流量でオートマチックマイクロシリンジポンプ ((株) エイコム製，ESP‐64) を用いて 20 分間連続注入した．20 分後，懸濁液を最小培地で 37℃，48 時間培養した．変異により生育した菌株数をコロニーアナライザー (システムサイエンス (株) 製，CA‐11) で計数した．抗変異原物質を入れていないときのコロニー数を 100% として変異率を算出した．

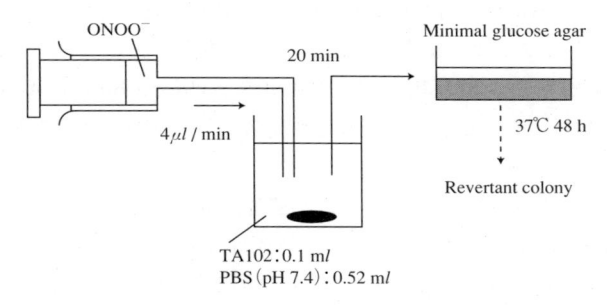

図4‐10 抗変異原性試験

3) 結果

変異したサルモネラ菌は，Canolol 0.8 μM 添加で 78%，8 μM 添加で 19%まで減少した（図4‐11）．この活性は，シナピン酸，尿酸，ルチン，α-トコフェロールより遙かに強力で，ラジカル消去剤として知られるエブセレン（第

一製薬（株））と同等であった．このことから，CanololのONOO⁻消去能は非常に高いことがわかり，酸化ストレス抑制効果が期待された．

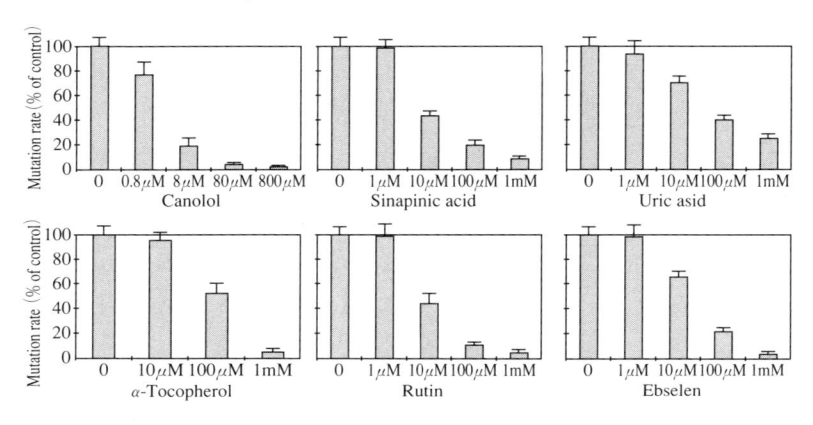

図4-11 抗変異原活性測定結果

4・3 Canololのマウスを用いた大腸酸化ストレス抑制試験
1）目的
これまでの検討で，Canololが大腸に到達すること，および *in vitro* でONOO⁻消去能が非常に高いことを確認した．そこで，鉄負荷食でマウスの大腸に酸化ストレスを誘導し，Canololの同時摂取によってその酸化ストレスを抑制できるか評価した．鉄負荷にはTMH-ferroceneを用い，抗酸化のポジティブコントロールには α-トコフェロールを用いた．また，酸化ストレスのマーカーは，大腸のチオバルビツール酸反応物質（TBARS；Thiobarbituric Acid Reactive Substances）とし，その量が少ないほど酸化ストレスが少ないと評価した．

2）方法
2週間予備飼育したICRマウス（雄，8週齢，36 g）を5群（7匹／群）に分け，試験飼料を与え，30日間飼育した．対照群（第1群）に与えた基本飼料の配合内訳を表4-12に示した．また，鉄群（第2群），鉄＋α-トコフェロール群（第3群），鉄＋α-トコフェロール群＋Canolol群（第4群），鉄＋Canolol群（第5群）は，基本飼料に表4-13の配合で鉄，α-トコフェロール，Canololをそれぞれ添加した飼料を与えた．なお，Canololはラボで調製した焙煎菜種原油水蒸気蒸留物を，またTMH-ferroceneはNielsenの方法[11]に従って合成したものを用いた．5種の飼料すべてに，基本配合飼料重量あたり2/3量の水

を加えて，混合・成型し，毎日一定量（4.8 g／日／匹）を給餌し，24時間後に残った餌を回収した．

飼育期間中は動物の外観や行動を毎日観察するとともに摂食量と体重変化を経時的に測定した．飼育終了後，一晩絶食させ，麻酔死させたマウスから，大腸を採取し，大腸TBARSを測定した．

表4-12 基本飼料配合

Ingredients	%	g／kg
カゼイン	14	140
L-シスチン	0.18	1.8
β-コーンスターチ	43.57	435.7
α-コーンスターチ	15.5	155
スクロース	10	100
セルロースパウダー	5	50
菜種油	7	70
AIN93 ミネラル混合	3.5	35
AIN93 ビタミン混合	1.25	12.5
計	100	1,000

大腸TBARSの測定は次のように行なった．大腸100 mgに0.5 mgの生理食塩水および2% BHT（ブチルヒドロキシトルエン）入りエタノール溶液0.02 mlを添加し，大腸ホモジネート液を調製した．次いで本液0.2 mlに30%トリクロロ酢酸溶液0.2 mlおよび50 mMチオバルビツール酸溶液0.2 mlを加え，95℃で60分加熱した．反応液を冷却後，0.6 mlブタノールを加え，よく攪拌したのち遠心分離（1,700×g，10 min）し，ブタノール層を採取し，532 nmの吸光度を測定した．

統計処理は，統計ソフトGraphPad Prism 3を使用し，一元配置分散分析を実行後，Turkeyの方法による多重検定により行なった．

表4-13 添加試料内訳

	TMH-ferrocene	α-Tocopherol	Canolol
第1群（対照食）	0	0	0
第2群（鉄）	0.07%（ 7日間） 0.05%（23日間）	0	0
第3群（鉄＋α-Toc）	0.07%（ 7日間） 0.05%（23日間）	0.30%	0
第4群（鉄＋α-Toc＋Canolol）	0.07%（ 7日間） 0.05%（23日間）	0.30%	0.15%
第5群（鉄＋Canolol）	0.07%（ 7日間） 0.05%（23日間）	0	0.15%

3）結果

飼育期間中，第2群において摂食量が少なかった．飼育期間中の体重は，TMH-ferroceneを摂取させた第2群，第3群（鉄＋α-Toc食群），第4群（鉄＋α-Toc＋Canolol食群），第5群（鉄＋Canolol食群）で第1群（対照

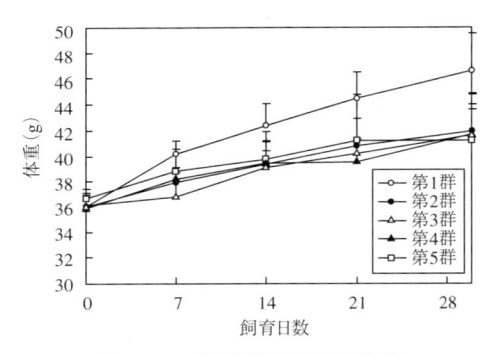

図4-12 飼育期間中の体重の推移

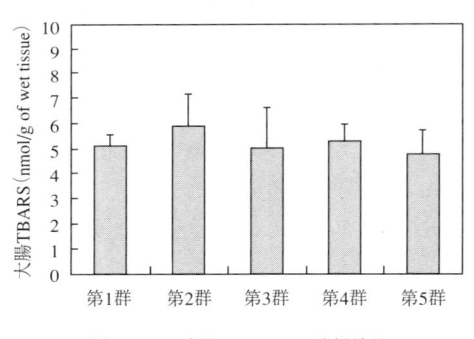

図4-13 大腸TBARSの分析結果

食群）に対し，有意な減少が認められた（図4-12）．

大腸TBARS値は，酸化ストレスを負荷していない第1群と，鉄による酸化ストレスを負荷し抗酸化剤を与えていない第2群との間に有意差が認められなかった（図4-13）．今回の検討では，マウスの大腸に酸化ストレスをうまく誘導できず，Canololの酸化抑制作用は判断できなかった．マウスの大腸が小さいためうまく測定できなかったこと，TMH-ferroceneが大腸で酸化ストレスを与えていないことが考えられた．酸化ストレスを誘導できる系を確立し，再試験を行なうことが今後の課題であり，ラットなどの大きい動物を使用することで大腸TBARS値のばらつきを抑えて評価する，大腸TBARS以外の酸化ストレスマーカーで評価する，TMH-ferrocene以外の酸化ストレスを誘導するなどの方法を考えている．

4・4 Canololの低密度リポタンパク質の酸化抑制効果 [12, 13]

1）目的

低密度リポタンパク質（LDL）の酸化は，動脈硬化症の重要な危険因子の1つであると考えられている．LDLに配位した銅イオンがLDL中に含まれる微量のヒドロペルオキシドを分解することにより，連鎖的脂質過酸化反応が開始され，酸化LDLが生成される．これをマクロファージが取り込み，泡沫細胞化することが動脈硬化の発症の機構として重要とされる．ある種の抗酸化剤は脂質過酸化の連鎖反応を停止させ，LDLの酸化を抑制すると考えられる．そこで，Canololのヒト LDLに対する抗酸化能について *in vitro* で検討した．

第4章 油糧種子に含まれる機能性成分の探索およびその利用技術の開発

2）方法

被験物質は，菜種原油90％含水エタノール抽出物（90％エタノール抽出物；Canolol 2％），Canolol高純度品（Canolol 70％），シナピン酸を用いた．また，90％エタノール抽出物にはトコフェロールが8,000 ppm程度含まれているため，トコフェロールについても影響を確認した．

12時間絶食後の健常成人女性2名より，EDTA入りチューブに血液を採取した．LDLの分取はsingle-spin密度勾配法により行なった．採取したLDLはBladford法によりタンパク量を測定し，LDL酸化測定時のLDL最終濃度が70 μg protein / ml となるようにPBSで希釈し，LDL溶液を調製した．

LDL溶液に最終濃度0.1, 0.2, 0.5, 1.0, 2.5, 5.0 μg / ml となるように被験物質を添加し，37℃で10分間プレインキュベートした．被験物質のうちCanolol，シナピン酸はエタノールに，90％エタノール抽出物，トコフェロールはアセトニトリルにそれぞれ溶解して添加した．10分後，アゾ化合物であるV‐70（2, 2'-azobis（4-methoxy-2, 4-dimethylvaleronitrile））を濃度200 μMとなるように添加し，LDLの酸化を開始させた．LDLの酸化により生成する共役ジエンの234 nmの吸光度を測定し，酸化開始までの時間（LDL酸化 lag time）で評価した．

3）結果

Canolol高純度品，シナピン酸の効果はほぼ同程度で，大幅にLDL酸化 lag timeを延長し，添加2.5 μg / ml では無添加に対して，6倍以上のlag time延び率を示した（図4‐14，表4‐14）．これはトコフェロールが有するLDLに対する抗酸化能[14]より強力であると考えられる．

90％エタノール抽出物は，2.5 μg / ml 添加でlag timeを27％延長したが，それに含まれるトコフェロール 0.02 μg / ml のみでは4％の延長効果であった．

この結果より，90％エタノール抽出物に含まれるCanololを中心とするトコフェロール以外の成分

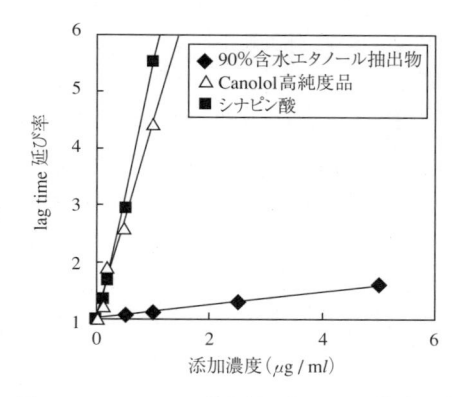

図4‐14 Canololの低密度リポタンパク質（LDL）の酸化抑制効果

が，抗酸化剤として効果を発揮していることが確認できた．

しかしながら，本検討は *in vitro* の試験であるため，Canolol の吸収・代謝を考慮していない．Canolol は，吸収後，ただちに代謝される恐れがあるため，生体内で LDL 酸化抑制効果を示すためには，Canolol をコーティングするなどの検討が必要であると考えている．

表 4-14　Canolol の LDL 酸化 lag time への影響　　　　　（unit：min）

	添加量 （μg/ml）	Canolol 高純度品 (Canolol 70%)	シナピン酸	90%含水エタノール抽出物 (Canolol 2%)	トコフェロール*
試験1	0	49	49	52	52
	0.1	66	59	63	―
	0.5	143	127	54	―
	2.5	>300	>300	66	―
	0.02	―	―	―	54
試験2	0	36	36	41	41
	0.2	60	69	39	―
	1	199	160	45	―
	5	>300	>300	65	―
	0.04	―	―	―	43

* 90%含水エタノール抽出物 2.5, 5.0 μg/ml 中に，トコフェロールがそれぞれ 0.02,
0.04 μg/ml 含有している．

まとめ

我々は抗ラジカル活性を指標として，各種植物油中の活性物質の存在を明らかにし，がん予防効果をもつ新規な食品の開発に有効利用しようと考え研究を開始した．

菜種原油中の主要な抗ラジカル活性物質の 1 つである 4-vinyl-2, 6-dimethoxyphenol（Canolol）を単離・同定した．Canolol は菜種に多い物質であり，圧搾前に加熱することで原油中の含量を高めることができた．また，精製工程により失われ，精製油に存在しないことも明らかになった．

Canolol の回収法は，水蒸気蒸留が優れており，焙煎菜種原油を 150℃で 30 分間水蒸気蒸留することにより，Canolol 濃度 30％，Canolol 回収率 80％で回収できるようになった．またこの蒸留物を添加した油を食用油として評価したところ，Canolol が加熱により消失してしまうためフライ用途での使用は厳しいが，風味は焙煎臭を感じるものの十分に食せるレベルであり，テーブルオイ

ルやカプセル剤として利用できると思われる.

Canololの生理機能評価では, Canololの体内動態を調べたところ, 胃液・腸液中で安定であり, 大部分は小腸からリンパ経由で吸収されただちに代謝されるが, 一部は大腸まで到達することが明らかになった.

また, パーオキシナイトライトによるサルモネラ菌の変異抑制活性は, 非常に強いことがわかった. これらの結果より, Canololによる大腸内の酸化ストレス抑制効果が期待された.

マウス大腸に鉄負荷による酸化ストレスを与え, その酸化ストレスをCanolol同時摂取により抑制できるか評価したが, 酸化ストレスをうまく誘導できず, Canololの酸化抑制作用は判断できなかった.

酸化ストレスを誘導できる系を確立し, 再試験を行なうことが今後の課題であり, ラットなどの大きい動物を使用することで大腸TBARS値のばらつきを抑えて評価する, 大腸TBARS以外の酸化ストレスマーカーで評価する, TMH-ferrocene以外の酸化ストレス誘導剤を使用するなどの方法を考えている.

また, *in vitro* の試験ではあるが, LDL酸化抑制作用は強力であることがわかり, Canololを安定的に血中に移行させる方法を確立できれば, 動脈硬化の予防効果も期待される.

動物試験で酸化ストレスの抑制効果を確認した後, Canololの安全性を再度確認し, ヒトへの酸化ストレス抑制効果を評価したい. 現在, がん予防効果を食品に表示することはできないが, 将来必ず求められるであろうがん予防食品の製品化を目指し研究を継続していきたい.

本研究開発に対してご指導, ご協力をいただいた熊本大学 前田 浩先生, 木田建次先生, 森村 茂先生, 金沢文子先生, 浄住護雄先生, 熊本保健科学大学 桑原英雄先生に深く感謝いたします.

参考文献

1) 前田 浩:*Environ. Mutagen Res.*, **18**, 53 (1996).
2) 前田 浩:『がん予防食品の開発』, CMC社, 309 (1995).
3) Maeda, H., Katsuki, T., Akaike, T. and Yasutake, R.:*Jpn. J. Cancer Res.*, **83**, 923 (1992).
4) 藤野安彦:『生物化学実験法9 脂質分析法入門』, 学術出版センター, 61 (1987).
5) Owen R.W., Mier W., Giacosa A., Hull W.E., Spiegelhalder B. and Bartsch H.:*Clinical Chemistry*, **46**, 976 (2000).

6) Owen R. W., Giacosa A., Hull W.E., Haubner R., Spiegelhalder B. and Bartsch H.：*European Journal of Cancer*, 36, 1235 (2000).
7) Naczk M., Amarowicz R., Sullivan A. and Shahidi F.：*Food Chemistry*, 62, 489 (1998).
8) (社) 日本油化学会編：『基準油脂分析試験法, 2.4.10-1996 トコフェロール (蛍光検出器－高速液体クロマトグラフ法)』(1996).
9) 第十四改正日本薬局方：『一般試験法 58 崩壊試験法』.
10) Kuwahara H., Kanazawa A., Wakamatsu D., Morimura S., Kida K., Akaike T., Maeda H.，：*Journal of Agricultural and Food Chemistry*, 52, 4380 (2004).
11) Nielsen P. and Heinsich H. C.：*Biochemical Pharmacology*, 45, 385 (1993).
12) Chung B.H., Segrest J.P., Ray M.J., Brunzell J.D., Hokanson J.E., Krauss R.M., Beaudrie K. and Cone J.T.：*Methods Enzymol.*, 128, 181 (1986).
13) Kondo K., Matsumoto A., Kurata H., Tanahashi H., Koda H., Amachi T. and Itakura H.：*Lancet.*, 344, 1152 (1994).
14) Hirano R., Kondo K., Iwamoto T., Igarashi O. and Itakura H.：*Journal of nutritional science and vitaminology*, 43, 435 (1997).

文責　　昭和産業 (株)　　若松大輔

第5章
乳酸菌による免疫調節作用の検討およびそれらを利用したアレルギー低減化食品等の開発

高梨乳業株式会社

はじめに

近年，アレルギー患者の急増は我が国をはじめ，世界的にも大きな問題として注目されている．中でも食物アレルギーは，日常の食生活において基本的な食素材が原因となっていること，食生活が限られている乳幼児に発生頻度が高いこと，さらに幼児の食物アレルギーが発育過程や成人において種々のアレルギー疾患の引き金になる場合も指摘されていることから，いっそう深刻な問題となっている[1]．また，超高齢社会の到来により，加齢による免疫力が低下する老人が増えることが予想される．発酵乳や乳酸菌を利用して，自然免疫の強化により風邪などの軽微な疾病を防御することや体調を維持することは，今後訪れる超高齢社会におおいに貢献することが期待される．

一方で，腸内菌叢のなかには免疫応答に強く働きかけるものがあり，特にプロバイオティクスと言われる Lactobacilli および Bifidobacteria によって免疫応答が賦活化されることが明らかになってきた[2,3]．そこで，生きて腸内に届くプロバイオティクスから免疫調節作用を有する乳酸菌を利用してアレルギーの低減化を実証するとともに，実用化に向けた機能性食品の開発を目的とした．

§1. 1次スクリーニング：プロバイオティクス
1・1 人工消化液試験による生残性

プロバイオティクスは近年フューラーにより「腸内バランスを改善することにより宿主に好影響を与える生菌補助食品」と定義され[4]，最近ではガーナーらによって「適当な量を摂取したときに，摂取した者に医学的効果を与える生菌」と定義されている[5]．つまりプロバイオティクス微生物とは，まず胃を通過し，胆汁酸に曝されても生き残る食品として摂取可能でなければならない．そこで，プロバイオティクスの適性として，まず人工消化液試験（胃酸抵抗性および胆汁酸抵抗性）でヒト腸内環境における生存性を調べた．

供試菌株は弊社保存の乳酸菌およびビフィズス菌株と，今回の研究で新たに健常人から分離・同定した菌株の合計20菌種141株を用いた．

　胃酸抵抗性としてのpH耐性試験は，乳酸桿菌ではMRS broth（Difco, MD, USA）乳酸球菌ではPYG broth，またビフィズス菌ではGAM broth（日水製薬，東京）に6Nの塩酸を加えてpH 3もしくはpH 5およびpH 6.5に調整し，121℃，15分間オートクレーブ処理した培地に37℃で18時間培養した乳酸菌の培養液もしくは48時間培養したビフィズス菌の培養液をそれぞれ1%接種し，37℃で4時間培養した後，BCP加プレートカウント寒天培地（栄研化学，東京）およびBL寒天培地（日水製薬）で生菌数を測定し，以下の式により，耐性率を算出した．

　　耐性率（%）＝pH 3 or 5の培地の生菌数／pH 6.5の培地の生菌数×100

　胆汁酸耐性試験は各々の培養培地に対して0.3%となるようにOxgall（Difco）を添加したものと無添加のものを121℃，15分間オートクレーブ処理した培地に37℃で18時間培養した乳酸菌の培養液もしくは48時間培養したビフィズス菌の培養液をそれぞれ5%接種し，37℃で乳酸菌は10時間，ビフィズス菌は40時間培養した後，分光光度計（UV‐2500PC，島津製作所，京都）により濁度（O.D 6.60）を測定し，以下の式により，耐性率を算出した．

　　耐性率（%）＝Oxgall添加培地の濁度／無添加培地の濁度×100

　最終的に2つの人工消化液の試験の結果を乗じて100で割ったものを生残性率として，乳酸菌の上位10菌株（表5‐1）およびビフィズス菌株の上位20菌株（表5‐2）をプロバイオティクスとして選抜した．

表5‐1　pH 3.0および0.3%胆汁酸存在下至適培地における乳酸菌の生残性

菌　種	菌株No	pH耐性（%）[*1]	胆汁酸耐（%）[*2]	生残性（%）[*3]
Lactobacillus rhamnosus	TMC0514	10.2	81.8	8.4
Lactobacillus acidophilus	TMC0313	5.5	84.4	4.6
Lactobacillus casei	TMC0409	5.4	73.8	4.0
Lactobacillus gasseri	TMC0356	3.2	72.0	2.3
Lactobacillus rhamnosus	TMC0503	3.6	57.2	2.0
Lactobacillus rhamnosus	TMC0510	4.4	45.8	2.0
Lactobacillus casei sp.	TMC1003	2.2	72.5	1.6
Lactobacillus casei	TMC0402	0.9	52.2	0.5
Lactobacillus casei sp.	TMC1002	0.4	73.2	0.3
Lactobacillus casei sp.	TMC1001	0.3	75.7	0.3

[*1]：pH 3における乳酸菌の生存率（%）
[*2]：0.3%胆汁酸存在下における乳酸菌の生存率（%）
[*3]：生残性（%）＝pH耐性率×胆汁酸耐性率／100（%）

第5章 乳酸菌による免疫調節作用の検討およびそれらを利用したアレルギー低減化食品等の開発

表5-2 pH 5.0および0.3%胆汁酸存在下至適培地におけるビフィズス菌の生残性

菌　種	菌株 No	pH 耐性(%)[*1]	胆汁酸耐(%)[*2]	生残性(%)[*3]
Bifidobacterium breve	TMC 3218	65.7	100.0	65.7
Bifidobacterium animalis	TMC 3601	55.5	100.0	55.5
Bifidobacterium breve	TMC 3217	57.6	69.4	40.0
Bifidobacterium breve	TMC 3219	37.5	100.0	37.5
Bifidobacterium breve	TMC 3207	43.8	55.8	24.4
Bifidobacterium adolescentis	TMC 2704	14.9	92.6	13.8
Bifidobacterium longum	TMC 2609	87.2	13.8	12.0
Bifidobacterium bifidum	TMC 3101	10.4	100.0	10.4
Bifidobacterium breve	TMC 3209	10.1	97.4	9.9
Bifidobacterium bifidum	TMC 3115	56.6	13.8	7.8
Bifidobacterium adolescentis	TMC 2701	53.3	14.6	7.8
Bifidobacterium pseudocatenulatum	TMC 3001	83.1	8.1	6.7
Bifidobacterium adolescentis	TMC 2705	9.7	61.9	6.0
Bifidobacterium bifidum	TMC 3108	60.0	9.8	5.9
Bifidobacterium infantis	TMC 2906	92.4	6.3	5.8
Bifidobacterium infantis	TMC 2908	97.3	5.8	5.7
Bifidobacterium longum	TMC 2607	47.6	11.9	5.7
Bifidobacterium longum	TMC 2608	41.7	12.7	5.3
Bifidobacterium bifidum	TMC 3116	41.6	12.0	5.0
Bifidobacterium bifidum	TMC 3117	28.2	17.1	4.8

[*1]：pH 5におけるビフィズス菌の生存率(%)
[*2]：0.3%胆汁酸存在下におけるビフィズス菌の生存率(%)
[*3]：生残性(%)＝pH耐性率×胆汁酸耐性率／100(%)

1・2　ヒトの腸管上皮由来の樹立細胞 Caco-2 株による付着性

プロバイオティクスとして選抜した 30 菌株（乳酸桿菌の 10 菌株およびビフィズス菌の 20 菌株）が生理機能を発揮するためにはただ単に腸管での生存性が優れているだけでなく，一定期間消化管に留まっていることが有用な性質の1つであることが言われている．そこで，ヒト腸管への付着性をヒトの腸管モデルとして用いられているヒト腸管上皮由来の樹立細胞 Caco-2 株を用いて in vitro で腸管上皮細胞への付着性試験を行なった．

Caco-2 細胞（理化学研究所・細胞開発銀行，つくば）の培養は 10%非働化牛胎児血清（Fetal Bovine Serum：FBS, Gibco, USA）を含むダルベッコの改良イーグル培地（modified DMEM, Gibco）を用い，37℃，5% CO_2 存在下で行なった．付着性試験は，2 週間培養して分化させた Caco-2 細胞をリン酸緩衝液（Phosphate-Buffered Salines：PBS，コスモバイオ，東京）で洗浄後，乳酸桿菌およびビフィズス菌の懸濁液（1×10^8 cfu/ml）を 300 μl 添加し，

CO_2 インキュベーター内で37℃, 5%CO_2 存在下で2時間反応させた. 反応後, PBSで洗浄し, ギムザ液で染色した. 付着性は光学顕微鏡を用いてランダムに選んだ40視野の検鏡により, 1視野 ($3.8 \times 10^4 \mu m^2$) あたりに付着した乳酸菌数として表した. その結果, 1視野あたりの細胞付着数は, 3.2～123.3個で, 最も付着したのは *Lactobacillus rhamnosus* TMC0514株であった (図5-1).

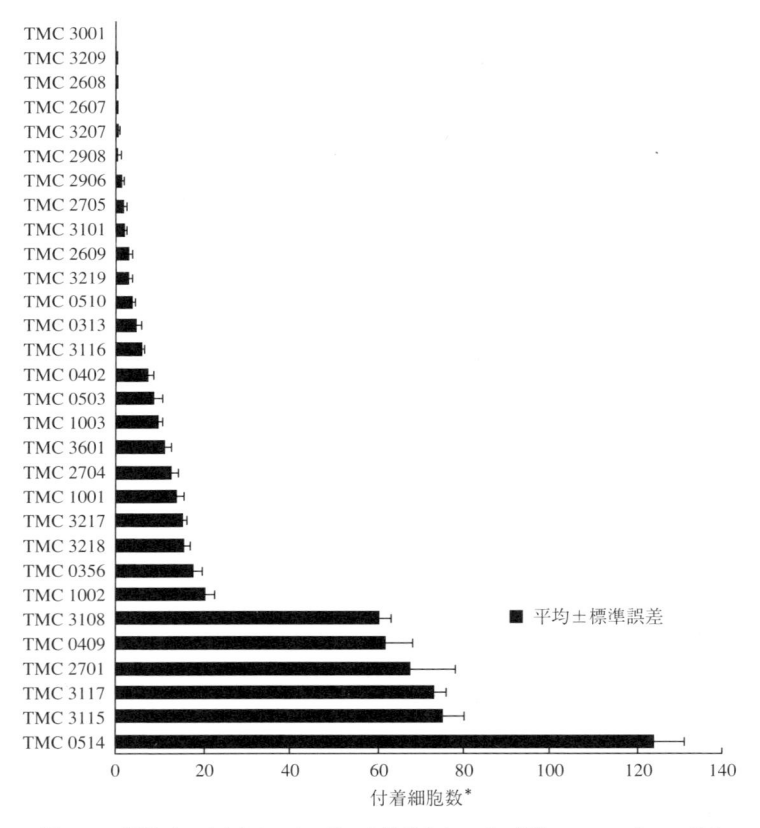

図5-1 選択プロバイオティクス株の人腸管上皮モデル細胞 Caco-2 株への付着
* 光学顕微鏡下ランダムに40視野を選び, 1視野 ($3.8 \times 10^4 \mu m^2$) あたりに付着した乳酸菌およびビフィズス菌の平均菌数.

§2. 2次スクリーニング：*In vitro* における免疫活性
2・1 選抜菌定着によるヒト腸管上皮細胞への影響

選抜菌の免疫細胞に対する免疫活性を試験する前に, 選抜菌とヒト腸管由来

の Caco‐2 細胞を共培養して，選抜菌が腸管に定着した際の腸管上皮細胞に対する免疫学的影響を Caco‐2 細胞の分泌するサイトカイン量を酵素結合免疫測定法（Enzyme linked immunosorbent assay；ELISA）で測定した．供試菌は選抜 30 菌株，各菌は各々の生育培地で培養後，PBS で数回遠心洗浄，Caco‐2 細胞用培養培地（10%FBS を含む modified DMEM）に懸濁して菌体濃度が

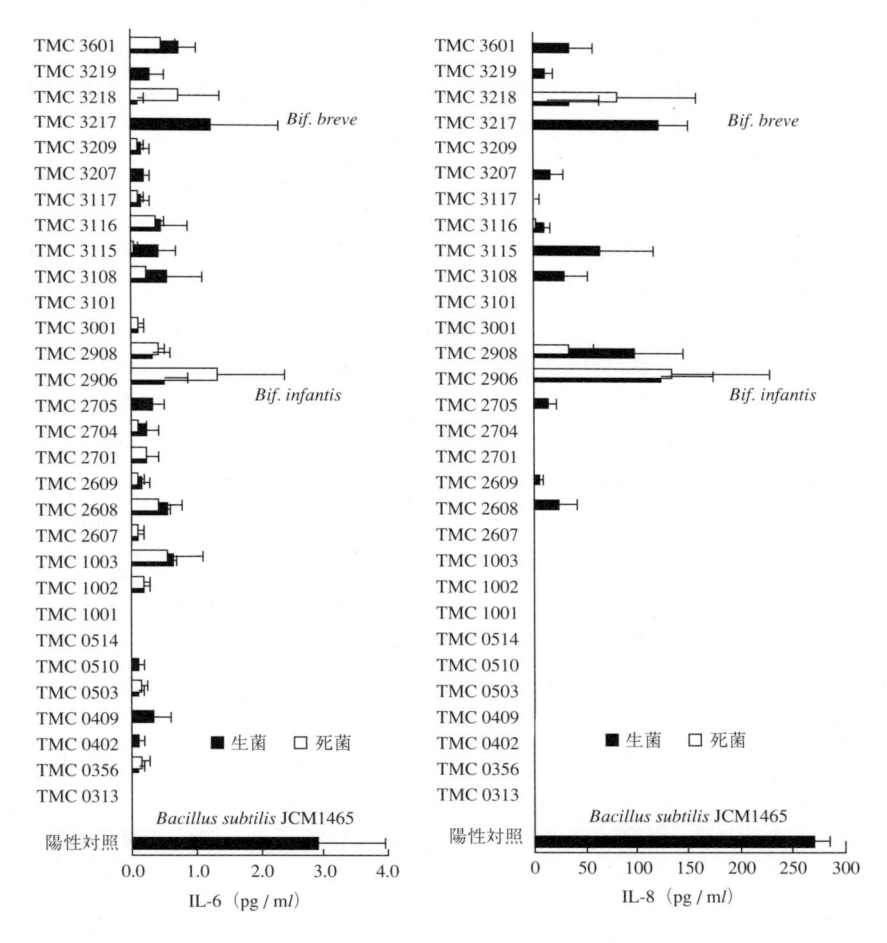

図 5‐2　選択菌菌体と Caco‐2 を共培養した培養上清中のサイトカイン IL‐6
（平均±標準偏差）

図 5‐3　選択菌菌体と Caco‐2 を共培養した培養上清中のサイトカイン IL‐8
（平均±標準偏差）

1.0×10⁸ cfu / ml となるように調製し，死菌体は殺菌処理（65℃，30分間）後用いた．陽性対照はすでに Caco‐2 細胞のサイトカイン産生を増加させることが報告[6]されている *Bacillus subtilis* JCM1465（生菌）を用いた．

　Caco‐2 細胞は 24 穴プレートに細胞数 1～2×10⁵/well で播き，37℃，5%の CO_2 存在下で培養，2日ごとに培地を交換して約8日でコンフルエントに達したものから培地を除き，選抜菌株もしくは JCM1465 株を懸濁した培地を添加し，24 時間共培養後，培養上清中のサイトカイン量を市販の ELISA キット（ENDOGENE, MA, USA）を用いてプレートリーダー（IMMUNO-MININJ-2300，日本インターメッド，東京）で測定した．測定したサイトカインはCaco‐2 細胞の分泌するサイトカインのなかで炎症性のサイトカインと言われているインターロイキン（interleukin；IL）‐6，および IL‐8 であった．

　その結果，IL‐6 の分泌については全体的に低かった（図5‐2）が，中でも生菌では *Bif. breve* TMC3217 株がやや高い値を示し，死菌では *Bif. infantis* TMC2906 株が高い値を示した．乳酸桿菌では，*Lb. casei* TMC1003 株の生菌がやや高い値を示した．ケモカインである IL‐8 については乳酸桿菌の 10 菌株はまったく影響を示さなかった（図5‐3）．一方，ビフィズス菌の生菌では *Bif. breve* TMC3217 株が，死菌では *Bif. infantis* TMC2906 株が最も高い値を示し，IL‐6 の分泌の高い菌株と一致していた．

　しかし，乳酸桿菌およびビフィズス菌ともに全体として，Caco‐2 細胞への付着性とサイトカイン（IL‐6 および IL‐8）産生誘導の間に相関はなかった．

2・2　マイトジェン活性（マウス・リンパ球細胞への幼若化反応）

　マイトジェン活性の測定は，免疫学研究に広く用いられているスクリーニングする系である．そこで我々は，プロバイオティクスの免疫調節に働く第一段階として，免疫賦活に着目して菌株の免疫調節能力を検討した．マイトジェン活性は，細胞増殖能を観察する方法として数多く報告されている 3-[4, 5-Dimethylthiazol-2-yl]-2, 5-diphenyltetrazolium bromide（MTT）を用いた MTT 法の改良法[7]で測定した．マウス・リンパ球細胞は，特定の微生物や寄生虫が存在しない（Specific Pathogen Free：SPF）環境下で飼育された C57BL / 6 マウス 6 週齢の雌（日本チャールズリバー，横浜）を購入後，飼料および水を自由摂取させて 1～2 週間育てたマウスの脾臓から無菌的に採取した．採取したリンパ球細胞は洗浄後，10mM の HEPES，50μM の 2‐メルカプトエタノール，100U / ml のペニシリン，100μg / ml のストレプトマイシン

第 5 章　乳酸菌による免疫調節作用の検討およびそれらを利用したアレルギー低減化食品等の開発

および 10％の NuSerum（Becton Dickinson, NJ, USA）を含む RPMI1640 培地（Sigma, ST, USA）に浮遊させ，$5×10^5$ / well になるように 96 穴マイクロプレートに分注した．選抜菌株は各々生育培地にて培養後，PBS で遠心洗浄の後，PBS に懸濁して凍結乾燥菌体で 2 mg / ml の濁度に調整して超音波破砕した．この菌体破砕液を殺菌処理（65℃，30 分間）後，細胞の培養培地で試験濃度（100 μl / ml）になるように添加し，37℃，5％CO_2 存在下で 48 時間培養した．培養終了後，MTT 溶液を添加し，3 時間培養後，生じた MTT ホルマザンを溶解，呈色させた後に吸光度をプレートリーダーで測定し，以下の式により刺激指数（Stimulation Index：S.I.）値を算出した．

　S.I. 値 = 選抜菌を含む well の吸光度／対照 well の吸光度

　乳酸桿菌およびビフィズス菌という菌属の間にはマイトジェン応答において特徴的な差が認められた．相対的にビフィズス菌の活性は乳酸桿菌よりも強かった（図 5‐4）が，同じビフィズス菌の菌種でも菌株間の差はきわめて大きく，マイトジェン活性の強弱も菌種によるものではなく菌株によるものであった．ビフィズス菌に比べ活性の低い乳酸菌でも陽性の菌株があり（図 5‐5），乳酸桿菌もビフィズス菌同様に，選抜菌株には免疫賦活による免疫調節が期待された．

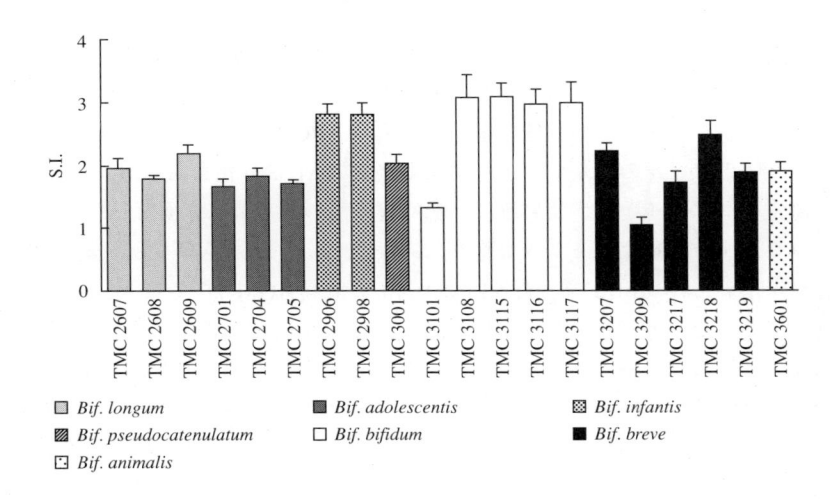

図 5‐4　選択ビフィズス菌株のマウス脾臓細胞に対するマイトジェン（増殖）活性
　　　　（平均±標準偏差）

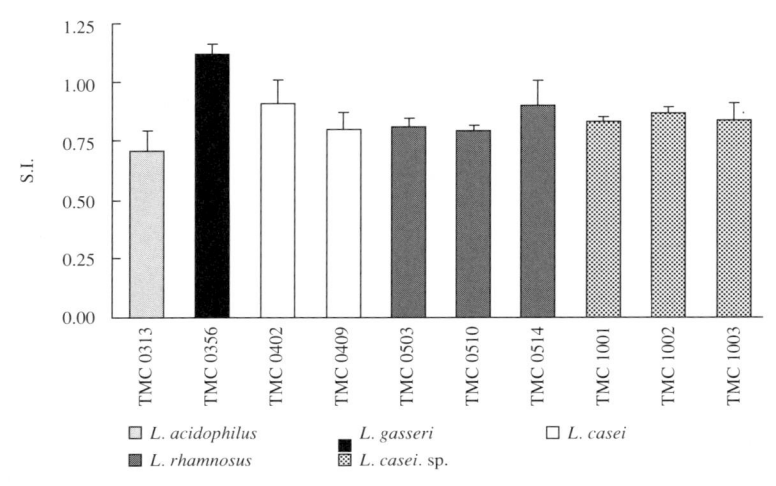

図5-5 選択乳酸菌桿菌のマウス脾臓細胞に対するマイトジェン（増殖）活性（平均±標準偏差）

2・3 抗原提示細胞（J774.1株）のサイトカイン産生に及ぼす影響

選抜菌が免疫組織に取り込まれた際，通常の異物同様に最初に抗原提示細胞（antigen presenting cells：APC）に取り込まれ，T細胞に提示されると考えられる．また，APCはナイーブT細胞のT helper 1（Th1），Th2への分化に関与するサイトカインを分泌する．I型アレルギーにはTh2が関与し，Th1/Th2のバランスがTh2に偏った状態であると考えられている．そこで，マウス・マクロファージ様細胞株を用い選抜菌のAPCに与える影響をAPCが分泌するサイトカインのなかでナイーブT細胞をTh1に分化させるIL-12を中心に測定し，アレルギー症状の改善に働く可能性のある菌株を検討した．

マウス・マクロファージ様細胞株であるJ774.1（理化学研究所・細胞開発銀行）を用い，10%FBSを含むRPIM 1640培地（SIGMA）で37℃，5%CO_2存在下培養した．サイトカイン測定試験ではJ774.1細胞の細胞数が$5×10^5$/wellになるように24穴プレートに分注し，2・2と同様に処理した選抜菌の菌体破砕液を試験濃度（50μg/ml相当）になるように添加して，37℃，5%CO_2存在下24時間培養した．培養終了後培養上清を回収し，培養上清中に分泌されるサイトカイン（IL-6，12他）を市販のELISAキット（ENDOGENE）を用い，プレートリーダーで測定した．

図5-6に示すように，ビフィズス菌ではすべての菌株がIL-6の分泌を大

幅に促進した．そのなかでも *Bif. bifidum* TMC3115 株が最も高い値を示した．一方，乳酸桿菌も量的にはビフィズス菌に比べ低かったが，すべてにおいて IL‐6 の分泌を促進した．唯一マイトジェン活性を示した TMC0356 株が比較的高い促進効果を示した．この結果，全体でマイトジェン応答性ときわめて強い相関（r = 0.93）が認められた．

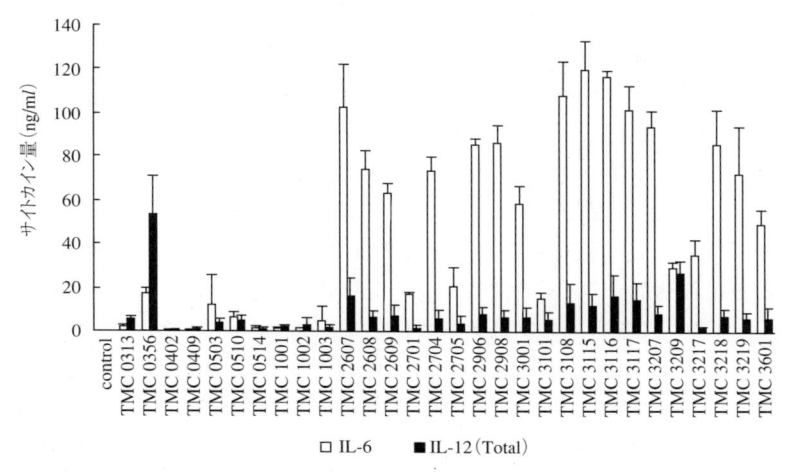

図5‐6 マウス・マクロファージ様細胞 J774.1 株のサイトカイン産生に及ぼす選択プロバイオティクス菌株の影響
（平均±標準偏差）

　IL‐12 については，ビフィズス菌はレベルの違いはあるものの全菌株が分泌を促進した．高い活性を示したのは *Bif. bifidum* の 4 菌株（TMC3108，3115，3116，および 3117）で，逆に *Bif. bifidum* でも TMC3101 株は相対的に低いレベルを示した．この結果からも，これまでの試験と同様にこの免疫調節能も菌種ではなく菌株によるものと思われた．乳酸桿菌もすべての菌株において IL‐12 の分泌を促進した．中でも唯一マイトジェン活性を示した TMC0356 株が特に高い値を示し，ビフィズス菌を併せた全供試菌株中で最高値を示した．乳酸桿菌の結果はマイトジェン応答性でポジティブな株と強い相関（r = 0.80）がみられる結果となった．

　各々の菌株が分泌誘導したサイトカイン量は菌株によって大きく異なり，また各々の菌株によって 2 種類のサイトカインに対して促進する量も異なっていた．例えば，IL‐6 を多量に促進した株が多量に IL‐12 も促進するとは限ら

ず，その性質も菌株に依存すると思われた．

これまでの結果とプロバイオティクスの基礎性質である腸管付着性などを加味して TMC0356, TMC0514, TMC2908, TMC3116, および TMC3117 の 5 菌株を選抜して，以後の試験を実施した．

§3. 3 次スクリーニング：免疫調節の方向性
3・1　マウス脾臓細胞にサイトカイン産生に及ぼす影響

選抜 5 菌株が J774.1 株のような単一種の樹立細胞ではなく，実際の生体の免疫組織である脾臓から分離した様々な種類の免疫細胞が混在する初代培養細胞におけるサイトカイン産生に及ぼす影響を検討した．

マウスは，SPF 環境下で飼育された C57BL/6 マウスの 6 週齢，雌（日本チャールズリバー（株））に飼料および水を自由摂取，自由給水で群飼育し 1～2 週間の順化させた後 7～8 週齢のマウスから脾臓細胞を採取した．脾臓細胞はクリーンベンチで無菌的に細胞懸濁液を調製した．試験は，24 穴プレートに生細胞数 5×10^6 / well で細胞懸濁液を播き，2・2 と同様に処理した選抜菌の菌体懸濁液を試験濃度（50μ g / ml 相当）になるように添加し，全体量を 1,000 μl / well に調整して 37℃，5％CO_2 存在下で培養した．24 時間培養後，培養液を回収し，遠心分離（3,000 rpm，5 分間）で細胞残渣を除いた培養上清中のサイトカイン，IL‐2, IL‐4, IL‐5, IL‐6, IL‐10, IL‐12（p40 & p70）およびインターフェロン（interferon：INF）‐γ を市販の ELISA キット（Amersham pharmacia biotec, England および ENDOGEN）を用いて測定した．

その結果は，図 5‐7, 5‐8 に示したように菌株によって大きく異なったが，サイトカイン別で見るといずれの菌株も IL‐4, IL‐5, IL‐6 といった Th2 型の主たるサイトカインの誘導を示さず，主に Th1 型のサイトカイン（IL‐12 および IFN‐γ）を誘導した．IL‐12 に対する誘導では，TMC0356 株をはじめ，ほとんどの菌株がマクロファージ様樹立細胞 J774.1 株のときと同様に高い誘導を示した．一方で，TMC0514 株は J774.1 において高い誘導を示さなかったにもかかわらず，マウス生体由来の細胞においては樹立細胞系の結果とは異なり，TMC0356 株に次いで高い誘導を示した．IFN‐γ に対する誘導では，TMC0356, TMC3116 および TMC3117 株が高い誘導を示した．IFN‐γ の産生には，IFN‐γ を分泌する Th1 細胞へのナイーブ T 細胞の分化とそれに働く IL‐12 が必要である．一方，分化した Th1 細胞もその活性化の刺激によって

産生する IFN‐γ の量が変動すると思われる．そこで T 細胞を活性化する IL‐2 産生量も IL‐12 同様 IFN‐γ の産生に大きく影響するものと思われる．IL‐2 産生量に対する誘導では，TMC3116 株と TMC3117 株は他の菌株に比べ高く誘導した．IL‐2 が Th1 細胞を活性化した結果，IFN‐γ の産生量を促進したものと思われた．

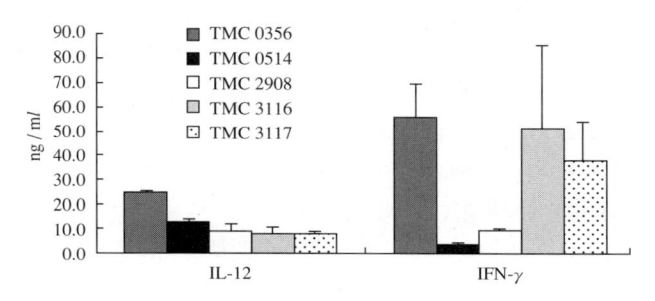

図5‐7　マウス脾臓細胞培養上清中のサイトカイン量
（平均±標準偏差）

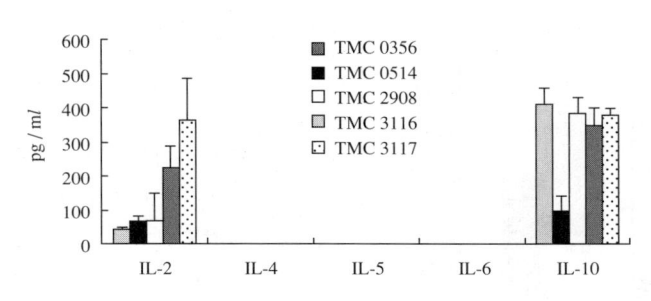

図5‐8　マウス脾臓細胞培養上清中のサイトカイン量
（平均±標準偏差）

　これらの in vitro 試験の結果，各種の免疫細胞が混在する初代培養細胞系でも選抜 5 菌株は Th1 型のサイトカインを誘導した．このことから，in vivo（実験動物；マウス）においても同様の働きが期待された．

3・2　マイトジェン刺激したマウス脾臓細胞に及ぼす影響

　in vitro のモデル試験としてマウスの免疫組織（脾臓）細胞を用い，T 細胞マイトジェンであるコンカナバリンA（concanavalin A：Con A）を用いて，免疫過剰反応状態モデルを作り出した．これと同時に選抜菌株を加えることで，免疫過剰反応状態における選抜菌の及ぼす影響を検討した．選抜菌と脾臓細胞

懸濁液は試験2・2と同様に調整して供試した．細胞液は96穴プレートに細胞数 $5×10^5$ / well で播き，Con A (SIGMA) および選抜菌の菌体懸濁液をそれぞれ最終濃度が（2μg / ml，50μg / ml）になるように加え，37℃，5%CO_2存在下で24時間培養した．培養終了後，MTT法の改良法[4]で測定し，以下の式によりS.I.値を算出した．

S.I.値 ＝ 選抜菌を含むwellの吸光度／対照wellの吸光度

脾臓細胞のサイトカイン産生に及ぼす選抜菌株の影響は，脾臓細胞液を24穴プレートに $5×10^6$ / well で播き，菌体懸濁液とCon Aを加え，37℃，5%CO^2存在下で培養した．24時間培養後，培養液を回収し，遠心分離で得た培養上清中のサイトカインの量を市販のELISAキット（Amersham pharmacia biotec と ENDOGEN）を用いて測定した．

その結果，図5‐9に示したようにいずれの菌株添加試験区でもCon A単独に比べ，増殖を促進することはなかった．中でもTMC0514株は他の菌株に比べ顕著な増殖抑制を示し，過剰な免疫状態（T細胞の過剰な活性化など）に対し，免疫抑制に働く可能性を示唆した．そこで，TMC0514株を免疫抑制による免疫調節株の候補に選抜し，以下**第4節**にて動物実験で検討を行なった．

また，Con Aで刺激したマウス脾臓細胞のサイトカイン産生に対する選抜菌株の影響では，Con A刺激のない状態と同様に選抜菌株はマウス脾臓細胞からのIL‐12を誘導した（図5‐10）．一方で，Ⅰ型アレルギーに関与するIL‐4産生に対して，Con A刺激のない状態と同様に選抜菌株は誘導しなかった（図5‐11）．これらの結果から，選抜菌株はTh1タイプの反応を強化することが再度示唆された．その他，供試5菌株は菌株特異的にマウス脾臓細胞からの他のサイトカイン産生を修飾した．特に，Con A刺激のない状態ではIFN‐γ誘導の劣っていたTMC0514株は，Con A刺激状況下でT細胞の増殖を抑制しているにもかかわらず，IFN‐γ誘導で5菌株中最高値を示し，

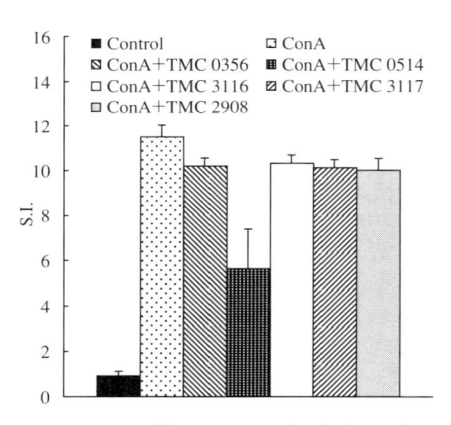

図5‐9　Con A刺激したマウス脾臓細胞の増殖に及ぼす選択菌株の影響
（平均±標準偏差）

過剰な免疫状態での免疫調節の可能性を示唆した．

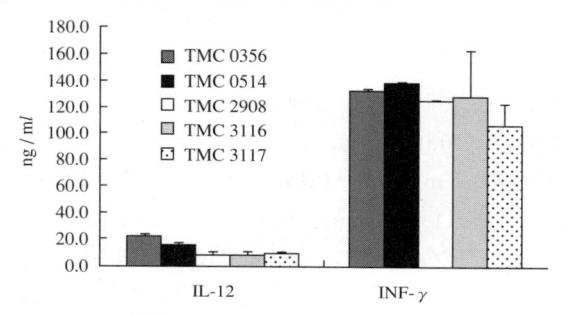

図 5-10　Con A 刺激したマウス脾臓細胞培養上清中のサイトカイン量
（平均±標準偏差）

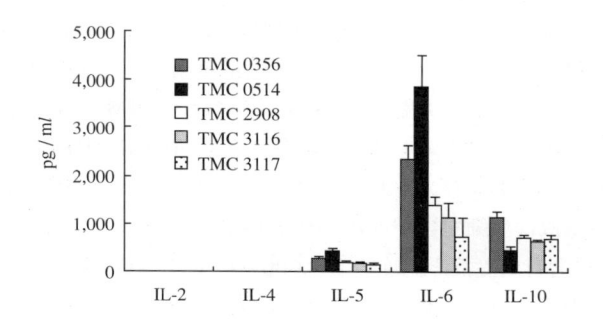

図 5-11　Con A刺激したマウス脾臓細胞培養上清中のサイトカイン量
（平均±標準偏差）

3・3　*In vivo* における免疫調節：経口投与がOVA免疫のマウスに及ぼす免疫調節

マウスは SPF の BALB / c マウス 6 週齢雄（日本チャールズリバー（株））を使用，非免疫対照群，免疫対照群，免疫および選抜菌投与の 5 群の全 7 群（各 n＝5）に分け，プラスチックケージにて試験群毎の群飼育で実施した．飼育条件は試験 2・3 と同じとした．選抜菌の経口投与は，5 株それぞれの凍結乾燥菌体の水溶液（10 mg / 200 μl - 滅菌生理食塩水）を 4 週間 1 日おきに，経口ゾンデにより胃内に強制投与した．免疫対照群ではプラセボとして PBS を 200 μl 経口投与した．免疫は，抗原に食物タンパク質である卵白アルブミン（以下 OVA）を用い，OVA 20 μg にアジュバントとして Al（OH）2 mg を加える Alum 法で抗原溶液 100 μl を調製し，マウスの腹腔内への注射で行なった．免

疫回数は選抜菌投与開始1週間後および3週間後の2回行なった．

免疫賦活作用の評価は，血清と糞便中の抗体濃度で行なった．選抜菌投与開始後28日目に血液を採取した．血清は血液を尾静脈より採取し室温で30分間放置して凝固させた後，遠心分離（3,000 rpm，5分間，5℃）して上清を得た．上清は再度遠心分離（10,000 rpm，2分間，5℃）して，この上清を血清サンプルとした．糞便は0.1 mg / ml ‐ PBST（0.5% Tween 20 含有 PBS）で溶解した溶解液を遠心分離（1,000 rpm，10分間）した上清をサンプルとした．血清サンプル中の総免疫グロブリン（immunoglobulin：Ig）E，OVA 特異的 IgG および糞便サンプル中の OVA 特異的 IgA の抗体価を ELISA 法で測定した．なお，各試験群間の統計処理は Student‐t 検定で行なった．

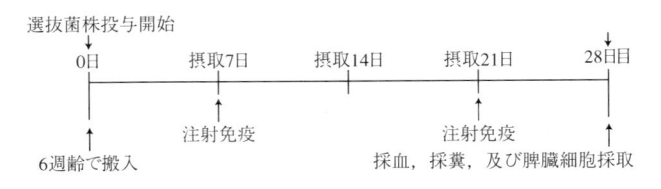

また，選抜菌投与開始後28日目のサンプル（血液，糞便）回収後，マウス免疫担当細胞（脾臓）から無菌的に細胞を採取，2・2と同様に細胞液を調製し $in\ vitro$ で培養したときのサイトカイン産生量を測定し，抗体価との関連を検討した．ただし，培養液は非働化 FBS を10%含む RPIM 1640 培地（SIGMA の RPIM 1640 培地に 2‐メルカプトエタノール 50 μM，HEPES 10 mM，ペニシリン 100U / ml およびストレプトマイシン 100 μg / ml を添加・調製済み）を用いた．細胞液は生細胞数が 5.0×10^6 / well になるように24穴プレートに分注し，OVA 含有培養液を添加して 1,000 μl / well（OVA 最終濃度 200 μg / ml / well）になるように調整，37℃，5% CO_2 存在下で培養した．72時間培養の後，培養液を回収して，遠心分離（2,500 rpm，5分間）により細胞残渣を除いた培養上清を得た．培養上清は測定まで－80℃で保存した．培養上清中のサイトカインとして IL‐2，IL‐12（p40 & p70）および IFN‐γ の産生量を市販の ELISA キット（Amersham pharmacia biotec および ENDOGEN）を用いて測定した．試験スケジュールは図5‐12の通りである．

```
          選抜菌株投与開始
              ↓
     0日      摂取7日    摂取14日   摂取21日         28日目
     ├─────────┼─────────┼─────────┼─────────────┤
              ↑                    ↑              ↑
            注射免疫              注射免疫
  6週齢で搬入                   採血，採糞，及び脾臓細胞採取
```

図5‐12　マウス OVA 免疫試験スケジュール

試験の結果，血清中の総 IgE 抗体価が TMC0356 投与群では，免疫対照群に比べ有意（$p < 0.01$）に減少した（図5‐13）．また血清中の OVA 特異的 IgG

でも TMC0356 投与群が他の菌株に比べ減少傾向を示した（データ未掲載）．糞便中の OVA 特異的 IgA では，試験群間に大きな差はなかったが，TMC0514 投与群が増加傾向を示した（データ未掲載）．

マウス血清中の総 IgE 抗体価を有意に減少させた TMC0356 株は，生体内において Th1 型の免疫応答を増進し，Th1/Th2 のバランスを改善したと考えられる．これらのことからⅠ型アレ

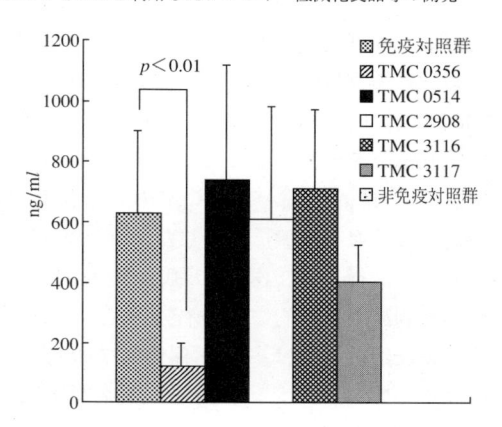

図5‐13　OVA 免疫マウス血清中の総 IgE 量
（平均±標準偏差）

ルギー抑制などの免疫調節に働く可能性を示した．一方で，TMC0514 株は体液性免疫を促進することを確認した．

なお，このときのマウス免疫担当組織である脾臓細胞を *in vitro* で培養した場合のサイトカイン産生量は，血清中の総 IgE 抗体価を有意に減少させた TMC0356 株は免疫対照群に比べ，ヘルパー T 細胞の Th1 への分化誘導サイトカインである IL‐12 と T 細胞を活性化するサイトカインである IL‐2 において若干ではあるが高い誘導が確認され，*in vivo* における血清中の IgE 抑制状態を反映していた（図5‐14）．

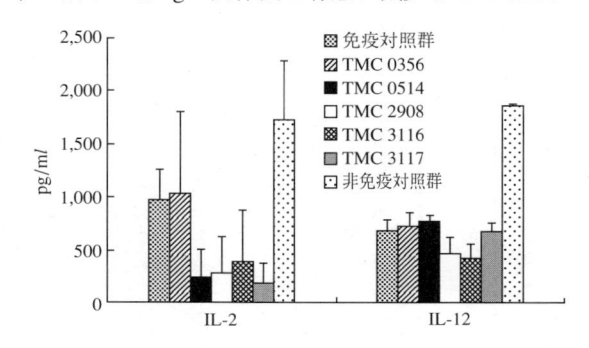

図5‐14　選択菌株を投与したマウス脾臓細胞を培養したときのサイトカイン量
（平均±標準偏差）

3・4　健常人末梢血リンパ球への選抜菌の及ぼす影響の検討

これまで我々はマウスを用いて免疫調節に働く菌株を選抜してきたが，ヒトの臨床試験に備えて，実際に選抜菌 5 株がヒトの免疫細胞に及ぼす影響を細胞株などの樹立細胞系による試験ではなく，実際にヒト免疫担当細胞で検討した．

細胞は入手可能なヒトの免疫系細胞として末梢血リンパ球とした．

本試験の実施に際しては，臨床試験に準じ，ヘルシンキ宣言（1964 年承認，2000 年修正，2002 年注釈追加）に基づいて倫理委員会を設置し，倫理委員会の試験承認を得て行なった．社内ボランティアには，今回の試験の目的，方法，採血量（70 ml）などについての十分な説明を行ない，採血に同意した 5 名を最終的な採血（被験）者とした．ボランティアの平均年齢は 35 歳（26〜44 歳）であった．採血は，医院において医師による問診および血圧測定の結果，問題ないと判断した場合にのみ行なった．採取した血液からのリンパ球の分離ならびに免疫活性試験は，（株）保健科学研究所（横浜）で行なった．免疫賦活能の指標としてマイトジェン活性（細胞増殖能）を ^{3}H‐Thymidine の取り込みで測定した．以下の式により S.I. を算出した．

S.I. ＝ 試験群の ^{3}H‐Thymidine 量／対照群の ^{3}H‐Thymidine 量

また，免疫が過剰反応した状態に選抜菌株が及ぼす影響を既知のヒト T 細胞マイトジェン物質である phytohemagglutinin（PHA）を用いて刺激することで作り出し，増殖率で測定した．選抜菌株のサンプルは試験 2・2 と同様に調製した．加えて，陽性対照に一般的なグラム陰性菌である大腸菌 *Escherichia. coli* の基準株 JCM1649^T（理化学研究所・ジーンバンク，つくば）を設定し，選抜菌株同様に調製して用いた．

対照（培地のみ）に対する S.I. で判定した結果，乳酸桿菌の TMC0356 株のみが陽性判定を示し，それ以外の選抜菌株はプラスマイナスから擬陽性であった（図 5‐15）．一方で，陽性対照とした大腸菌 *E. coli* JCM1649T 株は，きわめて明確な陽性反応を示した．TMC0356 株は過剰反応を起こさずに健常成人の免疫系を活性化し，健常人の免疫系においても有効な免疫調節が期待できることが示唆された．

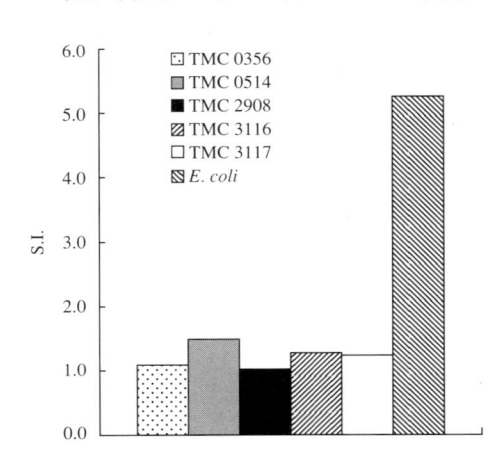

図 5‐15　選択菌株の健常成人の抹消血リンパ球に対するマイトジェン活性

PHA で刺激したリンパ球の増殖に対する選抜菌株の影響は，

PHA 単独に比べ，いずれの菌株も大腸菌のように相乗的に増殖を促進することはなく，過剰な免疫状態を促進しないものと思われた．なかでも TMC0356 株は他の菌株に比べ，顕著な増殖抑制を示し，T 細胞の過剰な免疫状態に対して，免疫抑制的に働く可能性が示唆された（未表示）．

§4. TMC0514株の免疫抑制の検討（*in vivo* 試験；TMC0514 株の経口摂取が NC / NgaTnd マウスに与える影響）

TMC0514 株はきわめて有意に腸管付着性を示し，プロバイオティクスとしてきわめて優秀な菌株である可能性が確認された．また，3・2 の章のマウス試験の結果，他の菌株に比べ，過剰な免疫状態（T 細胞の過剰な活性化など）において免疫抑制に働く可能性を示唆した．また，経口投与により分泌型の IgA 産生量を増すことを確認しており，「Th2 が過剰に発現したアレルギーに対して Th1 を賦活するプロバイオティクスを摂取することで Th1 / Th2 のバランスを改善し，アレルギー症状を改善する」仮説とは別に，プロバイオティクスの免疫調節として免疫抑制に働く可能性を TMC0514 株で検討することとした．その対象にアトピー性皮膚炎（atopic dermatitis：AD）を想定して試験を行なった．AD は日本皮膚科学会の診断基準[8]では，「増悪・寛解を繰り返す，掻痒性湿疹を主病変とする疾患で，患者の多くはアトピー素因をもつ」と定義されており，AD とはアトピー素因をもったヒトが，アレルゲンに遭遇したときに身体が引き起こす過剰な生体防御反応の結果，皮膚に現われる痒覚の強い慢性湿疹のことである．この AD はアレルギー性疾患のなかでも新生児より発症が認められ，遺伝や環境など様々な素因が関与しているとも言われている．一方，プロバイオティクスのある菌株はそれを摂取することにより AD の遺伝的素因を有する両親から産まれた幼児の AD 症状を半減するヒトの臨床報告[9]がある．AD 様の皮膚炎を自然発症するモデルマウスを用いて選抜菌を検討することで，自然発症の臨床評価が得られれば，ヒトの場合と異なりマウスではより詳細なメカニズムの検討が可能である．

NC / NgaTnd マウス（以下，NC マウス）は日本で古くから愛玩用に飼育されていたねずみ（名称ニシキネズミ）を近交系として 1957 年名古屋大学の近藤らによって確立した系統で，東京農工大学の松田教授らのグループが空気中の微生物制御を行なわない通常環境下（以下 conventional 環境）で飼育すると掻痒性皮膚炎を自然発症し，その皮膚炎が臨床的・病理組織学的にヒトの AD と酷

似することを見いだし[10]，世界で初めての AD 自然発症モデルマウスとして国際的に認知されつつあるマウスである．本試験では先の報告[9]と同様に，誕生以前の妊娠中の胎児期から長期間にわたって選抜菌株の影響下におく方法で実施した．TMC0514 株を含む飼料として，通常NC マウスの飼料として用いているオリエンタル酵母（株）製のマウス用飼料 CRF‐1 を基準に TMC0514 株凍結乾燥菌体の粉末（生菌数で 4.0×10^{11} cfu/g）1％を含む試験飼料（以下 TMC 飼料）を作成（オリエンタル酵母（株））して供した．試験は conventional 環境下で飼育・維持されている性成熟した NC マウスを用いて実施した．妊娠の兆候が確認された雌マウスを別のケージに 1 匹毎に隔離し，TMC0514 株摂取群および対照群の 2 群に分け，それぞれに専用食による飼育を開始した．対照群は CRF‐1 をそのまま，TMC0514 株摂取群は TMC 飼料を自由摂取させた．母マウスが出産し，仔マウスは離乳後も各々の試験群で各々専用の飼料を継続して摂取させることで，胎児期から 12 週齢に至るまで TMC0514 株の影響下に置いた．

4・1 NC / NgaTnd マウス臨床症状に与える影響

仔マウスの臨床所見を AD の臨床症状の評価基準[11]に基づき，①掻痒感，②発赤・出血，③浮腫，④擦創・糜爛，⑤痂皮形成・乾燥の 5 項目について無症状，軽度，中等度，高度の 4 段階に分類，それぞれを 0～3 とし，その重篤度を指標として 6 週齢からの 12 週齢まで測定した．最終的な臨床症状のスコアは12 週齢時とし，両試験群間の統計処理は Mann-Whitney's-U 検定で行なった．

その結果，通常 NCマウスの皮膚炎が発症し始める 7～8 週齢[10]からは対照群が著しい値（症状）を示し始めたにもかかわらず，TMC0514 株摂取群はほとんどが無症状か，軽度で，著しい皮膚炎症状はみられず，

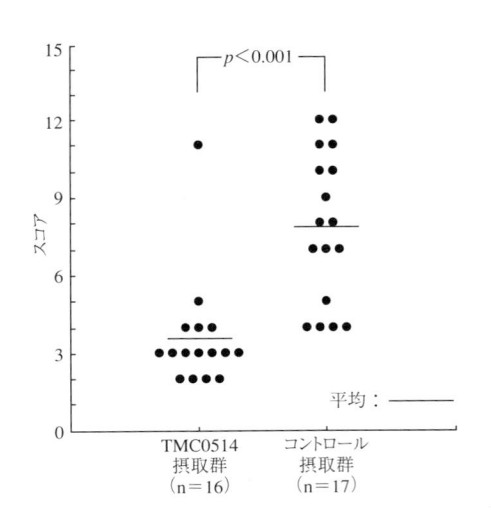

図 5‐16 TMC0514 株の長期摂取による Nc / NgaTnd マウス（12週齢）のアトピー様皮膚炎のスコア

臨床スコアの総合スコアもほとんど上昇しなかった．12週齢時にもほとんどの個体が低いスコアを示した（図5-16）．その結果，TMC0514株摂取群および対照群との間にきわめて有意な（$p<0.001$）差を示し，TMC0514株はマウスのAD様皮膚炎の発症予防に働いた（図5-17, 5-18：巻頭口絵）．

4・2 NC/NgaTndマウス皮膚の病理学的検討

仔マウスの皮膚組織に与えた影響を病理学的に検討した．肥満細胞数の算出をトルイジンブルー染色（図5-19, 5-20：巻頭口絵）により測定し，好酸球数の算出をコンゴレッド染色で測定した．TMC0514株摂取群は，図5-21，5-22に示したように臨床症状を反映して肥満細胞および好酸球の皮膚組織への浸潤（細胞数）を通常食群の半分以下ときわめて有意（$p<0.001$）に抑制していた．また，通常食群の皮膚組織に見られる多くの肥満細胞からは顆粒球の存在が認められず，これは肥満細胞が活性化され内部にヒスタミンなど炎症性物質を保持している顆粒球をすでに放出した脱顆粒状態であることが確認された．TMC0514株摂取群は，通常食群に比べ，活性化され顆粒球を放出した脱顆粒肥満細胞数が1/10以下と極端に低く，全肥満細胞に占める脱顆粒細胞の割合でも1/4以下ときわめて低かった（表5-3, 5-4）．

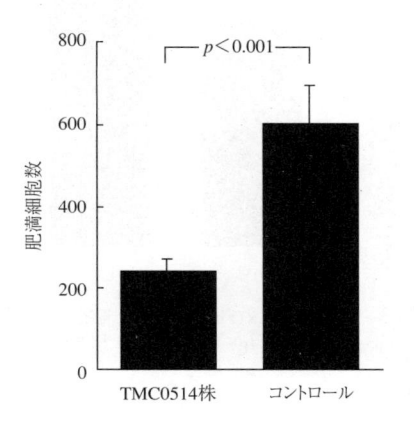

図5-21　NC/NgaTndマウス背部皮膚組織中の肥満細胞数（1 cm^2）
（平均±標準誤差）

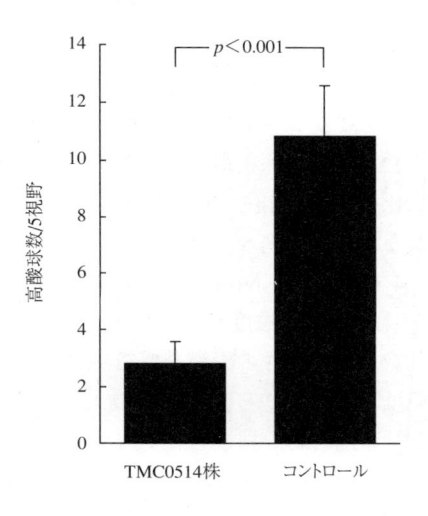

図5-22　NC/NgaTndマウス背部皮膚組織中の好酸球数
（平均±標準誤差）

表5-3 NCマウス背部の肥満細胞数とその状態

	肥満細胞数					
	TMC0514株摂取群			コントロール群		
	顆粒	中程度の脱顆粒	激しい脱顆粒	顆粒	中程度の脱顆粒	激しい脱顆粒
平　均	234.0	8.7	0.8	568.2	30.9	8.5
標準誤差	24.1	1.8	0.3	76.1	7.9	2.5

表5-4 NCマウス背部の全肥満細胞に占める顆粒球状態による比率

	脱顆粒した肥満細胞の比率（％）					
	TMC0514株摂取群			コントロール群		
	顆粒	中程度の脱顆粒	激しい脱顆粒	顆粒	中程度の脱顆粒	激しい脱顆粒
平　均	96.3	3.4	0.3	94.7	4.2	1.1
標準誤差	0.6	0.5	0.1	0.7	0.5	0.2

4・3　NC/NgaTnd マウス血清中の IgE への影響

12 週齢時の試験マウスおよび対照マウスの血液を採取し，血清中総 IgE を測定した．IgE の測定は酵素免疫測定法（Enzyme Immunoassay：EIA）による市販の測定キット（マウス IgE 測定キット「ヤマサ」EIA，ヤマサ醤油，東京）を用いてプレートリーダーで行なった．

TMC0514 株摂取群は対照の通常食群に比べ，血清 IgE の有意な減少は確認されなかった（図5-23）．

4・4　NC/NgaTnd マウス局所免疫（IgA 濃度）への影響

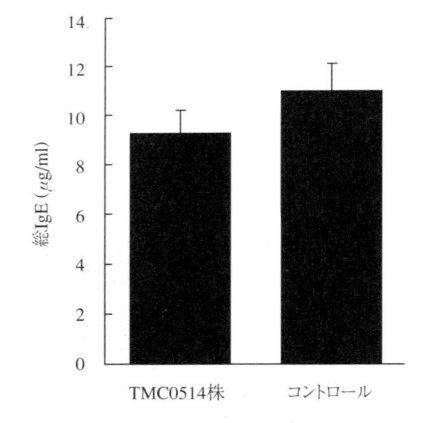

図5-23　NC/NgaTnd マウス（12 週齢）血清中の総 IgE 濃度（平均±標準誤差）

TMC0514 株の影響を腸管免疫（局所免疫）の視点から，分泌型の IgA への影響で検討した．12 週齢時の糞便および結腸内容物を採取して IgA を測定した．糞便重量の 9 倍量の PBST（0.05％ Tween 20 加 Phosphate-Buffered Salines）液を加え，糞便を潰して糞便抽出液を調製した．この糞便抽出液を遠心分離（3,000 rpm/5min）して残渣を除き，上清を 400μl チューブに分注して測定まで−80℃で保存した．IgA の測定は ELISA 法で行なった．結腸内容物は NC マウスの免疫組織採取のための

解剖の際に採取して,糞便同様に調製して測定した.

TMC0514株摂取群NCマウスは,対照の通常食NCマウスに比べ,糞便および結腸内容物のIgAが増加の傾向(データ未掲載)を示し,局所免疫の賦活に働いている可能性を示した.

4・5 NC / NgaTndマウスの菌叢

TMC0514株はNCマウスの腸内菌叢にも影響して全身および局所の免疫調整に影響した可能性があるので,NCマウスの微生物叢に与えた影響を蛍光 *in situ* ハイブリダイゼーション(Fluorescence *in situ* hybridization:FISH)により検討した.Bacterioides, bifidobacteria, lactobacilli / enterobacteria, Clostridia および *E. coli* の6菌群を検出するプローブはタカラバイオ(株)(大津)にて委託合成した.総菌数の観察はDAPI染色で行なった.

TMC0514株摂取群のNCマウス腸内菌叢は,通常食群のそれと比較して総菌数を含む今回検討したすべての菌属において差がみられなかった(データ未掲載).TMC0514株は今回の試験ではNCマウスの腸内フローラの構成に影響せず,免疫調節はTMC0514株単独の効果であることが示差された.

4・6 NC / NgaTnd マウス各組織におけるサイトカインmRNA発現

RNA-RNAの相互作用を利用して発現定量をするRNase Protection Assay (RPA)法によって各組織のサイトカインmRNAの発現を定量し,TMC0514株の免疫調節のメカニズム解析を行なった.GAPDHに対する各プローブmRNA発現量の相対的な比較にIntensityを用いて定量化した.Intensityの解析ソフトはBasic Quantifier(ジェノミックソリューションズ)を用いた.

TMC0514株摂取群は,皮膚でIL-10およびTGF-βの増加と,IL-4,

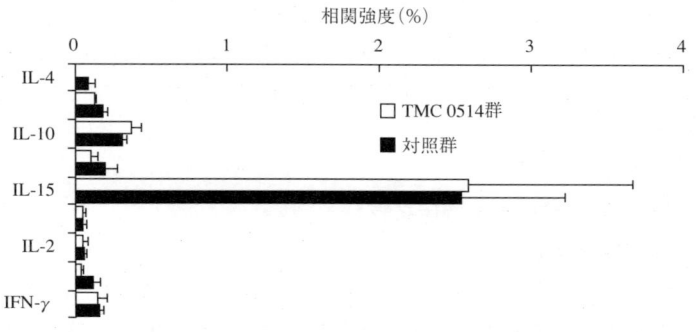

図5-24 NC/NgaTndマウス背部におけるmRNA発現
(平均±標準誤差)

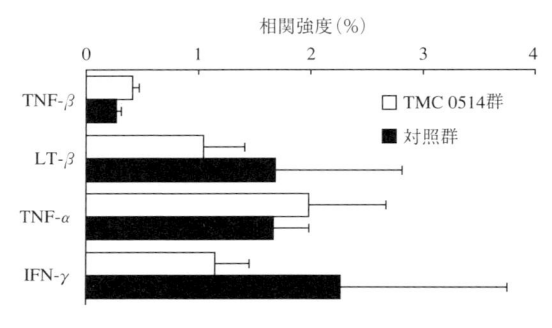

図5-25 NC/NgaTnd マウス背部皮膚における mRNA 発現（平均±標準誤差）

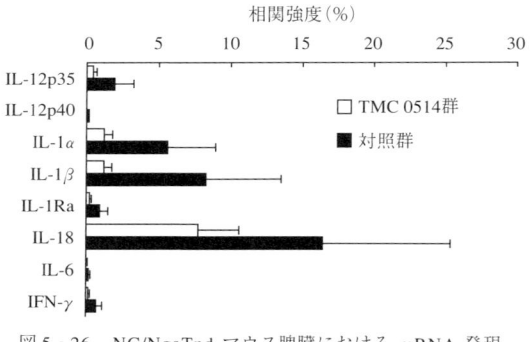

図5-26 NC/NgaTnd マウス脾臓における mRNA 発現（平均±標準誤差）

IL-5, IL-6, IL-13 および IFN-γ の減少が確認された（図5-24, 5-25）．脾臓のでは，IL-1（α，β），IL-12, IL-18 の減少（図5-26）が確認された．パイエル板組織はサンプル量が少なく十分な分析はできなかった．

この結果，TMC0514 株を経口投与した供試マウスの皮膚および脾臓細胞からの IL-4, IL-12, および IFN-γ の産生が低減されており，供試マウスの Th1 および Th2 の免疫応答が抑えられたことが示唆された．また，TMC0514 株摂取マウスの IL-10 および TGF-β の産生が増加しており，Regulatory T 細胞が活性化されたことが示唆された．

これらの結果から TMC 0514 株の NC/NgaTnd マウスのアトピー様皮膚炎の発症予防効果は，おそらくこの菌株が免疫担当細胞の Regulatory T 細胞を活性化することによって Th1 および Th2 の両免疫応答を抑制したことによるものと考えられた．

§5. TMC0356 株のヒト臨床試験
5・1 基礎性状と遺伝学的同定

TMC0356 株の評価をヒトが経口摂取する *in vivo* で行なうに当って，乳酸菌としての基礎性状，安全性および機能を再確認し，ヒト臨床試験の実施にむけて基礎資料を得る目的で試験を行なった．結果，TMC0356 株はカタラーゼ陰

第5章 乳酸菌による免疫調節作用の検討およびそれらを利用したアレルギー低減化食品等の開発

性,発酵型式はエタノールを産生しないホモ発酵 ($C_6H_{12}O_6 \rightarrow 2C_3H_6O_3$) で,生成される乳酸は DL 型であった (F‐キットによる;ロシュ・ダイアグノスティックス社製,(株) J.K. インターナショナル販売).

次に,乳酸菌同定キット API50 CH(日本ビオメリュー社)を用いて 50 種類の糖の発酵性を確認し,同社の同定ソフト APILAB PLUS (V‐3.3.3) およびデータベース API50 CHL ver.5 を用いて「乳酸菌の糖の発酵」という生理学的性状による同定を行なった結果,TMC0356 株は 81.1％の同定確立で *L. acidphilus* ということが示された.しかし,今日の微生物の分類学的な同定では,生理学的性状(表現形質)だけでなく,分子遺伝学および分子生物学的手法による同定も行なわれている.現在,乳酸菌は GC 含量(DNA 塩基組成)測定および 16S Ribosomal DNA 遺伝子(16S rDNA)の塩基配列解析によって帰属分類群が得られる.そこで,TMC0356 株の GC 含量および 16S rDNA-Full 配列から遺伝学的同定を客観性も考慮して(株)NCIMBJapan に依頼していった.

GC 含量の測定については川村らの方法[12]により DNA を抽出,精製して,ヌクレオチドとした DNA を高速液体クロマトグラフィーにて測定[13]した(図5‐27).その結果,GC 含量は 34.1％であった.この値は Bergey's Manual of Systematic Bacteriology Vol.2 における *L. gasseri* GC含量の範囲 (33～35％) であり,また,基準株 (DMS 20243) の GC含量 34％とほぼ一致した.

16S rDNA-Full 配列解析は MicroSeq を用いた解析の結果,TMC0356 株は *L. gasseri*[14] と最も高い相同性を示した.両者の 16S rDNA 間の相違点は 1 塩基のみであった.分子系統樹上も TMC0356 株の 16S rDNA は *L. gasseri* の 16S rDNA とほぼ同じ場所に位置し

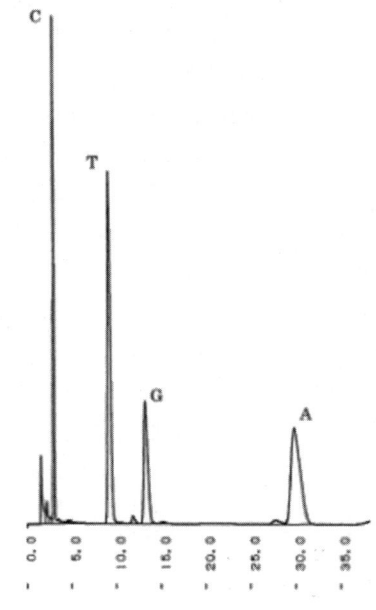

図5‐27 TMC0356株ヌクレオチドのHPLCのクロマトグラム
C:シトシン,T:チミン,G:グアニン,A:アデニン

た．BLAST[15]を用いたGeneBank / DDBJ / EMBL に対する相同性試験の結果，TMC0356 株の 16S rDNA は相同率 100％で L. gasseri ATCC33323 株の 16S rDNAと一致した．また，検索された上位 10 株は L. gasseri 由来の 16S rDNAでほぼ占められた．これらの結果から，最終的に TMC0356 株を L. gasseri に帰属する菌株と推定した．

5・2　安全性の確認（急性毒性試験）

TMC0356 株の安全性を雌マウスによる急性毒性試験（限度試験）にて検討した．TMC0356 株は MRS 培地にて培養後，集菌，凍結乾燥したものを用いた．

マウスは 5 週齢の ICR 系雌マウスを日本エスエルシー（株）から購入し，1週間予備飼育を行なって一般状態に異常のないことを確認後，試験に使用した．マウスはポリカーボネイト製ケージにて試験群および対照群各 5 匹収容し，室温 23±2℃，照明時間 12 hr／日に設定した飼育室にて飼育した．飼料（マウス，ラット用固形飼料；ラボ MR ストック，日本農産工業（株））および飲料水（水道水）は自由摂取させた．試験群および対照群ともにそれぞれ 5 匹を用い，菌体投与前に 4 時間絶食させた．体重を測定後，試験群には凍結乾燥菌体の投与量として 5,000 mg／kg（試験液の投与量として 20 ml／kg）となるように胃ゾンデを用いて強制単回投与した．対照群には蒸留水を同様に投与した．観察期間は 14 日間とし，投与日は頻繁に，翌日からは 1 日 1 回観察を行なった．投与後 7 および 14 日目に体重を測定し，t‐検定により有意水準 5％で群間の比較を行なった．観察期間終了後に動物をすべて解剖した．その結果，観察期間中に異常および死亡例は認められなかった．この結果，TMC0356 株のマウスにおける単回投与による半数致死量（50％ lethal dose：LD_{50}）値は雌では，5,000 mg／kg 以上であるものと考えられた．また投与後 7 および 14 日目の体重測定で試験群は対照群に比べ差は見られなかった（表 5‐5）．観察期間終了後の剖検では，すべての試験動物に異常は見られなかった．

表5‐5　体重変化

投与群	体重 (g)[1]		
	投与前	投与 7 日後	投与 14 日後
TMC0356 投与群[2]	26.5±1.1	29.3±0.7	31.9±2.1
対照群	26.4±1.1	28.9±2.0	30.8±2.9

[1]：体重は平均値±標準偏差で表した
[2]：TMC0356 菌体は体重 1 g 当り 5,000 mg を単回投与した

第5章　乳酸菌による免疫調節作用の検討およびそれらを利用したアレルギー低減化食品等の開発

5・3　TMC0356株のDNAの免疫賦活

細菌DNAに出現頻度の高い，メチル化されていないシトシン・グアニン・ジヌクレオチド（5'-CpG-3'）特定の塩基配列は哺乳類の免疫系を活性化し，特定の免疫反応を惹起することが知られている．TMC0356株の免疫調節機能も菌体のDNA中のCpG DNAである可能性も考えられる．そこで，TMC0356株のDNAの免疫調節機能のメカニズムを検討するためBALB/cマウスの免疫細胞（脾臓細胞）を用いて検討した．TMC0356株のDNAを抽出し，全DNAのマウス脾臓細胞に対する増殖活性を検討した．ポジティブ・コントロールとして *Escherichia coli* のLipopolysaccharide：LPS（Sigma）およびConcanavalin A：Con A（Sigma）を用いた．DNAはLimulus分析によって菌体内毒素のないことを確認済みである．増殖活性は，DNAに取り込まれた ^{3}H‐thymidine（Amersham Pharmacia Biotech）の測定で行なった．

その結果，TMC0356株のDNAはマイトジェン活性を示し（データ未掲載），TMC0356株の免疫賦活作用にはDNAが一部関与していることが示唆された．

5・4　TMC0356株を含有する食品の開発

本研究の最終目的は，免疫調節機能を有する乳酸菌を含む機能性食品の開発である．TMC0356株は生きたままでヒトの腸管に到達し，生体に有益な機能をもたらすプロバイオティクスであるので，生菌として商品化することが望ましい．また，生菌数はできるだけ多く摂取したい．選抜菌株の生育特性を調査して最適な食品の開発を行なった．加えて，弊社の特性を生かした乳酸菌含有食品を考慮した結果，発酵乳（ヨーグルト）を選択し，製品の開発を行なった．

TMC0356株の最適な生育条件の基礎項目として温度および時間を検討した．まず，最適な培養温度について温度勾配培養機 TN‐3型（東洋化学産業（株），東京）を用いて検討した．TMC0356株をMRS培地に接種し，37℃で17時間培養した培養液を，MRS培地に0.2%接種して温度勾配培養機にセットし，約10〜60℃で17時間培養し，濁度（660 nm）を測定した．TMC0356株の至適培

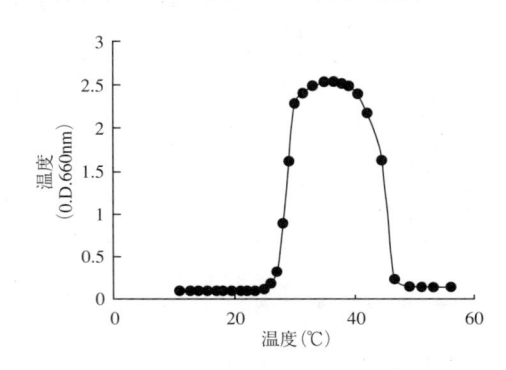

図5‐28　TMC0356株の至適温度の検討

養温度は菌体増殖を指標に測定した結果，菌体増殖は25℃付近から始まり，33～39℃で高値となり，49℃を超えると生育しなくなった．すなわち，TMC0356株の最適培養温度は35～37℃であった（図5‐28）．

次に，最適な培養時間について検討した．今回は発酵乳を想定して脱脂乳培地も検討した．TMC 0356株をMRS培地に接種し，37℃で17時間培養する．この培養液を，MRS培地，0.3％酵母エキス添加の10％脱脂乳培地に0.2％接種して37℃で培養し，培養0，5，10，17，24，36，48，60，および72時間後の酸度，pH，および生菌数を測定した．次に最適温度で，MRS培地で培養した場合，17時間で生菌数は最大となり，pHも17時間以降ほぼ一定となった．酸度は遅れて36時間以降で一定となった．10％脱脂乳＋0.3％酵母エキス培地で培養した場合，36時間で生菌数は最大となり，以降72時間までほぼ一定となった．pHは培養72時間まで緩やかに低下し，酸度もpHと同様に，培養72時間まで緩やかに上昇した（図5‐29，5‐30）．

発酵時間の試験結果からもわかるようにTMC0356株はヒト由来の乳酸菌であるために，乳中での生育速度が他の乳用乳酸菌に比べ低い．また，実際の製造においても発酵時間の短縮は重要な課題である．そこで，乳でTMC0356株がより短時間に発酵できるミックスを調製するため，乳酸菌類が資化しやすい糖もしくは発酵促進剤を添加した発酵乳のベースミックスを検討した．まずは，牛乳ベースで固形分を上げるため脱脂粉乳を加え，TMC0356株が資化す

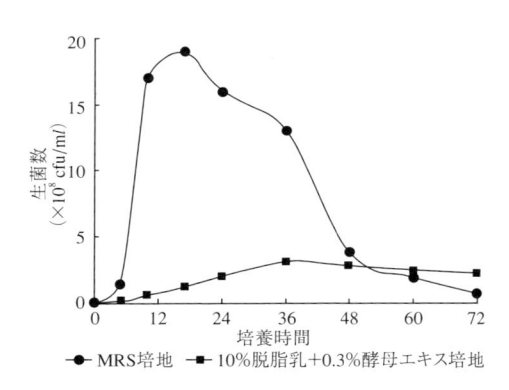

図5‐29 至適温度におけるTMC0356株の生育

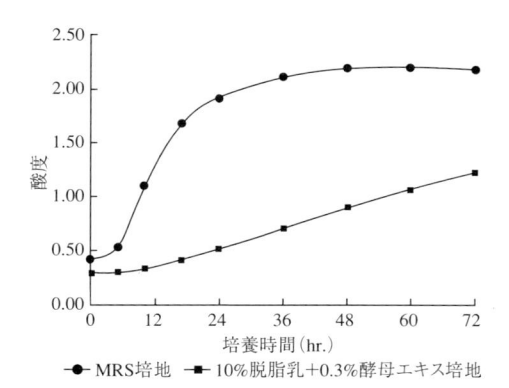

図5‐30 TMC0356株培養による酸度の変化

るグルコースを添加したベースミックスを検討した．次に，微生物培養の合成培地によく用いられる酵母エキスを発酵促進剤のコントロールとして発酵促進剤の添加量を検討した．さらに実際の発酵乳にした際の味を考慮して糖源を最低限のグルコースと甘味のための砂糖に置き換えたベースミッ

表5-6 商品（プロトタイプ）の成分

原材料	%
牛乳	92.3
上白糖	5.5
脱脂粉乳	1
グルコース	1
発酵促進剤	0.2

クスで酵母エキスおよび発酵促進剤の添加量を検討した．最終的にヒト臨床試験の被験サンプルとして使用するプロトタイプ製品については酸味・甘味のバランスの調節を中心に味も重視しベースミックスを決定した（表5-6）．

　プロトタイプ製品はベースミックスを TMC0356 株単独で 37℃，17 時間発酵させたもので，生菌数は平均で 4.3×10^8 cfu/ml 以上，製品 100 g あたりのカロリーは 89.8 kcal であった．
被験者へのサンプル配送を週ごととしたため，サンプルを冷蔵（10℃）保存した際の TMC0356 株の生菌数の変化も確認した．保存した場合，被験者が飲用する最も古い製品は製造後 9 日目のものであるが，14 日目まで測定した．その結果，製造 9 日後の生菌数は平均 4.6×10^8 cfu/ml で，製造 14 日後の生菌数は

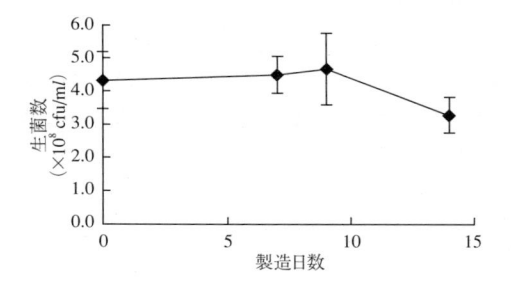

図5-31 被験サンプル冷蔵保存中の TMC0356 株の生菌数（平均±標準偏差）

平均 3.2×10^8 cfu/ml であった（図5-31）．また，味の面では保存 14 日の製品でも酸度上昇は緩やかで，味にはほとんど変化はなかった．

5・5　ヒト臨床における免疫調節の効果

　本研究の最終目的である選抜乳酸菌 TMC0356 株のヒト臨床での実際の効果について，TMC0356 株発酵乳の飲用による試験で検討した．これまで，プロバイオティクスのヒト臨床試験における免疫調節機能の報告例は少なく，ほとんどがなんらかの疾病もしくは手術後の患者で，明らかに免疫が低下しているケース[16]か，60 歳以上の高齢者で加齢による免疫力の低下に対応したケース[17-21]，および免疫力の低い低年齢アレルギー患者のケース[22,23]である．それ

以外のケース（健常成人）での報告もあるが，試験されたプロバイオティクスは健常人の免疫に影響せず，免疫活性を上げていない[24, 25]．また，一般的，具体的な免疫調節のバイオマーカーが存在しないため，自ら評価系を設定して検討を行なった．

被験サンプルは前節で開発したプロトタイプ製品で，生菌数は平均 $4.3×10^8$ cfu／ml である．ただし，今回サンプルは長距離配送によるカード破損が被験者に与える印象を考慮して，あらかじめカードを破砕したドリンクタイプのヨーグルトとした．製造は週ごとに行ない，サンプル菌数および食品衛生法に従った衛生検査の後，被験者に配布した．

プロバイオティクス経口摂取によるヒト臨床での評価試験を行なう場合，被験者の条件設定がきわめて重要となる．具体的には免疫力の低下した高齢者あるいはアトピー性皮膚炎[8]などの免疫疾患の患者が対象に考えられた．しかし，実際の治療薬ではないプロバイオティクスの免疫調節力は穏やかなものであることが予測される．免疫力の低い低年齢のアレルギー患者および高齢者は被験者としてボランティアを集めるだけでも困難である．また，重度のアレルギー患者は通常，治療薬を使用していると想定されるため除外した．そこで本研究では，ターゲットであるⅠ型アレルギーの特徴と言われている IgE の値を指標として被験者の選択を行なった．事前にアレルギーの項目で血液検査およびアンケート調査を行ない，血中 IgE 値が高い通年性アレルギー性鼻炎患者もしくはアレルギー患者（自覚症状はないがアレルギー体質の者も含む）のなかから，牛乳アレルギーでなく，アレルギーに関する治療薬を常用していない 15 名（男性 7 名，女性 8 名，17～56 歳，平均年齢 $33.2±12.1$ 歳）を被験候補者とした．本試験の実施にあっては，倫理委員会の承認のもと，参加者にはヘルシンキ宣言の精神に従って，事前に目的および試験内容を文書および口頭で十分説明して，本試験への参加の同意を書面で得たうえで正式に被験者として以下に試験を実施した．

試験スケジュールは図 5-32 に示した．試験期間は 4 週間とし，試験食は TMC0356 株単独で発酵した発酵乳 200 ml（TMC0356 株が生菌数最低で $2.0×10^{10}$ cfu 以上）である．これを指定した試験期間（4 週間）1 日あたり 1 個を摂取するよう指示した．1 日における摂取時間および頻度は特に指定しなかった．発酵乳の摂取開始前日，摂取開始 14 日後，摂取開始 28 日後（試験終了日）に医師による問診および採血を実施した．また，全被験者のうち，被験

者同意の得られた11名については試験開始前および試験期間最終週（4週目）の計2回糞便採取を行なった．なお，試験期間中の食生活については，他のヨーグルトや納豆，キムチ，糠漬などの発酵食品の摂取をしないこと，過度のアルコールの摂取は控えるよう指導したが，それ以外の食生活については特に指導はせず，あくまでも通常生活を行なうように指示した．

```
摂取開始前日  摂取開始        摂取開始前日        試験終了日
     |           |    1週目 | 2週目 | 3週目 | 4週目 |
   問診         採取                 問診              問診
   採血                              採血              採血
   糞便採取                                           糞便採取
```

図5‑32　TMC0356株の人臨床試験スケジュール

採血にあって，まず医師による問診（一般状態：喘息および発作など，呼吸回数，おなかの状態，所見），体温および血圧測定を実施し，その結果が問題ないと判断された場合のみ，採血を行なった．採血は摂取開始1日前，開始14日後および28日後（試験終了日）の計3回実施した．実際の採血は，医師の指示で看護師が実施した．採取した血液は測定項目別の容器に入れ分析するまで低温で保存した．血液検査の項目は，末梢血中のTh1／Th2細胞の比率，末梢血中の非特異的IgEおよび一般的な5種類の抗原に対する特異的IgEである．なお各血液検査結果の統計処理については，対応のあるt検定（paired t‑test）により各検査日の比較を行なった．

末梢血ヘルパーT細胞中のTh1／Th2細胞の比率は，（株）大阪血清微生物研究所に依頼してFACSCalibur™自動細胞解析分離装置（Becton Dickinson）で測定した．フローサイトメトリー（flowcytometry：FACS）による末梢血リンパ球解析チャートを以下に示した（図5‑33，5‑34）．いずれも左側の図が全リンパ球（T細胞，B細胞およびNK細胞など）で，チャート内でR1と示された楕円枠のなかがCD4陽性T細胞（ヘルパーT細胞群）を示している．楕円枠R1のなかのCD4陽性T細胞だけのチャートが各々右の図で，4分割された右下の横に細長い枠がTh1細胞（IFN‑γ陽性かつIL‑4陰性の細胞）を示し，左上の縦に長い枠がTh2細胞（IFN‑γ陰性かつIL‑4陽性の細胞）を示している．図5‑33および図5‑34は，Th1/Th2細胞の比率が最も変動した被験者のチャートで，図5‑33は飲用前，図5‑34は飲用開始から14日目の結果を示している．

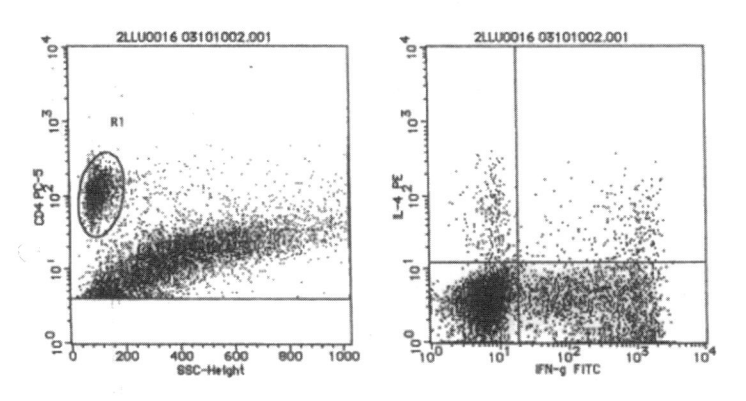

図5-33 飲用前の末梢血リンパ球のFACS解析チャート

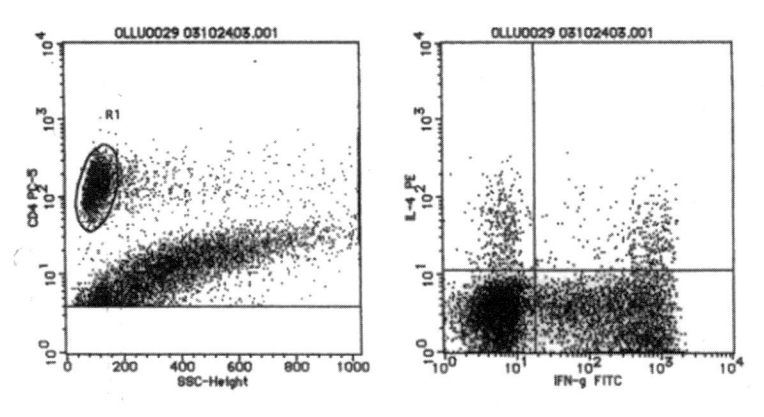

図5-34 飲用14日後の末梢血リンパ球のFACS解析チャート

　Th1／Th2細胞の比率の結果は平均±標準誤差で図5-35に示した.摂取前と14日後の比較においてきわめて有意な増加がみられた（$p<0.01$）.摂取前と28日後の比較においてはさらに有意な増加がみられた（$p<0.0005$）.14日後と28日後においては統計的な有意差はなかったが,増加傾向にあった.また,Th1およびTh2それぞれがCD4陽性T細胞全体（ヘルパーT細胞群）に占める割合の変化では,Th1が摂取前と14日後の比較においてすでにきわめて有意な増加がみられ,28日後においても同様であった.Th2は,摂取前と28日後の比較において有意な減少がみられた（データ未掲載）.

第5章　乳酸菌による免疫調節作用の検討およびそれらを利用したアレルギー低減化食品等の開発

末梢血中の IgE の測定は（株）三菱化学ビーシーエルに委託して行なった．測定項目は非特異的 IgE（総 IgE）および通年性のアレルギー性鼻炎への関与が推測される 4 種類の抗原（コナヒョウヒダニ，ハウスダスト，スギおよびカビ）に対する特異的 IgE について測定した．測定は蛍光酵素免疫測定法（Fluorescence enzyme Immunoassay：FEIA）により，市販の測定システム（ユニキャップ総 IgE および特異 IgE, Pharmacia）を用い UniCap1000 型全自動分析装置（Pharmacia）で行なった．非特異的 IgE（総 IgE）の測定結果を平均±標準誤差で図 5‐36 に示した．摂取前と 28 日後との比較において有意な減少がみられた（$p<0.005$）．また，14 日後と 28 日後の比較においては減少傾向にあり，飲用経過とともに減少傾向がみられた．

コナヒョウヒダニ特異的 IgE 測定の結果は，飲用経過とともに減少傾向がみられ，摂取前と 28 日後の比較において有意な（$p<0.05$）減少がみられた（データ未掲載）．スギ特異的 IgE 測定の結果は，摂取前と 28 日後の比較において有意な（$p<0.01$）減少がみられた．なお，14 日後と 28 日後の比較においても有意な（$p<0.05$）減少がみられた（データ未掲載）．ハウスダスト特異的 IgE 測定の結果は，摂

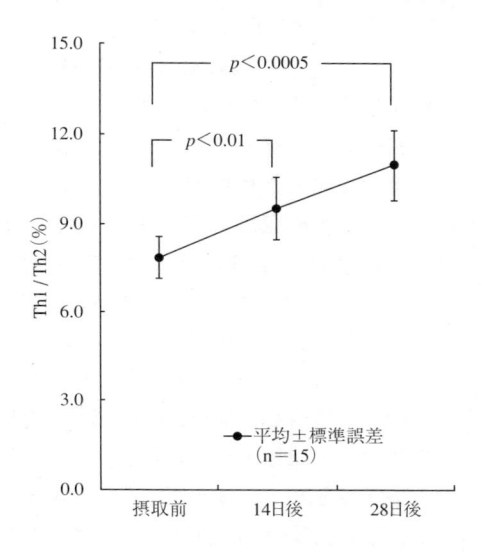

図 5‐35　TMC0356 株ヨーグルト摂取による末梢血中の Th / Th2 比の変化

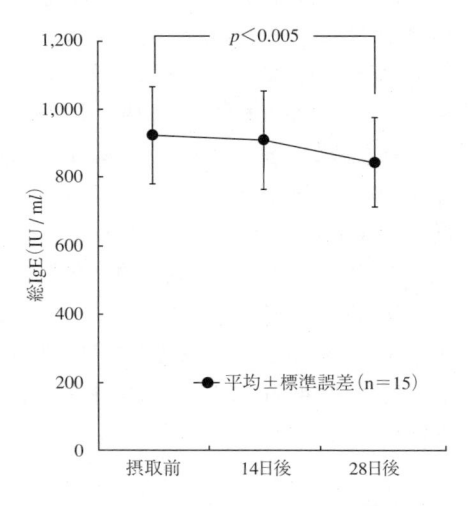

図 5‐36　TMC0356 株ヨーグルト摂取による末梢血中の総 IgE の変化

取前と14日後および28日後の比較における有意な変化がみられなかったが，飲用経過に伴い減少傾向がみられる被験者が数名みられた．カビ特異的IgE測定の結果は，摂取前と14日後および28日後の比較における有意な変化がみられなかったが，飲用経過に伴い減少傾向にあった（データ未掲載）．

臨床自己診断の分析のため，試験期間中アレルギー症状の状況調査として毎日の自己診断記録をアンケート方式によって行ない，1日の症状に該当するものを選んで記入させた．症状は，①くしゃみ，②鼻が出る，③鼻づまり，④喉の異常，⑤咳の症状，⑥目のかゆみ，⑦充血，⑧涙，⑨耳の症状，および⑩皮膚の症状の10項目を設定した．項目毎に以下に示す4段階評価；1）改善された，2）やや改善された，3）不変，および4）ひどくなった，を選択させ，1）改善された，2）やや改善されたおよび4）ひどくなった，を選択した場合は選択された項目についての状態や理由などを記入させた．また，体調不良による薬剤の使用に関しては自己診断記録に詳細（体調状態および薬剤などの種類や服用状況）を記録させた．なお，参考資料として食事調査も行ない試験期間中の食事内容を献立名および材料名（調味料などは省く）のみ記録させた．

自己診断記録の10項目の結果は，週ごとに1）改善された，2）やや改善された，3）不変，および4）ひどくなった，の出現率を算出した．なお，動物との接触，風邪，およびコンタクト着用などによるくしゃみ，充血などの症状の悪化に関しては，症状悪化の原因がはっきりとしているので，データを削除して集計した．統計はウィルコクソン符号付順位和検定で検討した．飲用期間中の週ごとの集計を統計の結果，「くしゃみ」において第1週と第3週目の間で有意な減少（$p<0.05$）が，第1週と第4週目の間にもさらに有意な減少（$p<0.01$）が確認された．また，「目の痒み」においても第1週と第3週目の間（$p<0.05$）で有意な減少が確認された．一方で，それ以外の症状はほぼ不変か改善傾向はあったが統計的な有意差はなかった（データ未掲載）．

試験期間（4週間）を通じての被験者別の最終的，総合的な感想では，15名中5名（33%）で症状改善の傾向が報告された．また，免疫調節以外の効果として15名中4名（27%）に便通改善の自覚があり，整腸作用の可能性も示唆された．

まとめ

生きて腸内に届くプロバイオティクスから免疫調節作用を有する乳酸菌を利

第5章 乳酸菌による免疫調節作用の検討およびそれらを利用したアレルギー低減化食品等の開発

用してアレルギーの低減化を実証するとともに，実用化に向けた機能性食品の開発を目的として研究を行なった．

　人工消化液試験モデルを用いて，弊社保存の乳酸菌およびビフィズス菌株の合計 20 菌種 141 株のヒト腸内環境における生存性を調べた．プロバイオティクス用乳酸菌を見つけるために，生きたままでヒト腸管に到達するとともにヒト腸管内におけるこれらの供試菌株の定着性を明らかにするために，ヒト腸管由来樹立細胞 Caco‐2 株へのこれらの菌株付着性を調査し，それらの結果から，プロバイオティクス適正性の高い 30 菌株を選抜した．

　次に，アレルギーのなかでも特に Th1 / Th2 のバランスが崩れ，Th2 に傾いて高 IgE となることで起こる I 型アレルギーに着目し，Th1 を増強することで Th1/Th2 のバランスを改善する菌株を見つけるために，樹立培養細胞，アレルギー動物モデルおよびヒト初代培養細胞などを用いて，乳酸菌の免疫調節作用を評価する in vitro および in vivo の試験系を独自に確立しながら試験を行なった．

　その結果，これらの試験系を通して，最も Th1 / Th2 のバランス調節に働く菌株としてヒト由来の *Lactobacillus gasseri* TMC0356 株を選抜した．

　一方で，前記の試験において TMC0356 株とは著しく異なる免疫反応を示して免疫調節に働く菌株としてヒト由来の *L. rhamnosus* TMC0514 株を選抜し，アトピー性皮膚炎のモデルマウスである NC/NgaTnd マウスによる in vivo の動物実験で，臨床効果（皮膚炎の発症予防）を確認した．そのメカニズムは，TMC0514 株供試マウスの各組織を in vitro で検討した結果から，TMC0514 株が免疫担当細胞の Regulatory T 細胞を活性化することによって Th1 および Th2 の両免疫応答を抑制したことによるものと示差された．すなわち，TMC0514 株は Th1 および Th2 の両者の過剰な反応の改善に働く可能性が示差された．

　TMC0356 株は最終的にヒト臨床での試験を行なうため，その基礎性状を再検討し，遺伝学的な同定により *Lactobacillus gasseri* であり，プロバイオティクスとして問題のない菌株であることを確認した．さらに，TMC0356 株を食品として容易に摂取できるように製品開発を試み，培養条件を調査して，ヒト由来の TMC0356 株の牛乳中での生育性を改善してヨーグルトとしてのプロトタイプ製品を開発した．このプロトタイプ製品を用いて，Th1 / Th2 のバランスが崩れて Th2 に傾いていると考えられる高 IgE のアレルギー患者を対象とした経口摂取によるヒト臨床試験を実施した．その結果，TMC0356 株で単独発

酵したヨーグルトの摂取により被験者のTh1/Th2のバランスが有意に変動してTh1の比率が高まり,非特異的IgEも有意に減少した.また,スギおよびダニ特異的IgEも有意に減少した.短い摂取期間にもかかわらず,自覚症状においても症状改善の傾向が被験者の1/3で報告された.

これらの結果から,乳酸菌およびビフィズス菌の免疫調節に及ぼす能力は菌種ではなく,菌株レベルで異なることが判明した.そのなかで,TMC0514株は過剰な免疫反応の抑制に働く可能性を強く示唆し,そのメカニズムはRegulatory T細胞を活性化することによるものと考えられた.TMC0356株はヒト臨床試験でアレルギー疾患に対して実際に有効であり,そのメカニズムはこれまでの試験結果からTh1を増強することでTh1/Th2のバランスを改善することによるものと示唆された.これらのことから,本菌株を選抜してきた試験系はヒトの免疫調節に有効な菌株を選抜する試験系として有効であったことも明らかとなった.

参考文献

1) 飯倉洋治ら:『平成9年度報告書』,食物アレルギー対策検討委員会 (1998).
2) Kato I., Yokokura T. and Mutai M.: *Microbiol. Immunol.*, 27, 611-618 (1983).
3) Gabriela P., Elena M. N. M., Alvrez S., Oliver G. and Holgado A.A.P.R.: *Infec. Immun.*, 53, 404-410 (1986).
4) Fuller R.: *J. Appl. Bacteriol.*, 66, 5, 365-78 (1989).
5) Guarner F. and Schaafsma G.J.: *Int. J. Food Microbiol.*, 39, 237-238 (1998).
6) 細井知弘,廣瀬理恵子,飴谷章夫,木内 幹,上野川修一:『日本農芸化学会2000年度大会,ポスター発表』, 2E134 α.
7) Murosaki S., Muroyama K., Yamamoto Y., Kusaka H., Tiei L. and Yoshikai Y.: *Biosci. Biotechnol. Biochem.*, 63. 2, 373-378 (1999).
8) 日本皮膚科学会学術委員会:『日皮会誌』, 104, 1210-, (1994).
9) Kalliomaki M., Salminen S., Arvilommi H., Kero P., Koskinen P., Isolauri E.: *Lancet*, 357, 1076-1079 (2001).
10) Matsuda H., Watanabe N., Gebe G.P., *et al.*,: *Int. Immunol.*, 9, 461-, (1997).
11) Leung D. Y. M., Hirsch R.L., Schneider L., *et al.*,: *J. Allergy Clin. Immunol.*, 85, 927- (1990).
12) 河村好章,江崎孝行:「細菌の系統分類と同定方法」,『第18回日本細菌学会技術講習会テキスト:日本細菌学会誌』, 55, 3, 545-584 (2000).
13) Katayama-Fujimoto Komatsu Y., Kuraishi H., Kanemoto T.: *Agric. Boil. chem.*, 48, 3169-3172 (1984).
14) Fujisawa T., Benno Y., Yaeshima T., Mitsuoka T.: *Int J Syst Bacteriol.* 42, 3, 487-91 (1992).

第 5 章 乳酸菌による免疫調節作用の検討およびそれらを利用したアレルギー低減化食品等の開発

15) Altschul S. F., Madden T. L., Schaffer A. A., Zhang J., Zhang Z., Miller W., Lipman D.J.： *Nucleic Acids Res*, 25, 17, 3389-402（1997 Sep 1）．
16) 沢村明弘ら：*Biotherapy*, 8, 1567-72（1994）．
17) Sheih Y. H., Chiang B. L., Wang L. H., Liao C. K., Gill H. S.：*J. Am. Coll. Nutr.* 20, 149-56（2000）．
18) Arunachalam K., Gill H.S., Chandra R.K.：*Eur. J. Clin. Nutr.* 54, 263-7（2000）．
19) Chiang B.L., Sheih Y.H., Wang L.H., Liao C.K., Gill H.S.：*Eur. J. Clin. Nutr.*, 54, 849-55（2000）．
20) Gill H.S., Rutherfurd K.J., Cross M.L., Gopal P.K.：*Am. J. Clin. Nutr.*, 74, 833-9（2001）．
21) Gill H.S., Rutherfurd K.J., Cross M.L.：*J. Clin. Immunol.*, 21, 264-71（2001）．
22) Kalliomaki M., Salminen S., Arvilommi H., Kero P., Koskinen P., Isolauri E.：*Lancet*, 357, 1076-1079（2001）．
23) Isolauri E., Arvola T., Sutas Y., Moilanen E., Salminen S.：*Clin. Exp. Allergy*, 30, 1604-1610（2000）．
24) Spanhannk S., Havenaar R., and Schaafsma G.：*Eur. J. Clin. Nutr.*, 52, 899-907（1998）．
25) Nagao F., Nakayama M., Muto T., Okumura K.：*Biosci. Biotechnol. Biochem.*, 64, 2706-2708（2000）．

文責　高梨乳業（株）　森田裕嗣

第 6 章
アセロラに含まれる機能性成分の探索とその利用技術の開発

株式会社ニチレイ

はじめに

　近年，活性酸素ががん，動脈硬化および糖尿病など様々な疾病の原因となることが明らかになってきた．したがって，活性酸素を消去するような機能性成分を食品から摂取することは健康を維持するうえで重要と考えられる．このような観点から，現在，食品に含まれる抗酸化成分に関する研究が幅広く行なわれている．

　植物は，一般にアスコルビン酸（ビタミンC）やポリフェノールなどの抗酸化性成分を含んでいることが知られている．特に亜熱帯および熱帯産植物の場合は，強い紫外線に曝されるために，活性酸素などの有害な成分を消去する抗酸化成分が質，量ともに優っていると考えられる．また，最近の研究から，亜熱帯および熱帯産の野菜は日本産のような温帯の野菜に比べ，発がんを抑制する効果が強力であることが明らかとなり，注目を集めている[1-3]．以上のことから，亜熱帯および熱帯産の植物は健康を維持するのに役立つ成分が豊富に含まれる機能性食品素材になりうると考えられる．

　アセロラはミカン目キントラノオ科ヒイラギトラノオ属の亜熱帯および熱帯産の植物であり，その果実はビタミンCを多量に含んでいる．したがって，アセロラ果実はビタミンCの供給源として優れた食品素材である．しかしながら，アセロラのビタミンC以外の成分，特に機能性成分については，ほとんど研究が行なわれていない．

　以上の背景をもとに，本研究では，まずアセロラに含まれる一般成分を分析した．次に，アセロラの特徴であるビタミンCに関する検討として，ビタミンC類縁化合物の有無，ビタミンCの吸収効率およびメラニン生成抑制効果について調べた．さらに，ビタミンC以外の機能性成分としてポリフェノール成分に着目し，アセロラに含まれるポリフェノールの構造を明らかにした．最後に，得られたポリフェノールの機能性について検討し，現在増えつつある生活習慣

病，特に糖尿病に対する予防や健やかな老後を送るために役立つ新規機能性素材の開発を試みた．

§1．アセロラの成分分析

アセロラは，産地や形状など系統の異なる果実がいくつか存在する．ここでは，ブラジルより入手したアセロラを対象に，成分組成を系統別に比較した．

1・1 一般成分分析

アセロラの一般成分分析を，系統の異なる16種類のアセロラ果実で行なった．分析方法は五訂日本食品標準成分表分析マニュアルに従った[4]．アセロラにおける還元型と酸化型のビタミンCの含量を表6-1に，糖質の組成を表6-2に，一般成分分析の結果を表6-3に示した．

一般成分分析において，ビタミンCの含量は可食部100gあたり1,200〜2,500mgと高く，その約80〜90％が還元型であることが判明した．また，β-カロチンの含量は，可食部100gあたり35〜648μgとばらつきが見られた．糖質に関しては，どの系統においても約5〜8g/100gの範囲であったが，そのうちグルコースとフルクトースがほとんどを占めていることが明らかとなった．

以上のように，アセロラはビタミンCのみでなく，β-カロチンも含まれていることが示された．また本研究では分析を行なわなかったが，アセロラにはビタミンEも含まれていることが知られている[5]．このことから，アセロラはビタミンC，Eお

表6-1 アセロラにおけるビタミンCの分析結果

	酸化型 V.C	還元型 V.C	総 V.C
No.1	298	2160	2458
No.2	374	1404	1778
No.3	168	2052	2220
No.4	68	2122	2191
No.5	160	1240	1400
No.6	158	1434	1592
No.7	220	1318	1538
No.8	277	1127	1404
No.9	241	1253	1494
No.10	267	1339	1605
No.11	230	1112	1342
No.12	339	1081	1421
No.13	226	1931	2157
No.14	325	1159	1484
No.15	265	975	1240
No.16	409	1114	1523
平均	252	1426	1678

単位：可食部100gあたりのmg

表6-2 アセロラ果実の糖組成

Glucose	1.8
Fructose	1.9
Sucrose	N.D.

＊N.D.：検出されず
＊単位：果実100gあたりのg

第6章 アセロラに含まれる機能性成分の探索とその利用技術の開発

表6-3 アセロラ果実の一般成分分析

	エネルギー	水分	タンパク質	脂質	炭水化物 糖質	炭水化物 繊維	灰分	無機質 カルシウム	無機質 リン	無機質 鉄	無機質 ナトリウム	無機質 カリウム	ビタミン A レチノール	ビタミン A カロチン	ビタミン A A効力	ビタミン B1	ビタミン B2	ビタミン ナイアシン	ビタミン C	食塩相当量	廃棄率	食物繊維
No.1	36.5	90.7	0.8	0.1	7.4	0.7	0.3	9	16	0.6	44	21	0	124	69	0.02	0.02	0.3	2458	0.1	32	1.5
No.2	36.9	90.5	0.8	0.1	7.5	0.7	0.4	9	16	0.7	56	18	0	87	48	0.03	0.03	0.3	1778	0.1	24	2.1
No.3	32.1	91.7	0.8	0.1	6.3	0.7	0.4	11	17	0.9	49	21	0	139	77	0.03	0.03	0.3	2220	0.1	35	2.8
No.4	32.9	91.6	0.6	0.1	6.8	0.6	0.3	9	14	0.4	38	17	0	49	27	0.03	0.03	0.2	2191	0.1	38	2.1
No.5	29.6	92.1	0.7	0.0	6.1	0.6	0.5	11	13	0.2	18	44	0	84	47	0.02	0.02	0.2	1400	0.0	24	1.1
No.6	41.7	89.2	0.9	0.1	8.6	0.7	0.5	14	28	0.4	45	27	0	300	167	0.05	0.05	0.4	1592	0.1	23	2.7
No.7	34.1	91.3	0.6	0.1	7.1	0.6	0.3	9	15	0.3	30	14	0	165	92	0.02	0.02	0.3	1538	0.1	16	1.9
No.8	30.8	92.1	0.7	0.0	6.3	0.7	0.2	7	12	0.3	30	7	0	595	331	0.02	0.02	0.3	1404	0.1	18	1.0
No.9	29.7	92.4	0.6	0.1	6.0	0.6	0.3	9	15	0.6	36	12	0	40	22	0.03	0.03	0.3	1494	0.1	26	1.5
No.10	29.8	92.6	0.6	0.2	5.7	0.7	0.2	14	14	0.5	38	6	0	35	20	0.02	0.02	0.3	1605	0.1	26	1.8
No.11	26.1	93.4	0.5	0.1	5.3	0.5	0.2	16	15	1.2	45	13	0	227	126	0.01	0.01	0.2	1342	0.1	18	1.1
No.12	26.6	93.2	0.5	0.1	5.3	0.6	0.3	7	14	0.3	30	13	0	229	137	0.03	0.03	0.2	1421	0.1	25	0.9
No.13	33.3	91.5	0.6	0.1	6.8	0.7	0.3	14	19	0.8	36	34	0	254	141	0.02	0.02	0.3	2157	0.1	20	1.4
No.14	31.8	92.0	0.5	0.2	6.3	0.7	0.3	10	16	0.5	39	8	0	565	358	0.03	0.03	0.3	1484	0.1	26	1.1
No.15	27.8	93.1	0.5	0.2	5.3	0.7	0.2	13	10	0.9	32	13	0	648	304	0.02	0.02	0.2	1240	0.1	21	2.1
No.16	24.2	94.0	0.6	0.2	4.4	0.6	0.2	7	12	0.4	38	6	0	550	306	0.02	0.02	0.3	1523	0.1	19	1.0
平均	31.5	92.0	0.6	0.1	6.3	0.7	0.3	11	15	0.6	38	17	0	256	142	0.02	0.02	0.3	1678	0.1	24	1.6
				g						mg			μg		IU		mg			g	%	

可食部100gあたり

よびカロチンなどの抗酸化成分を含む，健康を維持するうえで有用な食品であると考えられる．

1・2 総ポリフェノール分析

次に，3種類の系統のアセロラについて，総ポリフェノール量をFolin-Denis法[6]により測定した．比較対照として，レモン，リンゴ，巨峰についても同様に測定した．なお，この測定方法はビタミンCによる影響が見られるため，ビタミンC除去の目的で試料をC18カートリッジカラムで前処理し，その吸着画分について測定を行なった．その結果を図6-1に示した．3系統の総ポリフェノール量の平均値は130 mg/100 g前後であり，他の果実の総ポリフェノール量と同程度の含量であった．

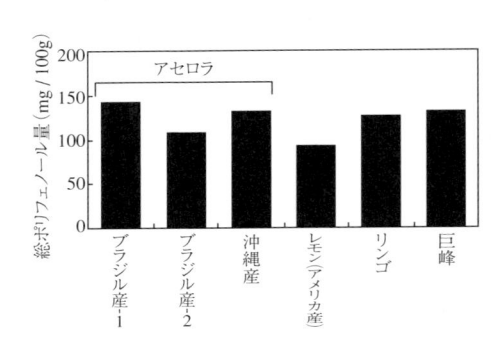

図6-1 各果実可食部の総ポリフェノール量

1・3 アセロラポリフェノール（AP）の構造解析

前節で，アセロラのポリフェノール含量を他の果物と比較したが，アセロラに含まれるポリフェノールの種類について詳細に検討した例はない．そこで，アセロラ果実からポリフェノールを精製し，その構造を明らかにすることを目的に解析を行なった．

1）APの分離精製

アセロラ果実から種子を取り除いた可食部をホモジナイズし，3倍量のメタノールを添加して1時間抽出後，遠心分離して上清を得た．この操作を2回行ない，得られた上清を減圧濃縮後，凍結乾燥し，蒸留水に再溶解させた．この溶液をC18カートリッジカラムに供し，10%メタノールで洗浄した後，20%メタノールで溶出される画分を分取した．この20%メタノール溶出画分を以下のHPLC条件により一次精製したところ，350 nm付近に吸収極大をもつ化合物3成分，500 nm付近に吸収極大をもつ化合物2成分および280 nm付近にのみ強い吸収をもつ化合物1成分の合計6成分の主要なピークが認められた（図6-2）．そこで，各ピークを分取して，以下のHPLC条件によりさらに二次精製を行なった．

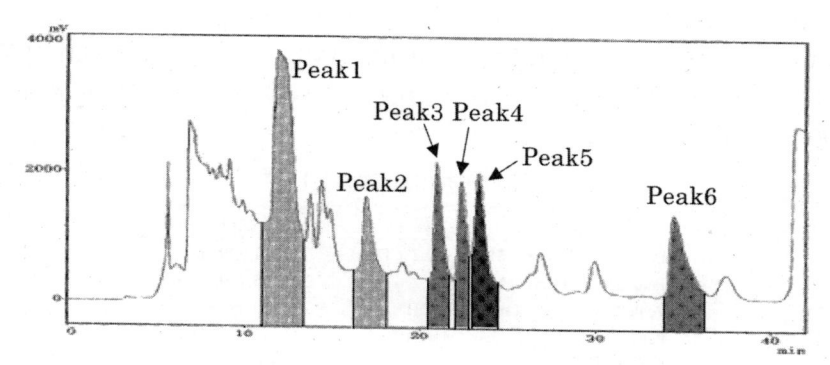

第6章　アセロラに含まれる機能性成分の探索とその利用技術の開発

図6-2　一次精製時のHPLCクロマトグラム（検出波長：280 nm）

（一次精製）
　カラム：Develosil RPAQUEOUS-AR-5 C30カラム（野村化学（株）製：10.0×250 mm）
　カラム温度：40℃
　移動相：20％アセトニトリル＋0.1％トリフルオロ酢酸（TFA）
　流速：2.3 ml / min
　検出：280 nm

（二次精製）
　カラム：Phenomenex LUNA 5m C18（2）カラム（Phenomenex Inc.製：10.0×250 mm）
　カラム温度：40℃
　移動相：43％メタノール＋0.1％ TFA
　流速：2 ml / min
　検出：280 nm

2）APの構造解析

分離精製により得られた6種類の化合物を，UVスペクトル，^{1}Hおよび^{13}C-NMRにより構造解析した．精製試料は，アントシアニン類では3％TFA‐d1を含む重メタノール[7]，それ以外の化合物では重メタノールに溶解し測定した．

まず図6-2で得られたピークのうち，Peak1および2は500 nm付近に吸収をもつ赤色系の色素であり，Peak3，4および6は350 nm付近に吸収をもつ黄色系の化合物であった．さらに，Peak5は280 nm付近にのみ吸収をもつ

179

無色の化合物であった．これら6成分の吸収極大波長を表6-4に示した．^{1}H および ^{13}C-NMR，^{1}H-^{1}H COSY，HMQC，HMBC などの2次元 NMR の解析により，表6-5，6-6のようにケミカルシフトが帰属され，図6-3の通り 6成分の構造が明らかになった．

表6-4 各精製物質の吸収スペクトル特性

ピーク番号	溶媒	吸収極大
Peak 1	λmax（MeOH＋0.2%TFA）	281,529 nm
Peak 2	λmax（MeOH＋0.2%TFA）	270,335,429,511 nm
Peak 3	λmax（MeOH）	256,354 nm
Peak 4	λmax（MeOH）	256,354 nm
Peak 5	λmax（MeOH）	290 nm
Peak 6	λmax（MeOH）	

表6-5 Peak1-6の ^{1}H NMR ケミカルシフト（ppm）

proton	1	2	3	4	5	6
2				4.46		
3				4.94		
4	8.87	8.96				
6	6.79	6.89	6.19	6.20	5.80	6.20
8	6.60	6.64	6.39	6.39	5.82	6.37
2′	7.73	83.32	7.82	7.70	6.73	7.34
3′		7.03				
5′	6.93	7.03	6.86	6.86	6.72	6.91
6′	7.91	8.32	7.56	7.57	6.87	7.31
1″	5.70	5.73	5.13	5.23	4.16	5.35
2″	4.22	4.20	3.80	3.57	3.95	4.21
3″	3.90	3.87	3.54	3.45	3.59	3.74
4″	3.57	3.57	3.47	3.35	3.46	3.41
5″	3.63	3.62	3.84	3.22	3.22	3.33
6″	1.29	1.28	3.64	3.70	1.10	0.94

1・4 アセロラの各ポリフェノールの含量分析

精製されたポリフェノールのうち，量が多く得られたシアニジン-3-ラムノシド，ペラルゴニジン-3-ラムノシドおよびクエルシトリンについて含量分析を行なった．分析対象としたアセロラ果実は，ブラジル産2系統と沖縄産1系統とした．アセロラ果実から種子を取り除いた可食部をホモジナイズした後，3倍量のメタノールを添加し，1時間抽出した．この操作を2回行ない，遠心・濾過後，凍結乾燥し，再度蒸留水に溶解させた．この液をC18カートリッジカラムに供し，蒸留水で充分洗浄した後，C18吸着画分を100％メタノー

第 6 章　アセロラに含まれる機能性成分の探索とその利用技術の開発

表 6-6　Peak1-6 の ^{13}C NMR ケミカルシフト（ppm）

carbon	1	2	3	4	5	6
2	163.6	164.1	158.4	158.5	116.3	158.5
3	144.6	144.5	135.7	135.6	115.5	136.2
4	135.4	135.9	179.5	179.5	195.9	179.6
5	157.4	157.6	166.1	166	165.3	163.2
6	95.1	95.3	99.9	99.9	83.8	99.8
7	170.5	170.7	158.8	159.1	168.4	165.9
8	103.4	103.5	94.8	94.7	97.4	94.7
9	159	159.1	158.4	158.5	163.9	159.3
10	113.3	113.6	105.4	105.7	102.4	105.9
1′	121	120.7	122.9	123.2	129.1	1230
2′	117.8	118	117.8	117.6	102	116.4
3′	147.6	135	145.8	145.9	146.4	146.4
4′	155.6	166.5	149.9	149.9	147.2	149.8
5′	117.3	135	116.1	116	96.2	116.9
6′	127.3	118	122.8	123.1	120.5	122.9
1″	102.6	102.6	105.3	104.3	78.5	103.5
2″	71.6	71.6	73.1	78.4	73.7	72
3″	72.3	72.3	75	75.7	72.1	72.1
4″	73.2	73.2	77.1	71.2	71.6	73.2
5″	72.1	72.2	70	78.1	70.4	71.9
6″	18	18	61.9	62.5	17.7	17.7

Peak 1　　　　　　　　　　Peak 2　　　　　　　　　　Peak 3

シアニジン-3-ラムノシド　　ペラルゴニジン-3-ラムノシド　　ハイペロサイド
（ケルセチン-3-ガラクトシド）

Peak 4　　　　　　　　　　Peak 5　　　　　　　　　　Peak 6

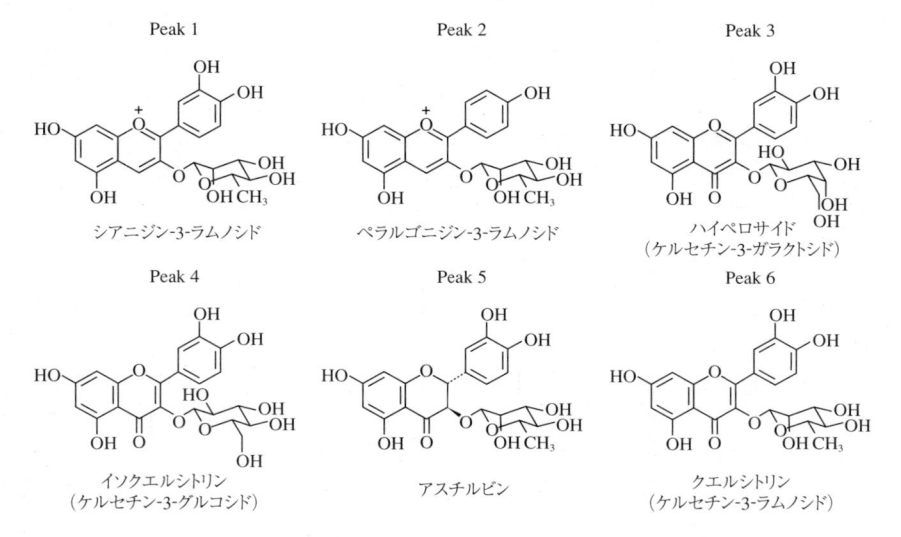

イソクエルシトリン　　　　　アスチルビン　　　　　　クエルシトリン
（ケルセチン-3-グルコシド）　　　　　　　　　　　　（ケルセチン-3-ラムノシド）

図 6-3　アセロラから分離精製した 6 種類のポリフェノール成分の構造

表6-7 シアニジン-3-ラムノシド (C3R), ペラルゴニジン-3-ラムノシド (P3R), クエルシトリンの含量分析結果

系統	C3R	P3R	クエルシトリン
ブラジル産-1	82.5	9.6	3.0
ブラジル産-2	54.5	8.0	6.2
沖縄産	42.5	95.0	0.8

(mg / 100g)

ルで溶出させ, 得られた画分を用いて含量分析を行なった. スタンダードは, 前記で精製した成分を用いた.

ポリフェノール3成分の含量分析を行なったところ, アントシアニン類2成分の含量組成が系統間で大きく異なることがわかった (表6-7).

§2. ビタミンC類縁化合物の探索

近年, マウス小腸の α-グルコシダーゼにより, 安定なビタミンCグルコシドが生成されることが報告された[8]. また, キノコには新しいビタミンCの類縁化合物が見いだされている[9]. これらのビタミンC類縁化合物は糖の結合位置によっては安定性が増すため注目されている. そこで, 新規なビタミンC類縁化合物がアセロラに存在するかどうか検討した.

2・1 キノコ型ビタミンC類縁化合物の探索

まず, 糖が結合した配糖体型のビタミンC類縁化合物の探索を行なった. アセロラ果実をグルコシダーゼ阻害剤のデオキシノジリマイシンを含む5%メタリン酸中ですり潰し, 不溶性成分を除去して, アセロラ抽出液を調製した. 次にジクロロインドフェノールを用いて, 抽出液中のビタミンC類を酸化し, ジニトロフェニルヒドラジンと反応させて, オサゾンを生成させた. オサゾンは

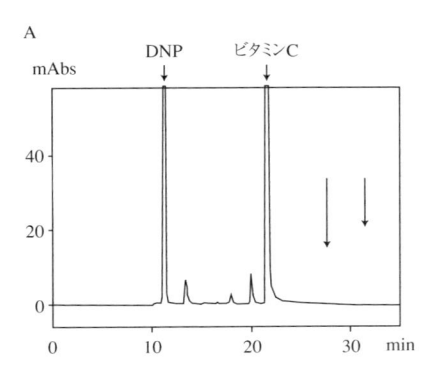

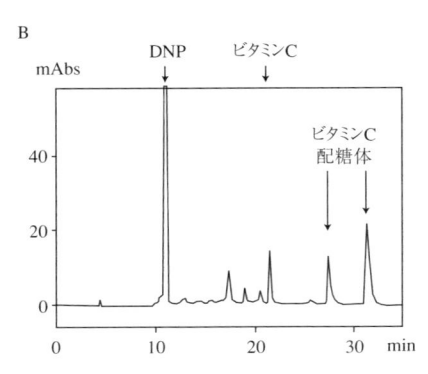

図6-4 ビタミンC類縁化合物のHPLCによる溶出パターン
(A) アセロラ, (B) シイタケ

HPLCにより分離し，ビタミンC類縁化合物を含むシイタケ抽出液の溶出パターンと比較した．その結果，コントロールとして用いたシイタケでは，ビタミンC類縁化合物に由来する2本の明瞭なピークが確認された（図6‐4B）．一方，アセロラ果実では，ビタミンC以外のピークは見られなかった（図6‐4A）．したがって，アセロラ果実にはキノコに含まれるようなビタミンC類縁化合物は存在しないことが示唆された．

2・2 脂溶性ビタミンCの探索

次に脂肪酸が結合したビタミンC類縁化合物の探索を行なった．標準物質としてアスコルビン酸パルミテートを用いた．アセロラ果実を凍結状態で粉砕し，クロロホルムを添加し，脂溶性画分および水溶性画分に分配した．水溶性画分はさらにC18カラムに供し，非吸着画分および吸着画分に分画した．得られた各画分に0.1 Mリン酸バッファー（pH7.0）を添加した後，1）リパーゼ（20 mg / ml），2）コレステロールエステラーゼ（250U / ml），3）エラスターゼ（5 mg / ml）または4）グルコシダーゼ（625U / ml）を添加し，37℃で1.5時間反応後，酵素無添加を基準として遊離してくるビタミンC量を比較した．その結果，標準物質として用いたアスコルビン酸パルミテートでは，酵素反応によりビタミンCが遊離することが確認された．しかしながら，アセロラから得られた各画分では，酵素処理後のビタミンC含量に変化が見られず（図6‐5），アセロラには脂肪酸が結合したようなビタミンC類縁化合物は存在しないことが示唆された．

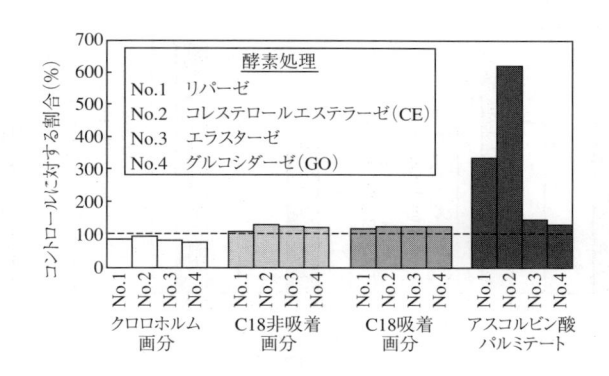

図6‐5 アセロラ脂溶性画分の各種酵素反応後のビタミンC量

§3. ビタミンCの吸収効率の検討

柑橘類のフラボノイドを含む成分に，ビタミンCの生体への吸収を促進させる効果のあることが報告されている[10]．前述したようにアセロラ果汁中にも，ビタミンC以外にアントシアニン色素をはじめ，フラボノイド成分が含まれている．従って，アセロラにおいて，ビタミンC単独で摂取する場合に比べ，果汁から摂取する方が，ビタミンCの吸収効率がよいと推測される．そこで，この仮説を *in vitro* および *in vivo* の評価系で検証した．

3・1　Caco‐2細胞を用いたビタミンC取り込み能の評価

Caco‐2細胞はヒト結腸がん由来の細胞であり，腸管に存在する様々なトランスポーターが発現されており，腸管モデル細胞としてよく用いられている．そこで，ビタミンCの吸収効率を，まずCaco‐2細胞を用いた *in vitro* の系で評価を行なった．

Caco‐2細胞を24穴プレートに1.4×10^5ずつまき，37℃で2週間かけて腸管上皮様細胞に分化させた．次に，100μM ^{14}C‐ビタミンCおよび1%アセロラ果汁（1.25 mMのビタミンCを含む）を添加したHanks' balanced salt solution（HBSS）中で，37℃，20分間に細胞内に取り込まれるビタミンC量を測定した．その結果，取り込み量は，コントロールと比べて約1.2倍に上昇した．さらに，2%アセロラ果汁添加区の取り込み量は，コントロールの約1.3倍であった（図6‐6A）．したがって，アセロラ果汁にはCaco‐2細胞へのビタミンCの取り込みを促進する効果があることが示された．

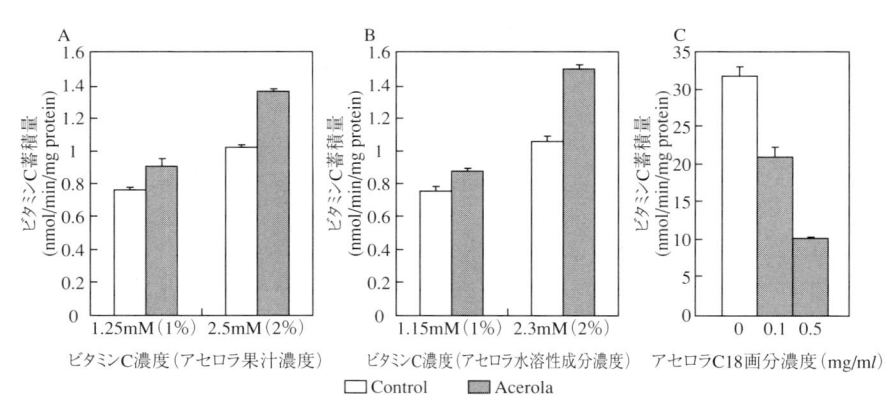

図6‐6　Caco‐2細胞へのビタミンCの取り込みに対するアセロラ果汁（A），アセロラ水溶性成分（B），およびアセロラC18カラム吸着画分（C）の影響

次に，アセロラ果汁のC18カラム非吸着画分を用いて同様の取り込み実験を行なった．その結果，1％および2％のアセロラ果汁相当量のC18カラム非吸着画分は，ビタミンCの取り込みを，コントロールと比較して，それぞれ1.2および1.4倍に上昇させた（図6-6B）．0.1および0.5 mg/mlのC18カラム吸着画分は，Caco-2細胞へのビタミンCの取り込みを，それぞれ35および68％阻害した（図6-6C）．以上のように，アセロラ果汁にはビタミンCの吸収を促進および阻害する成分が含まれ，それらはそれぞれC18カラム非吸着および吸着画分に存在することが示唆された．

3・2　ODSラットを用いたビタミンC吸収効率の評価

前記のCaco-2細胞を用いた評価系で，アセロラ果汁にビタミンCの吸収を促進する効果があることが示されたため，さらにODSラット（遺伝的ビタミンC合成不能ラット）を用いて，ビタミンCの吸収効率について検討を加えた．

日本クレア（株）より7週齢のODS雄性ラットを購入し，4匹を1群とした．まず，6日間ビタミンC含有の餌で飼育し，次にビタミンC除去の餌に切り替え，翌日ビタミンCの経口投与を行なった．ビタミンCは，ODSラットの体重100 gあたり15 mgとなるように市販のビタミンC（和光純薬工業（株））またはアセロラ果汁を経口投与した．尿中排泄ビタミンC量は，1日分の尿を分析して求めた．同様に，血漿中のビタミンC量は，経口投与後，0, 0.5, 1, 2および4時間後の血液を眼窩静脈よりヘパリン採血し，遠心分離して得られた血漿を分析して求めた．ビタミンCを投与しない場合の尿中排泄量は10 mg前後であった．

その結果，合成ビタミンCまたはアセロラ果汁を経口投与した場合は，アセロラ果汁の方がビタミンC排泄量が多い傾向を示したことから，アセロラ果汁の方が，吸収効率が良いことが示唆された（図6-7）．一方，血漿中のビタミンC濃度の経時変化は，データがばらつき信頼できる結果が

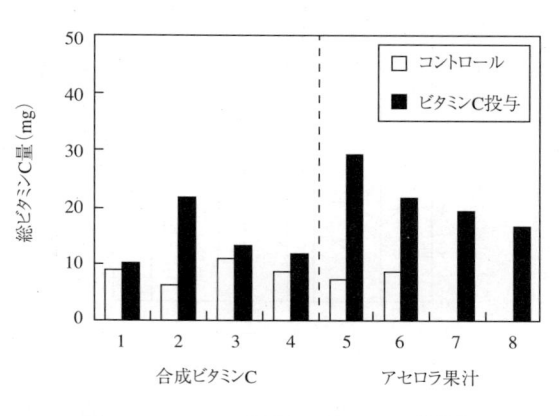

図6-7　ODSラット尿中のビタミンC排泄量

得られなかった．

§4．メラニン生成抑制効果

還元作用のあるビタミンCには，メラニン生成抑制効果のあることが知られている[11]．そこで，マウス表皮メラノサイトのがん化細胞であるメラノーマB16細胞を用いて，アセロラ果汁と合成ビタミンCのメラニン生成抑制効果を比較した．

4・1　メラニン生成に及ぼすアセロラ果汁の影響

マウスメラノーマB16細胞を6 cmシャーレに2×10^4細胞ずつまき，10％牛胎児血清（FBS）を含むDMEM培地中で培養した．1日後，培地を種々の濃度のアセロラ果汁を含む培地に交換し，さらに4日間培養した．培養終了後，トリプシン処理により細胞を回収し，細胞数を計測した．次に細胞を1N水酸化ナトリウムに懸濁させ，100℃で2時間インキュベートし，メラニンを可溶化した．不溶性成分をフィルターろ過で除去し，OD_{400}値からメラニン含量を求めた．その結果，アセロラ果汁を添加した試験区では，2.5％以上の添加でメラニン生成抑制効果が認められ，5％添加区ではほぼ完全に抑制された（図6-8，6-9）．次に，合成ビタミンCを用いて同様の実験を行なった．その結果，1％アセロラ果汁に含まれるビタミンCと同量の0.25mg/mlの合成ビタミンCを添加した培地中で，メラニン生成は若干抑制された（図6-8）．しか

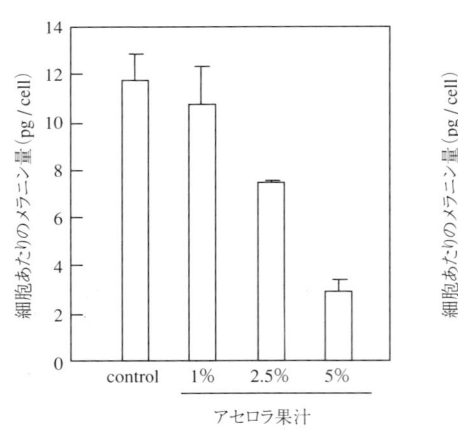

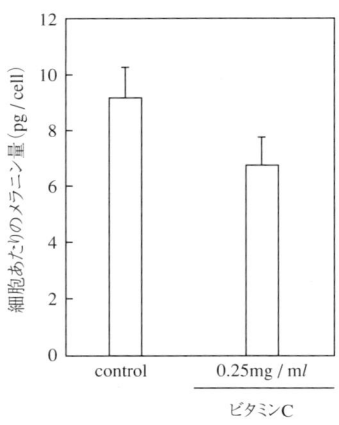

図6-8　メラノーマB16細胞を用いたメラニン生成抑制試験

し，0.625 mg / ml 以上のビタミンCを含む培地中では，ビタミン C に毒性が見られ，細胞は完全に死滅した．一方，アセロラ果汁を C18 カラムに供し，ビタミン C などの水溶性画分を完全に除去した C18 カラム吸着画分について同様に評価を行なったところ，細胞の死滅は見られず，メラニン生成抑制作用が認められた（図 6 - 9）．

コントロール

5％アセロラ果汁

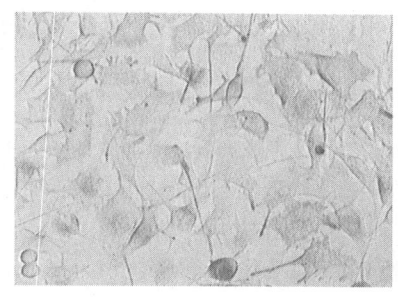

C18カラム吸着

図 6 - 9　メラノーマ B16 細胞の顕微鏡撮影写真

　以上の結果から，アセロラ果汁にはメラニンの生成を抑制する作用をもち，またビタミンCによる細胞毒性を抑える効果があることがわかった．さらに，メラニン生成抑制効果をもつ成分は，主にビタミン C を含む水溶性成分に存在し，C18 吸着画分にも存在することが示唆された．

4．2　RT‐PCR によるチロシナーゼ mRNA 量の定量

　前記のように，アセロラ果汁はメラニン生成抑制効果を示した．このメラニン生成反応は，チロシンやドーパを酸化するチロシナーゼにより調節されている．そこで，チロシナーゼの遺伝子発現に対するアセロラ果汁の影響を調べるために，RT‐PCR を行ない，mRNA 量の変化を調べた．

5%アセロラ果汁添加および非添加培地で培養したB16細胞から，常法に従い全RNAを抽出した．2 mgの全RNAからオリゴdTプライマーを用いて1本鎖cDNAを合成し，チロシナーゼ翻訳領域の一部を増幅するプライマーを用いてPCRを行なった．増幅産物はプラスミドベクターに挿入し，コピー数のスタンダードとして用いた．mRNAの定量は，Rosch社製のLight Cyclerを用いたPCR産物の蛍光検出によって行なった．なお，内部標準として，グリセルアルデヒド-3リン酸脱水素酵素（GAPDH）を用いた．

　その結果，5%アセロラ果汁の添加によってチロシナーゼ／GAPDH mRNA比は，約3/5に減少した（図6-10）．このように，アセロラ果汁添加により，チロシナーゼmRNA量は減少するものの，メラニン生成抑制に及ぼす影響は小さいものと考えられた．

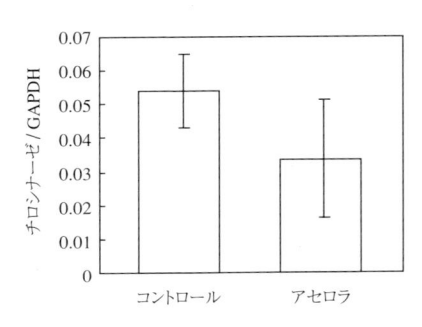

図6-10　RT-PCRによるチロシナーゼmRNAのコピー数解析

4・3　チロシナーゼ活性の測定

　前記の結果から，アセロラ果汁によるメラニン生成抑制は，チロシナーゼのmRNA発現量の減少のみでは説明できないことが確認された．そこで，ここではアセロラ果汁がチロシナーゼ活性に与える影響を調べた．

　5%アセロラ果汁添加および非添加培地で培養したB16細胞を，0.1% Triton X-100を含む0.1 Mリン酸緩衝液（pH 8.0）に懸濁し，超音波により細胞を破砕した．次に，遠心分離を行ない，上清をチロシナーゼ粗酵素液とした．粗酵素液150 μl に0.1 Mリン酸緩衝液（pH 8.0）を150 μl 添加して，37℃で5分間プレインキュベートした．次に，基質溶液として0.15% L-ドーパを含む0.1 Mリン酸緩衝液（pH 8.0）を150 μl 加え，37℃で20分間インキュベートし，反応前後のOD_{475}値の変化をチ

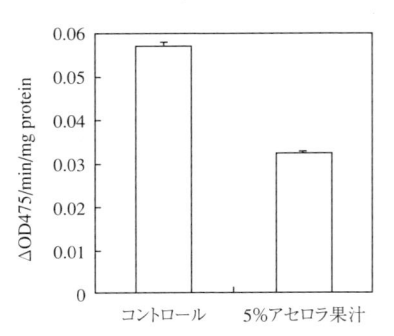

図6-11　アセロラ果汁添加および非添加培地中で培養したメラノーマB16細胞から調製した粗酵素液のチロシナーゼ活性

第6章 アセロラに含まれる機能性成分の探索とその利用技術の開発

ロシナーゼ活性とした．その結果，果汁添加区のチロシナーゼ活性は非添加区の約3/5であった（図6‐11）．この結果は先のmRNA量の変化とよく一致しているため，チロシナーゼの遺伝子発現の抑制によるものと考えられた．

次に，非添加区から調製した粗酵素液を用いて，チロシナーゼ活性に及ぼすアセロラ果汁の影響を調べた．反応液中に種々の濃度のアセロラ果汁を添加して酵素活性を測定したところ，0.01％以下のアセロラ果汁には，酵素活性の阻害効果は見られなかったが，0.1％および1％果汁は，それぞれ約30％および100％酵素活性を阻害した（図6‐12）．次に，アセロラ果汁と同濃度の合成ビタミンCを用いて，チロシナーゼ活性を測定した．その結果，アセロラ果汁の場合と同様の結果が得られた（図6‐12）．

以上の結果から，アセロラ果汁によるメラニン生成抑制効果は，果汁に含まれるビタミンCによるチロシナーゼ活性阻害効果によることが強く示唆された．

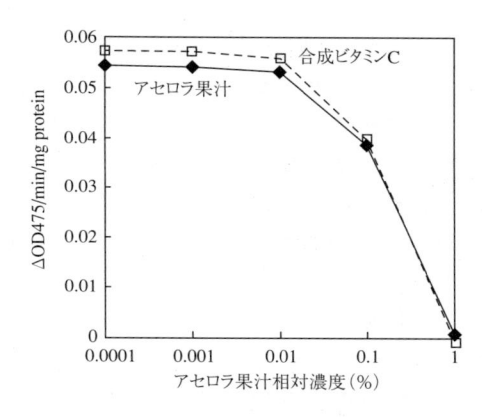

図6‐12　チロシナーゼ活性に及ぼすアセロラ果汁およびビタミンCの影響

§5. APの機能性評価

第1節で，APから6種類のポリフェノール成分の構造が明らかにされたが，これらはすべて構造が既知の化合物であった．しかし，これらの多くは抗酸化活性が強く，またクエルシトリンなど様々な機能性を有することが報告されている化合物も含まれていることから[12]，APの機能性素材としての応用が期待される．そこで，まず糖尿病予防に着目したAPの機能性評価を実施した．試料としては，アセロラ果汁には糖質およびビタミンCが多量に含まれるため，果汁をC18カラムに供し，その吸着画分（AP画分）を使用した．このAP画分は，ポリフェノール含量が30〜40％であった．

5・1 in vitro における評価

1) α-グルコシダーゼ阻害活性

マルターゼやスクラーゼなどのα-グルコシダーゼに対する阻害活性を示す物質は，腸管からの糖の吸収を抑え，食後の血糖値の上昇を緩やかにすることから，肥満や糖尿病の予防に有用であることが期待されている．そこで，ここでは，マルターゼやスクラーゼに対する阻害活性を評価した．

市販ラット腸管アセトン粉末に9倍量の56 mMマレイン酸緩衝液（pH 6.0）を添加し，ガラスホモジナイザーで均質化した後，遠心分離し上清を回収し，これを粗酵素液とした．マルターゼ反応は粗酵素液を20倍希釈，スクラーゼ反応には2倍希釈して使用した．まず，2%マルトースまたは2%スクロース溶液0.6 mlに，2 mg/mlの濃度のサンプルを0.6 ml添加し，37℃にて5分間保温後，粗酵素液を0.6 ml添加し，37℃で120分間反応させた．沸騰水中で10分間酵素失活させた後，遠心分離を行ない，上清のグルコース量から酵素阻害活性を算出した．

その結果，AP画分には，α-グルコシダーゼ，特にマルターゼを阻害する作用が強いことが確認された（図6-13）．また，単離した化合物のうち，シアニジン-3-ラムノシド（C3R），ペラルゴニジン-3-ラムノシド（P3R）およびクエルシトリンについても，同一濃度で阻害活性を調べたところ，クエルシトリンが最も活性が強く，C3RやP3RはAP画分と同程度の活性であった（図6-13）．

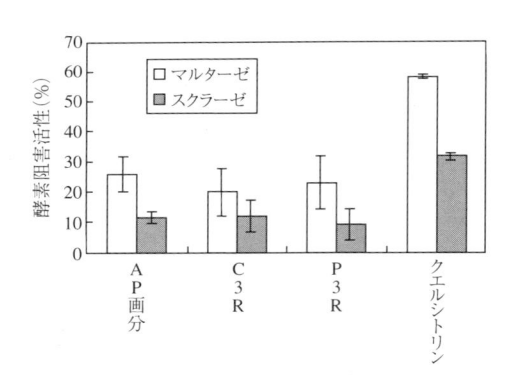

図6-13 AP画分およびポリフェノール成分のα-グルコシダーゼ阻害活性

2) Caco-2細胞を用いたグルコース吸収抑制効果の評価

次に腸管のモデル細胞であるCaco-2細胞を用いて，グルコース吸収抑制効果を評価した．

HBSS（-グルコース）に^{3}H標識した3-O-メチルグルコースおよび0.1mg/mlのAP画分を添加した溶液中で，37℃，10分間の取り込み量を測定した．そ

の結果，3-O-メチルグルコースの取り込み量は，AP画分を含まないコントロールの約60%であった．さらにAP画分の濃度を増加し，0.5および1 mg/ml添加した場合は，いずれも3-O-メチルグルコースの取り込み量が約30%に減少した（図6-14）．したがって，AP画分は，Caco-2細胞へのグルコースの取り込みを強く阻害することが示された．

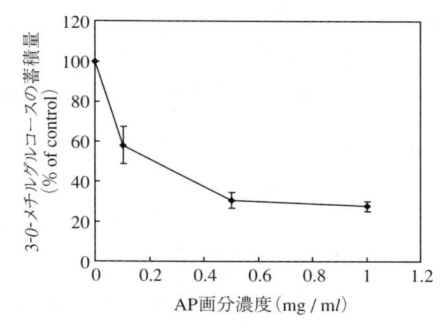

図6-14 Caco-2細胞へのグルコースの取り込みに対するAP画分の影響

3）AGE生成阻害活性

糖尿病患者のように高血糖状態が続くと血中に存在する過剰な糖が体内のタンパク質と反応を起こし，糖化タンパク質を形成する．糖化タンパク質はさらに反応が進むと，AGE（Advanced Glycation Endproducts）と呼ばれる化合物が形成され，タンパク質に機能障害を与え，合併症へと繋がっていくとされている[13]．この糖とタンパク質とが反応しAGEが形成される段階を阻害することが，糖尿病合併症を予防する1つの方法と考えられる．そこでタンパク質として牛血清アルブミンを用いて，AGEの生成阻害活性を評価した．

16 mg/ml 牛血清アルブミン1 ml，4Mグルコース1 ml，1/15 Mリン酸バッファー（pH 7.2）1 ml，0.3 mg/mlのAP画分1 mlを混合し，60℃で貯蔵した．貯蔵7日後に，タンパク質とグルコースによって生成されたAGEを蛍光分光計により分析した．蛍光の条件は，AGE初期産物の分析では励起波長325 nm・蛍光波長405 nm，AGE後期産物の分析では励起波長370 nm・蛍光波長440 nmとした．また比較対照として，AGE生成阻害剤の医薬品であるアミノグアニジンも同様に評価した．その結果，AP画分はアミノグアニジンと同程度の非常に強い阻害活性を有することが示された（図6-15）．また同一濃度でC3R，P3R，クエルシトリンも評

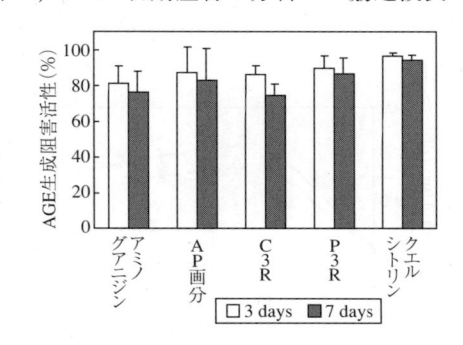

図6-15 AP画分およびポリフェノール成分のAGE生成阻害活性

価したところ，どのポリフェノール成分も AGE 生成に対し強い阻害活性を示した（図 6-15）．

5・2 正常マウスを用いた糖負荷試験

以上のように，AP 画分は，$in\ vitro$ の試験で α-グルコシダーゼ阻害活性を有し，また Caco-2 細胞へのグルコースの取り込みを抑制する作用があることを見いだした．これらの事実から，AP 画分に $in\ vivo$ において血糖値上昇抑制作用を有することが期待された．そこで，ICR 雄性マウスを用いた糖負荷試験を実施し，その検証を行なった．

6 週齢の ICR 雄性マウス（日本クレア（株））を購入し，MF 固形飼料（オリエンタル酵母工業（株））で 1 週間飼育した後，対照群と AP 画分投与群に分けてグルコースおよびマルトースによる糖負荷試験を実施した（グルコース負荷試験：各群 n＝15，マルトース負荷試験：各群 n＝12）．7 週齢で 1 晩絶食させ，翌日に AP 画分 250 mg / kg（体重）を生理食塩水に溶解し，胃内ゾンデにて経口投与した．対照群には生理食塩水を投与した．その後グルコースまたはマルトースをそれぞれ 2 g / kg（体重）を投与した．採血は尾静脈より，各糖溶液投与後 30 分ごとに 90 分まで行ない，血糖値を測定した．なお，血糖値の測定にはグルコース C II テストワコー（和光純薬工業（株））を用いた．

まずマウスにグルコース負荷を行なったところ，AP 画分投与群は，対照群に比べ糖負荷 90 分後まで血糖値の上昇が有意に抑制された（図 6-16A）．さらに，血糖値曲線下面積の計算結果からも，AP 画分投与で血糖値の上昇が抑えられることが示された（図 6-16B）．一方，マルトース負荷試験では，AP 画分投与により，糖負荷 30 分後において血糖値の上昇が有意に抑制され，明らかにグルコースの吸収を遅らせることが示された（図 6-17）．

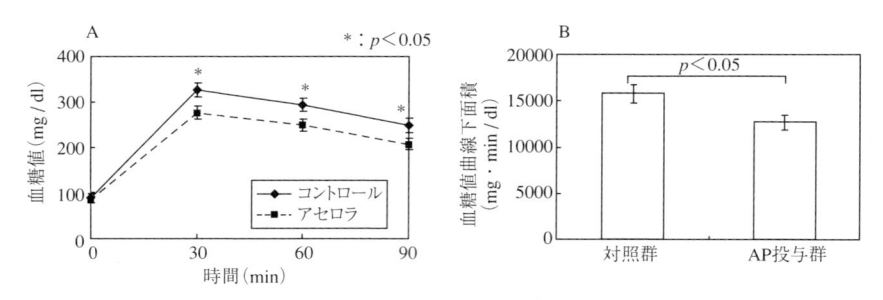

図 6-16　グルコース投与による血糖値の経時変化とその曲線下面積
A：血糖値の経時変化，B：血糖値曲線下面積値はすべて平均値±標準誤差で示した．

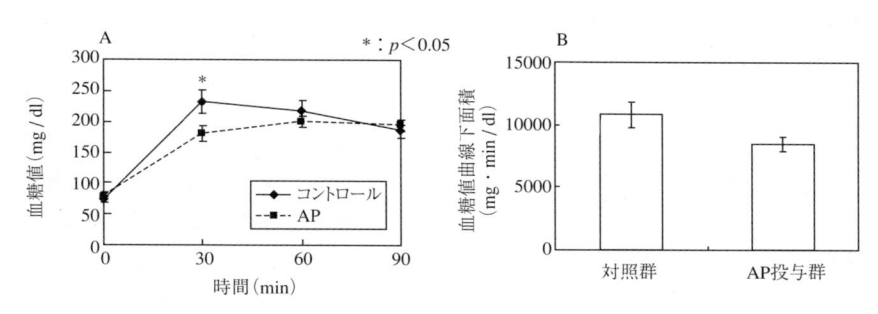

図6-17 マルトース投与による血糖値の経時変化とその曲線下面積
A：血糖値の経時変化，B：血糖値曲線下面積値はすべて平均値±標準誤差で示した．

これらの結果から，AP画分はグルコースおよびマルトース投与による血糖値の上昇を抑制する効果があることが示唆された．また，グルコースを負荷した場合においても血糖値上昇の抑制効果が見られたことから，AP画分の血糖値上昇抑制作用は，α-グルコシダーゼの阻害よりもむしろ腸管からのグルコース吸収過程の抑制によるところが大きいと考えられた．

§6. アセロラパウダーの作製および機能性評価

糖尿病患者は高い酸化ストレス状態にあり，血中のビタミンC濃度が低下していることが報告されている．したがって，血糖値の上昇を抑制する効果が認められたAPとビタミンCを含むアセロラパウダーは，糖尿病の予防と改善への応用が期待できる素材と考えられる．そこで，APとビタミンCを高濃度に含有するアセロラ由来の新規機能性素材であるアセロラパウダーの作製を検討した．

6・1 アセロラパウダーの作製

1）脱糖果汁の調製

1・1で示したように，アセロラ果汁にはグルコースやフルクトースなどの糖質が多く含まれており，そのままでは糖尿病予防素材として適していない．そこで，酵母発酵により糖質を除去し，またそれによりAPとビタミンCの相対的な含量を高めることができないか検討した．

アセロラ果汁をBrix値が20〜30％の範囲になるまで減圧濃縮した後（約3倍濃縮），パン酵母（*Saccharomyces cerevisiae*）粉末（オリエンタル酵母工業（株））を濃縮果汁に対して2％量添加し，32℃にて発酵を行なった．次いで，

沸騰水中で 10 分間殺菌処理を行なった後，遠心分離により酵母菌体を除去し脱糖果汁を得た．酵母発酵前後での粉末状態の成分を比較したところ，グルコース，フルクトースは完全になくなっており，得られたパウダーのビタミン C 含量を 40％近くまで高めることができた（表 6-8）．しかし一方で，このパウダーの AP 含量は 1％以下と少量であった．1 日のビタミン C 所要量を基準にアセロラパウダーの摂取量を考えた場合，このままでは AP の摂取量が相対的に少なすぎるため，AP 含量を高める工夫を試みた．

表 6-8 発酵処理による成分変化（固形分100 g あたり）

	発酵前	発酵後
グルコース	11.3 g	―
フルクトース	12.7 g	―
ビタミン C	22.3 g	37.1 g
ポリフェノール	296.6 mg	498.5 mg

―：検出限界以下

その結果，酵母発酵処理した脱糖果汁に，アセロラ搾汁残渣（種子およびパルプ）から抽出・精製処理した AP を添加することにより，ビタミン C と AP との含量比を 2:1～4:1 まで高めたアセロラパウダーを開発するに至った．

2）種子およびパルプからのポリフェノール抽出方法の検討

アセロラ果実 100 g を搾汁し，約 30 g の残渣を得た．次に，3 倍量の蒸留水を添加し，ポリトロンで 10 分間ホモジナイズした後，さらに蒸留水を 10 倍量

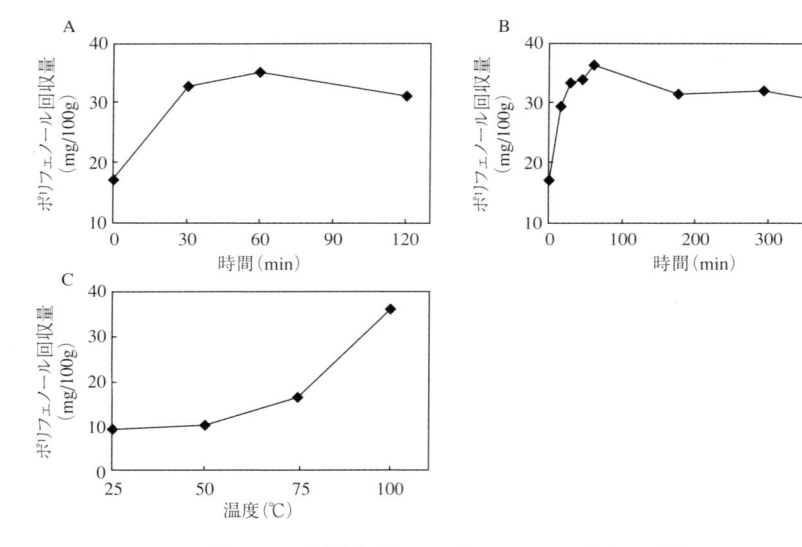

図 6-18 各抽出処理によるポリフェノール成分の回収量
（A：121℃加圧抽出，B：熱水抽出，C：抽出温度の検討）

になるまで添加した．この懸濁液を用いて，①熱水抽出，②121℃加圧抽出，③抽出温度の検討により，ポリフェノール回収量の最適条件を検討した．その結果，熱水抽出，121℃加圧抽出では60分間が最も回収量が高く，抽出温度条件の検討では100℃が最も回収量が高かった（図6-18）．以上の結果から，残渣からのポリフェノールの抽出は，100℃の熱水で1時間抽出する方法を選択することにした．

3）種子およびパルプ抽出物の精製方法の検討

次に食品規格の樹脂を用いて搾汁残渣の抽出物より，ポリフェノールの純度を高める方法を検討した．検討を行なった樹脂は表6-9に示した陰イオン交換樹脂3種，陽イオン交換樹脂2種，合成吸着樹脂3種の計8種類の樹脂を用いた．そのうち，イオン交換樹脂のなかでは，陽イオン交換樹脂であるDOWEX MAC-3が最も高い回収率であった．しかし，その回収率は53％，ポリフェノール純度も2.8％と低値であった．一方，合成吸着樹脂のなかでは，Amberlite XAD7HPに供した場合が最も効率よくポリフェノールを回収でき，その回収率は78％，ポリフェノール純度は16.5％であった（表6-9）．

表6-9 各樹脂による精製処理後のポリフェノール純度および回収率

	ポリフェノール量（％） （固形分中の純度）	ポリフェノール 回収率（％）
抽出原液	2.5	
陰イオン交換樹脂（素通り画分）		
DOWEX1×2	0.17	1.1
DOWEX2×8	1.7	26
DOWEX MARATHON WBA	0.13	1.6
陽イオン交換樹脂（素通り画分）		
DOWEX50W×2	1.5	24
DOWEX MAC-3	2.8	53
合成吸着樹脂（吸着画分）		
Amberlite XAD16HP	8.9	34
Amberlite XAD7HP	16.5	78
Amberlite XAD1180	5.1	22

4）精製のスケールアップ

以上の結果を受けて，Amberlite XAD7HPを用いて500 ml容量のカラムを作製し，搾汁時に生じる種子とパルプに含まれるポリフェノールの抽出と精製を行なった．

種子に，5倍量の蒸留水を添加し，ブレンダーミキサーにて破砕後，100℃

にて1時間熱水抽出した．この懸濁液を遠心分離後，ろ過し，種子抽出液を得た．一方，パルプには，4倍量の蒸留水を添加し，種子と同様に破砕，抽出，遠心分離，ろ過の一連の操作を行なうことによりパルプ抽出液を得た．これらの各抽出液を10～15 ml/minの流速でカラムに供し，カラムの5倍容（2,500 ml）の蒸留水で洗浄した後，3倍容（1,500 ml）のエタノールで溶出させて，その吸着画分を種子ポリフェノール粗精製物（SP）およびパルプポリフェノール粗精製物（PP）とした．

この工程により，種子1 kgからポリフェノールを約40％含むSPを3.0 g得た．同様に，パルプ1 kgからポリフェノールを約10％含むPPを4.0 g得た．SPは果汁から得られるポリフェノールよりも抗酸化性が強く，ポリフェノールの組成も若干異なるが，PPは果汁とほぼ同じポリフェノールが含まれていた．

5）調合割合の検討

第六次改定日本人の栄養所要量より，ビタミンCの1日の摂取量は100 mgであること，機能性などの効果が期待できるポリフェノールの1日の摂取量は約50 mg程度が必要と考えられることから[14]，ビタミンCとポリフェノールの含量比が，2:1前後になるようなアセロラパウダーの実現を目標とした．脱糖果汁，SPおよびPPの3種類の試料におけるビタミンC含量とポリフェノール含量の結果をもとに，脱糖果汁：SP:PP=1:1:1，2:1:1，3:1:1，4:1:1となる4種類のアセロラパウダーを調製した．得られた4種類のアセロラパウダーのビタミンC含量とポリフェノール含量の割合は約1:1から3:1であり，ポリフェノールの強化されたパウダーを得ることができた（表6-10）．また，興味深いことに，脱糖果汁のみでは潮解性が高くパウダー化には適さなかったが，SPやPPを混合させることにより潮解性も改善された．

表6-10 ブレンド後のビタミンC含量およびポリフェノール含量

脱糖果汁：SP：PP比	ビタミンC含量（％）	ポリフェノール含量（％）	ビタミンC/ポリフェノール
1:1:1	12.7	17.6	0.72
2:1:1	17.9	15.1	1.2
3:1:1	27.3	12.7	2.1
4:1:1	27.8	11.2	2.5

6・2 アセロラパウダーの機能性評価

最後に，前記の方法で調製したアセロラパウダーのうち混合比2:1:1のパウダー（ビタミンC／ポリフェノール＝1.2）について，正常マウスを用いて糖

第6章 アセロラに含まれる機能性成分の探索とその利用技術の開発

負荷試験を行ない，作製したアセロラパウダーに血糖上昇抑制作用を有するかどうか検討した．実験は，5・2に準じて行なった．使用したICR雄性マウスはグルコース負荷試験では両群ともにn=5，マルトース負荷試験では両群ともにn=6とした．投与したアセロラパウダーと糖の濃度は5・2に記載の方法に準じた．その結果，どちらの糖を負荷した場合においても，本パウダーの投与により，血糖値の上昇を抑制する傾向が見られた（図6-19，6-20）．

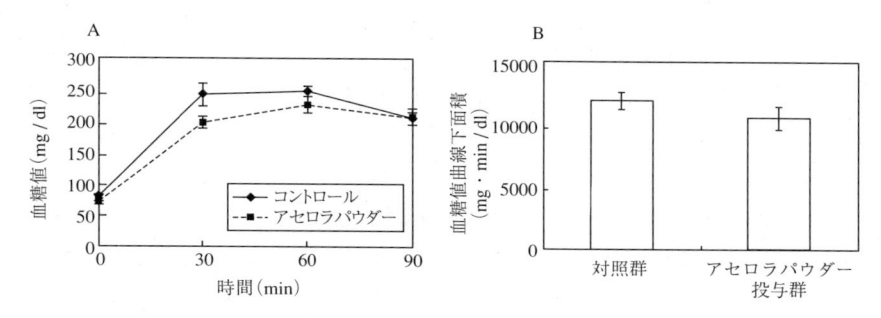

図6-19 グルコース投与による血糖値の経時変化とその曲線下面積
A：血糖値の経時変化，B：血糖値曲線下面積値はすべて平均値±標準誤差で示した．

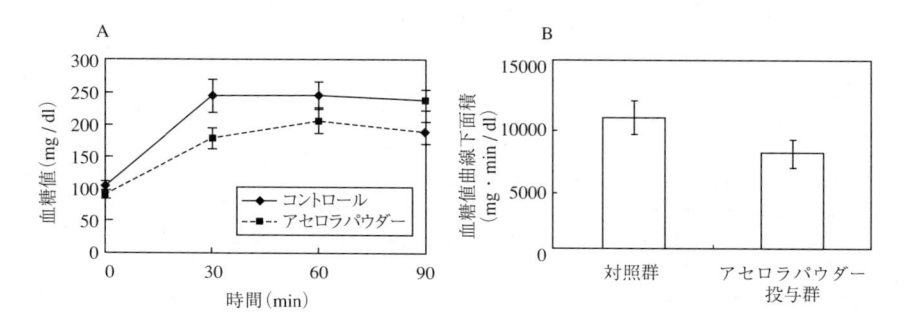

図6-20 マルトース投与による血糖値の経時変化とその曲線下面積
A：血糖値の経時変化，B：血糖値曲線下面積値はすべて平均値±標準誤差で示した．

まとめ

これまでの研究で，アセロラに含まれるポリフェノール成分の探索により，アントシアニン類2種類，ケルセチン類3種類およびアスチルビンを単離することに成功し，今までほとんど報告されていなかったアセロラにおけるビタミンC以外の機能性成分の一端を明らかにすることができた．

また，機能性の面では，まず，アセロラ果汁はビタミン C の生体への吸収が合成ビタミン C よりもよい可能性があることが，細胞系の実験および動物を用いた予備実験から示唆された．またアセロラ果汁はビタミン C による細胞毒性を軽減させビタミン C のメラニン生成抑制作用を発揮させることができることが示された．さらに，AP は血糖値上昇抑制作用を有することが *in vitro* および *in vivo* の結果より明らかにすることができた．

　以上の結果を踏まえて，AP とアセロラビタミン C 両方を含むアセロラパウダーをアセロラ搾汁残渣であるパルプや種子を利用し作製した．このアセロラパウダーは，ビタミン C と AP の含量のバランスが 2:1～4:1 程度になるまで，AP 含量を高めたことを特徴とする素材であり，血糖値上昇抑制作用が期待できるものであった．

　今後は，AP およびアセロラパウダーの機能性評価を，モデルマウスやヒトを用いてさらに検討していく必要があるものと思われる．また，安全性試験を充分に行なったうえで，産業レベルへのスケールアップの検討を進めていく予定である．

参考文献

1) 大東　肇，中村宜督，村上　明：*Food style 21*, 2, 7, 31-35 (1998).
2) 吉川敏一，尚　弘子：*Food style 21*, 3, 7, 19-25 (1999).
3) 村上　明，大東　肇：*Food style 21*, 3, 7, 35-39 (1999).
4) 『五訂日本食品標準成分表分析マニュアル』，社団法人資源協会 (1997).
5) 『日本食品標準成分表五訂』，科学技術省資源調査会 (2000).
6) Kaur C. and Kapoor H.C.：*Int. J. Food Sci. Technol.*, 37, 153-161 (2002).
7) Yoshida K., Kondo T., Kameda K., Kawakishi S., Lubag A.J. M.,Mendoza E.M.T. and Goto T.：*Tetrahedron Lett.*, 32, 5575-5578 (1991).
8) Yamamoto I., Muto N., Nagata E., Nakamura T. and Suzuki Y.：*Biochim. Biophys. Acta.*, 1035, 44-50 (1990).
9) Okamura M.：*J. Nutr. Sci. Vitaminol*, 44, 25-35 (1998).
10) Vinson J. A. and Bose P.：*Am. J. Clin. Nutr.*, 48, 601-604 (1988).
11) 熊沢賢一，渡辺千春：「フレグランスジャーナル」，84, 42-48 (1987).
12) Medina F. S., Vera B., Gálvez and J. and Zarzuelo, A.：*Life Sci.*, 70, 3097-3108 (2002).
13) Uchida K.：*Free Radical Bio. Med.*, 28, 1685-1696 (2000).
14) 下位香代子：『茶の機能生体機能の新たな可能性』，学会出版センター，178-181 (2002).

文責　　（株）ニチレイ　花村高行

―――――― 第7章 ――――――
グリセロ糖脂質の効率的生産および
その機能性の検討・向上技術の開発

日新製糖株式会社

はじめに

　グリセロ糖脂質は微生物から高等動植物に至るまで広く天然に存在することが知られており，食経験も多く安全な食品素材であると考えられる[1]．近年，グリセロ糖脂質は天然からの抽出によって取得され，乳化安定性[2]や発がんプロモーションの抑制効果[3]などの機能性について報告されてきたが，抽出量が少ないことから，生理学的性質をはじめとした特性検討が十分にできず，機能性食品素材として有効に利用されていないのが現状である．

　我々はこれまでに，グリセロ糖脂質の構造の一部分となるガラクトシルグリセロール（GalGro）の生産と分離取得方法を確立し，このGalGroと遊離脂肪酸からグリセロ糖脂質を実験室レベルで効率的に酵素合成することに成功している．また，これら酵素合成したグリセロ糖脂質の性質解析を行ない，脂肪酸部分の構造によっては乳化安定性や抗菌活性を示すことを確認している[4]．

　本研究は，このようなグリセロ糖脂質について，酵素による効率的な大量生産技術を確立するとともに，新規機能性の探索および機能性向上のための分子設計を行なうことにより，新しい機能性食品素材を開発することを目的として実施した．

§1. グリセロ糖脂質の構造と生理機能性
1・1　リノレン酸を構成脂肪酸とするグリセロ糖脂質

　グリセロ糖脂質の生理機能性としては，発がんプロモーション（EBV‐EA誘導）抑制作用が報告されている[2]．この報告で取り上げられているコブミカン由来のグリセロ糖脂質の糖鎖はガラクトースであり，構成脂肪酸はリノレン酸である．そこでまず，リノレン酸とガラクトシルグリセロール（GalGro）を基質として酵素合成したグリセロ糖脂質について，培養細胞を用いた試験によって生理機能性を確認した．

グリセロ糖脂質の合成は，本技術研究組合新食品素材部会にて検討したように，GalGro と遊離リノレン酸を基質として（モル比で 1:1），固定化リパーゼ PLG（名糖産業（株），*Alcaligenes* 由来）で反応することで行なった[4]．反応液をシリカゲルクロマトグラフィーによって分画し，モノエステル画分とジエステル画分を得た．これらサンプルについて EBV‐EA 誘導抑制作用を測定した．さらに，発がんとも関連が深い一酸化窒素（NO）産生抑制効果，スーパーオキシドアニオン（O_2^-）産生抑制効果についても分析した[5]．

表7-1 リノレン酸グリセロ糖脂質の EBV-EA 誘導抑制効果

	抑制率（％）	細胞生存率（％）
モノエステル	41.3	93.3
ジエステル	75.6	89.7

サンプル濃度 10 μg/ml

表7-2 リノレン酸グリセロ糖脂質の生理機能性

	IC_{50}^*（μM）	
	NO産生抑制効果	O_2^- 産生抑制効果
モノエステル	21	15
ジエステル	27	>129
遊離リノレン酸	23	164

* 50％抑制濃度

表7-1, 7-2 に示したように，モノエステル画分はこれら3つの活性すべてを有しており，ジエステル画分も O_2^- 産生抑制以外はモノエステル画分と同程度の活性を有していた．

1・2　構成脂肪酸の異なるグリセロ糖脂質の機能性比較

リノレン酸を構成脂肪酸とするグリセロ糖脂質に EBV‐EA 誘導抑制，NO 産生抑制，O_2^- 産生抑制などの生理機能性が認められたので，他の不飽和脂肪酸（γ‐リノレン酸，DHA，EPA）を構成脂肪酸とするグリセロ糖脂質についても同様な解析を行ない，生理機能性の比較を行なった．

10 μM 濃度での NO 産生抑制効果を比較した結果を図7-1に示した．これらのなかでは DHA を含むものが最も高い効果を示したが，他の脂肪酸でもリノレン酸の場合と同等以上の活性を示した．この活性は構成脂肪酸が同じならば，グリセロ糖脂質のモノエステルでも，ジエステルでも，さらには遊離脂肪酸でも同程度だった．

各種遊離脂肪酸とそれらを構成要素とするモノエステルの，10 μg/ml 濃度での O_2^- 産生抑制効果を比較した（図7-2）．各脂肪酸のモノエステルと遊離脂肪酸とを比較すると，すべての場合でモノエステルの方が強い活性を有していた．脂肪酸の違いによる活性の差は見られなかった．

第7章　グリセロ糖脂質の効率的生産およびその機能性の検討・向上技術の開発

　これらの結果より，機能性をもったグリセロ糖脂質の構成脂肪酸としては，リノレン酸以外の不飽和脂肪酸も利用できることが示唆された．

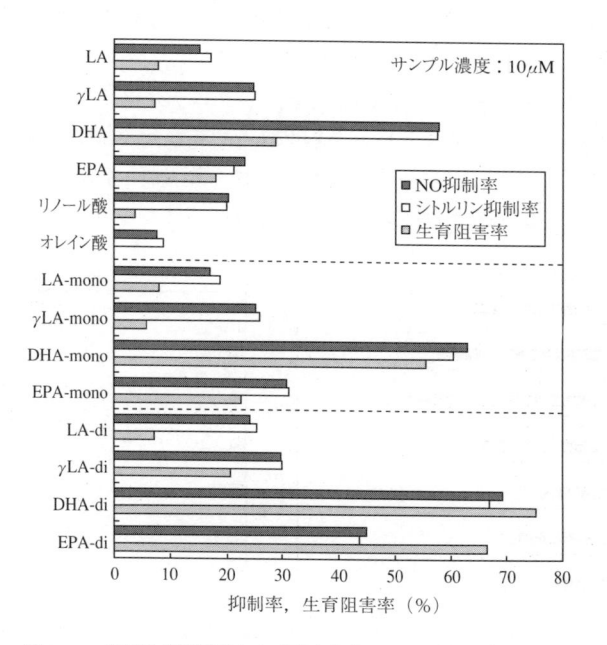

図7-1　各種遊離脂肪酸および酵素合成グリセロ糖脂質の NO 産生抑制効果
　　　　LA：リノレン酸，γLA：γ-リノレン酸，mono：モノエステル，di：ジエステル

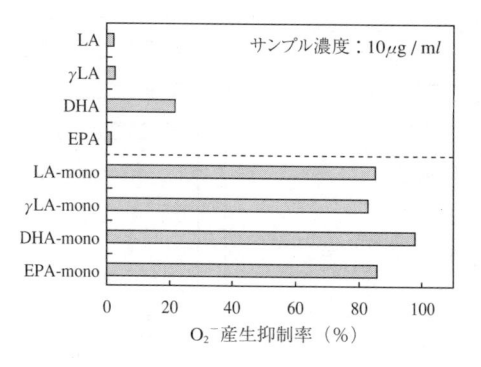

図7-2　各種遊離脂肪酸と脂肪酸由来モノエステルの O_2^- 産生抑制効果

1・3 糖鎖の異なるグリセロ糖脂質の機能性比較

糖鎖の種類で機能性が変わる可能性も考えられるので，ガラクトースを他の単糖（グルコース，フラクトース）に替えたグリセロ糖脂質を合成し，その機能性をガラクトース糖鎖のものと比較した．

グルコシルグリセロール（GlcGro）を，シクロデキストリングルカノトランスフェラーゼによってデキストリンからグリセロールへグルコースを転移させることで調製した．また，フラクトシルグリセロール（FruGro）を，レバンシュークラーゼによってシュークロースからグリセロールにフラクトースを転移させる

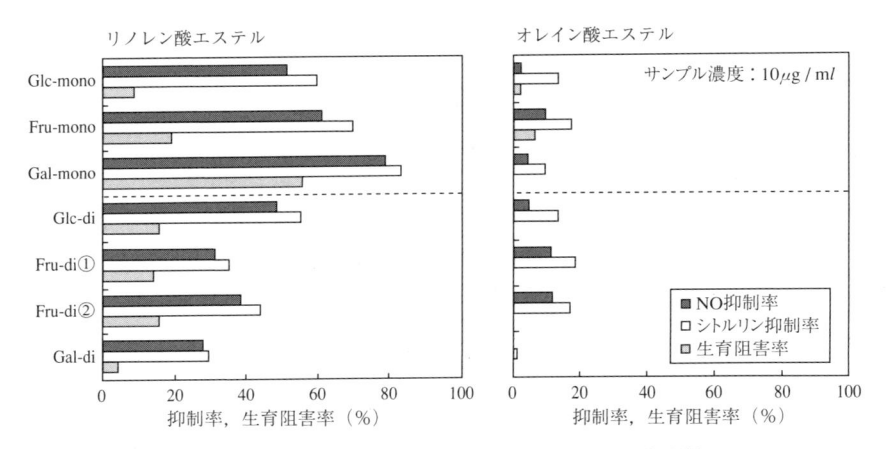

図7-3 様々な糖のついたグリセロ糖脂質のNO産生抑制効果
Glc：グルコース, Fru：フラクトース, Gal：ガラクトース, mono：モノエステル, di：ジエステル

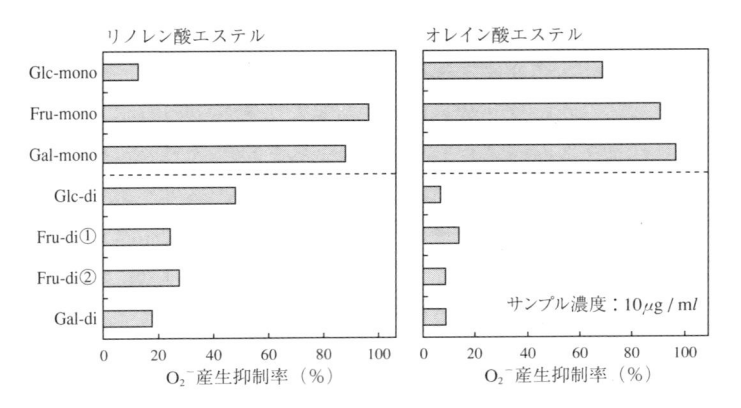

図7-4 様々な糖のついたグリセロ糖脂質のO_2^-産生抑制効果

第7章 グリセロ糖脂質の効率的生産およびその機能性の検討・向上技術の開発

ことで調製した．カラムクロマトグラフィーなどによって純度を高めた GlcGro，FruGro を基質とし，GalGro の場合と同様な方法でグリセロ糖脂質を合成した．脂肪酸としてはリノレン酸とオレイン酸を用いた．反応液をシリカゲルクロマトグラフィーによってモノエステルとジエステルに分画し，NO 産生抑制効果（図7‐3）と O_2^- 産生抑制効果（図7‐4）を測定した．なお，フラクトース糖鎖のジエステルは2つの画分に分かれたので，それぞれについて分析した．

糖鎖としてグルコースがついたものの活性は他と比べて若干低かったが，フラクトース糖鎖のものとガラクトース糖鎖のものは同程度の活性を示した．

糖鎖が生理機能性に影響を与える例は見られたが，ガラクトース糖鎖のグリセロ糖脂質を超える活性のものは得られなかったので，この後の検討もガラクトース糖鎖のものについて行なった．

§2. 食用油脂を原料としたグリセロ糖脂質 O3 の生産と培養細胞による生理機能性評価

これまでの生理機能性解析試験では，試薬の遊離脂肪酸を原料として合成したグリセロ糖脂質を用いてきたが，実用化に際しての大量生産を見据え，より安価に大量に入手可能な食用油脂を原料としたグリセロ糖脂質生産について検討した．さらに，グリセロ糖脂質生産のもう一方の原料である GalGro についても，より効率的な生産方法を検討した．

2・1 グリセロ糖脂質の原料である GalGro の生産方法改良と大量生産
1）乳糖追加法による GalGro の効率的生産

GalGro はグリセロールを受容体とし，乳糖からガラクトースを転移させて生産した．ガラクトースの転移にはアルギン酸ナトリウムで包括固定化した *Cryptococcus laurentii* LB‐4‐594 株の β‐ガラクトシダーゼ活性を利用し，副生するグルコースをパン酵母に消費させることで反応の効率を上げた．乳糖10％（w/v），グリセロール20％（w/v）を反応させる従来の方法[4]では生産される GalGro の組成比が27％と低く，高純度品取得

表7‐3 乳糖添加による GalGro 生産反応

乳糖量（％(w/v)）	GalGro 生産量（組成比％）
10	27.0
10+5 [*1]	34.5
10+5+5 [*2]	38.2
10+10 [*3]	41.4

[*1]：乳糖量　初発10％，反応 24hr 後に5％追加
[*2]：乳糖量　初発10％，反応 24hr 後に5％，48 hr 後に5％追加
[*3]：乳糖量　初発10％，反応 24 hr 後に10％追加

のためのクロマト分離工程の効率が悪かった．そこで，反応途中で乳糖を追加することで，GalGro の組成比を向上させることを試みた．

反応液 1 l（乳糖 10%（w/v），グリセロール 20%（w/v））に *C. laurentii* LB‐4‐594 株固定化菌体 400 g とパン酵母 40 g を添加し，40℃で反応を行なった．24 時間反応後（一部はさらに 24 時間反応後）に乳糖を追加した場合の GalGro 組成比を表 7‐3 に示した．24 時間反応後に乳糖を初発量と同量（10%（w/v））追加した場合に，GalGro 組成比は 41% と従来の約 1.5 倍に向上した．

2）パイロットプラントでの GalGro 大量生産

食品用乳糖 10%（w/v），食品添加物用グリセロール 20%（w/v）の水溶液 50 l に *C. laurentii* LB‐4‐594 株固定化菌体 20 kg とパン酵母 1 kg を加え，40℃で反応を行なった．反応 24 時間後に初発と同じ量の乳糖を追加し，反応をさらに 48 時間続けた．反応液組成の経時変化を図 7‐5 に示した．この規模の反応でも，GalGro 組成比を 42% まで上げることができた．反応液を活性炭処理，ろ過による清澄化，脱塩，濃縮した後，カルシウム型強酸性陽イオン交換樹脂（9 l）を充填したクロマト分画装置によってクロマト分離することにより（移動相：イオン交換水，操作温度：60℃，流速：350 ml/hr），GalGro 濃度 85% 以上の高純度品を調製した．パイロットプラントでの 50 l 反応液 7 回分を順次処理することにより，Brix 75% の GalGro シロップを 10 kg 取得した．

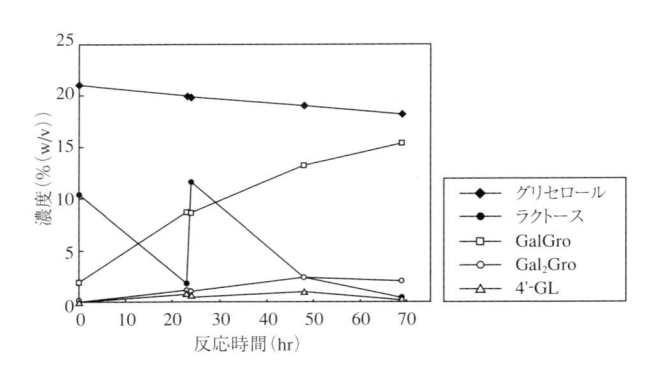

図 7‐5 パイロットプラント（反応液 50 l）での GalGro 生産反応
GalGro：ガラクトシルグリセロール，Gal$_2$Gro：ジガラクトシルグリセロール，4'-GL：4'-ガラクトシルラクトース

2・2 食用油脂を原料としたグリセロ糖脂質の生産

遊離脂肪酸に替えて各種食用油脂を脂肪酸供与体としたグリセロ糖脂質生産

を試みた.GalGro 5%(w/v),油脂 20%(w/v)を原料とし,アセトン溶媒中で 40℃,72 時間反応した場合の反応液組成を表 7-4 に示した.魚油のみジエステルの生成量が低くなったが,他の油脂ではほぼ同様な反応液組成となった.

これまでの検討より,O_2^- 産生抑制効果を主に担うのはモノエステル分であることがわかっている.そこで,反応液中のモノエステルの割合を高めることを試みた.クロマト分離ではコストがかかるので,より簡単な液液抽出法による分画を検討した.

各反応液に対して 10%,20%,30%(v/v)の蒸留水を加え,分離した上相をグリセロ糖脂質画分として回収した(それぞれの分離画分を fr.1, fr.2, fr.3 とした).シソ油反応液を液液抽出した場合の各成分の回収率を表 7-5 に示した.加える蒸留水が増えるのに伴ってジエステル,ジグリセリドが減少し,モノエステルの割合が高くなった.この分画方法は他の油脂を原料とした反応液にも適用することができ,どの場合も各成分の回収率はシソ油反応液の場合と同程度だった.

表 7-4 各種油脂反応液の組成

脂肪酸供与体	組成(mg/100μl 反応液)			
	モノエステル	ジエステル	モノグリセリド	ジグリセリド
魚油	0.5	0.5	0.3	3.6
シソ油	0.6	1.9	0.4	5.2
オリーブシソ油	0.6	1.2	0.4	3.2
大豆油	0.7	2.4	0.5	4.3
ナタネ油	0.6	1.4	0.3	3.0
オリーブ油	0.5	1.9	0.4	3.2

5%(w/v)GalGro,20%(w/v)油脂で 40℃,72 hr 反応.

表 7-5 シソ油反応液から調製した粗分画物中の各成分の回収率

粗精製サンプル	回収率(%)			
	モノエステル	ジエステル	モノグリセリド	ジグリセリド
fr.1	100	68	100	38
fr.2	100	32	100	8
fr.3	100	11	75	2

2・3 食用油脂を原料としたグリセロ糖脂質の培養細胞による生理機能性評価

各油脂を原料とした反応液の液液抽出による粗分画物について,NO 産生抑

制効果（図7-6）とO_2^-産生抑制効果（図7-7）を測定した．NO産生抑制効果はシソ油を原料とした場合に高い活性を示した．O_2^-産生抑制効果は，同じ油脂を原料とした画分間で比較するとモノエステルの割合が多い画分ほど高くなり，原料油脂の種類としてはオリーブ油が最適だった．これら粗分画物のうち，NOとO_2^-のどちらか，あるいは両方の産生抑制率が高かったものについて，それぞれの50%抑制濃度（IC_{50}）を求めた（表7-6）．なお，ここではシソ油を原料とした反応液のfr.1，3画分をそれぞれP1，P3，オリーブ油を原料とした反応液のfr.3画分をO3と名づけ，以降もこの名称を用いている．

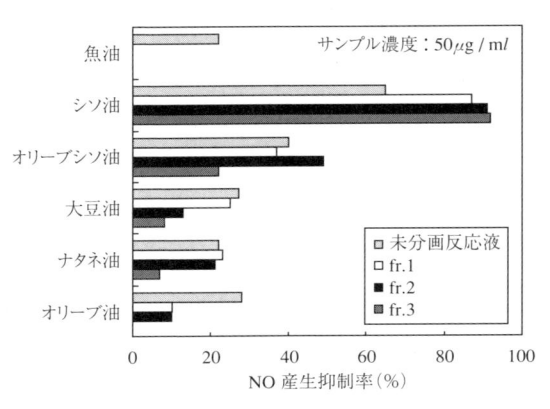

図7-6 油脂-GalGro反応液およびそれらの粗分画物のNO産生抑制効果
魚油は反応液のみ分析した

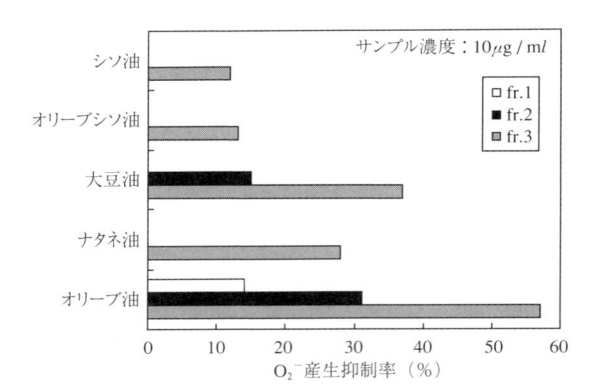

図7-7 油脂-GalGro反応液粗分画物のO_2^-産生抑制効果

表7-6 グリセロ糖脂質の生理機能性 50%抑制濃度（IC_{50}）比較

	IC_{50} (μg/ml)	
	NO抑制	O_2^-抑制
P1（シソ油反応液 fr.1）	25	>50
P3（シソ油反応液 fr.3）	25	20
O3（オリーブ油反応液 fr.3）	>50	10

§3. グリセロ糖脂質 O3 の動物実験による生理機能性評価
3・1 グリセロ糖脂質 O3 によるマウス大腸炎症抑制試験[6,7]

これまで述べてきたように，酵素合成したグリセロ糖脂質には培養細胞による NO や O_2^- の産生を抑制する機能が認められたが，このような性質をもつ物質は炎症さらには発がんを抑制することが期待できる．そこで，こうした機能を動物実験によって確認するため，マウスの大腸炎症系による試験を行なった．

6 週齢の雌性 ICR 系マウス（東京実験動物（株））を購入し，CE-2 ペレット飼料（日本クレア（株））と水道水による一週間の予備飼育の後，飼料をグリセロ糖脂質を添加した粉末 CE-2 に替えて一週間飼育した．さらに，飼料はグリセロ糖脂質を添加したもののまま，飲水を大腸炎症誘導剤 DSS（Dextran Sulfate Sodium, MW＝36,000－50,000, ICN）を 4％添加した水道水に替えて一週間飼育した．飼育終了後マウスを屠殺，開腹し，盲腸下流から肛門までの大腸を摘出した．摘出した大腸は長さを測定した後，内壁の粘膜細胞を破砕し，タンパクを含む溶液を抽出して分析サンプルとした．炎症反応の際に生産される誘導酵素シクロオキシゲナーゼ-2（COX-2）の Western Blotting による分析および炎症性サイトカイン IL-1β の ELISA 法による分析を行なった．統計解析は Tukey の方法で行なった．

表 7-6 に示した 3 種のグリセ

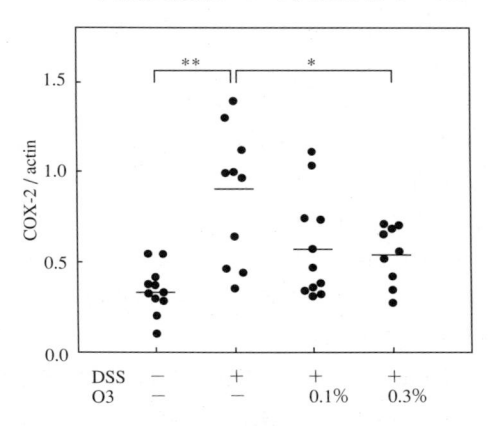

図7-8 O3 のマウス大腸炎症に対する抑制効果，大腸粘膜細胞中の COX-2 量
＊：$p<0.05$　＊＊：$p<0.01$（Tukey）

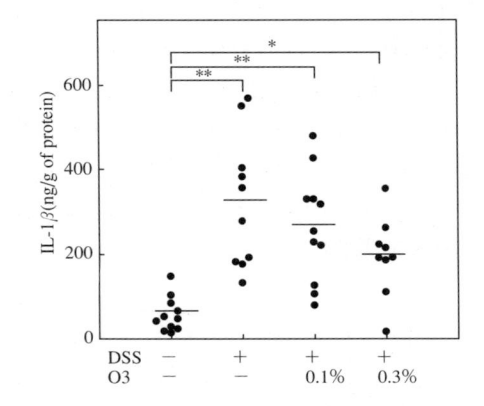

図7-9 O3 のマウス大腸炎症に対する抑制効果，大腸粘膜細胞中の IL-1β 量
＊：$p<0.05$　＊＊：$p<0.01$（Tukey）

ロ糖脂質画分を飼料に0.1％添加して試験を行なったところ，P3とO3でCOX-2量の低下が見られたが，P1では効果が得られなかった．P3とO3では効果は同程度だったが，原料であるシソ油とオリーブ油を比較すると，安定性，価格ともにオリーブ油の方が優れているので，これ以降の検討にはO3を用いることに決定した．なお，O3中のグリセロ糖脂質を構成する脂肪酸は，オリーブ油の脂肪酸組成を反映して，70％以上がオレイン酸だった．

飼料に対するO3の添加量を0.1％と0.3％の2通りに設定し，大腸炎症抑制に対するO3の用量依存性について検討した．1群の個体数は11匹とした．図7-8に各群各個体のCOX-2量をactin量との比で示し，図7-9にIL-1β量を示した．COX-2の生産はO3の用量依存的に抑制される傾向が見られ，O3添加量0.3％の場合は無添加の場合と比較して統計的に有意な差（$p<0.05$）を示した．IL-1βの生産もO3の用量依存的に抑制される傾向が見られたが，統計的に有意な差を示すには至らなかった．O3は飼料に混ぜて与えることにより，マウスの大腸炎症を抑える効果をもち，その効果は用量に依存することが示唆された．

3・2 グリセロ糖脂質O3の消化管内動態

1) *In vitro* での消化性試験 [8, 9]

O3のリパーゼによる消化性を*in vitro*で分析した．ブタ膵リパーゼ（SIGMA）とラット小腸粘膜酵素（SIGMA）をそれぞれO3に作用させたところ，モノグリセリドやジグリセリド，グリセロ糖脂質ジエステルなどの成分はほとんどが分解されたが，グリセロ糖脂質モノエステルは20～40％が残存していた（表7-7）．実際の消化管内での作用に倣い，膵臓と小腸に由来するこれら両リパーゼを順に作用させた場合でも，10％程度のグリセロ糖脂質モノエステルが残存した．よって，O3を経口摂取した場合，その多くはリパーゼによって分解を受けるが，10％程度のグリセロ糖脂質モノエステルは残存して大腸まで到達すると推測された．

表7-7 O3を酵素処理した場合の各成分の残存率

	残存率（％）			
	モノエステル	ジエステル	モノグリセリド	ジグリセリド
ブタ膵リパーゼ	23	0	0	0
ラット小腸粘膜酵素	42	0	0	0

2) *In vivo* での消化管内動態解析 [10, 11]

O3 の消化管内動態をマウスを用いて確認した．O3 を 0.1％添加した飼料で 2 週間飼育した雌性 ICR 系マウスの消化管内容物を胃，小腸，盲腸，大腸の 4 部位に分けて分析した結果を図 7‐10 に示した．

O3 中のグリセロ糖脂質モノエステルは小腸で大きく量を減らしたが，GalGro の増加が同時に見られることから，これはリパーゼによる分解の結果だと考えられた．しかしながら，*in vitro* の結果と同様に，グリセロ糖脂質モノエステルの約 10％は分解されずに残り，これが大腸を経て糞中に排出される様子が見られた．この大腸に達するグリセロ糖脂質モノエステルが，大腸炎症抑制に影響を与える可能性が示唆された．

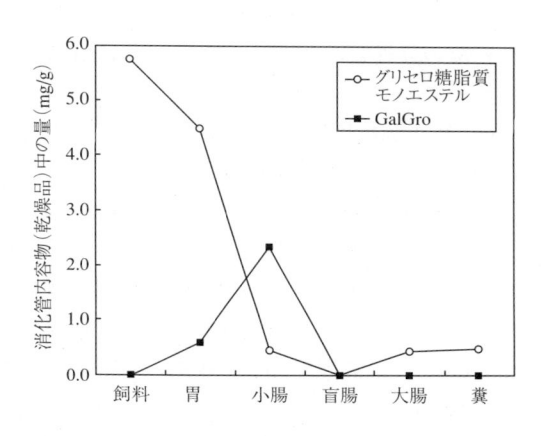

図 7‐10 ICR マウスにおける O3 の消化管内動態

なお，盲腸内容物中にグリセロ糖脂質モノエステルが検出されなかったのは，ここに滞留している間に腸内細菌によって分解されたものと考えられた．また，小腸で増加した GalGro が盲腸以降でまったく検出されなくなるのも，腸内細菌によって分解されるためと考えられた．

3・3 グリセロ糖脂質 O3 のラット脂質代謝改善効果 [12-21]

複合脂質の脂質代謝改善機能については，リン脂質で効果を確認した研究があり [12]，糖脂質についてもスフィンゴ糖脂質などでは有効性が報告されていることから [17]，O3 にも可能性があると考えられる．そこで，ラットに高脂肪高コレステロール食を与えて飼育する系で，O3 の脂質代謝に対する効果を確認した．

4 週齢の雄性 SD 系ラット（東京実験動物（株））12 匹を 1 週間予備飼育した後，平均体重が同程度になるように 6 匹ずつ 2 群に分けた．一方のコントロール群には高脂肪高コレステロール飼料（表 7‐8）を，もう一方の O3 群には 1.0％の O3 を添加した高脂肪高コレステロール飼料を与えて飼育した．4 週間

飼育後エーテル麻酔下で解剖し，後大静脈からの採血と肝臓の摘出を行なった．各種診断薬キットを用いた酵素法などにより，血清および肝臓中の脂質成分の分析を行なった．また，飼育 4 週間目に糞の採取を行ない，糞中の脂質成分や胆汁酸の分析も行なった．統計解析は Student's - t 法で行なった．

結果を表 7 - 9 に示した．

O3 群の飼料摂取量は減ることはなく，むしろ増加傾向にあった．体重も O3 群の方が多くなる傾向があった．

O3 群の血清総コレステロール濃度は，コントロール群に比較して有意に低い値を示した（$p<0.05$）．一方，HDL - コレステロール濃度はコントロール群に比べて高い傾向にあり，動脈硬化指数（（総コレステロール－HDL コレステロール）／HDL コレステロール）を比較すると O3 群の方が有意に低くなった（$p<0.05$）．またリン脂質濃度も，統計的に有意な差ではないものの，O3 群の方が低くなる傾向を示した．

肝臓総コレステロール濃度も，血清の場合と同様にO3群で統計的有意に低くなった（$p<0.01$）．さらに肝臓ではリン脂質濃度も統計有意に低くなった（$p<0.05$）．

コレステロール排泄量，コレステロール排泄率（飼料として摂取したコレステロール量に対する糞中に排泄されたものの割合）ともに，O3 群ではコントロール群よりも高かった（$p<0.01$）．また，糞中に排泄される胆汁酸量を比較した場合も，O3 群の方が高くなった（$p<0.01$）．

表 7 - 8　ラットの高脂肪高コレステロール飼料組成（%）

	コントロール群	O3群
ミルクカゼイン	20	20
α-コーンスターチ	36	35
ショ糖	16.05	16.05
コーン油	2	2
ラード	15	15
コリン重酒石酸塩	0.2	0.2
セルロースパウダー	5	5
ビタミンミックス*	1	1
塩類ミックス*	3.5	3.5
コレステロール	1	1
コール酸ナトリウム	0.25	0.25
O3	－	1

*：AIN76 準拠

第7章　グリセロ糖脂質の効率的生産およびその機能性の検討・向上技術の開発

表7-9　O3のラット脂質代謝に対する影響

		コントロール群	O3群
飼料摂取量（g）	*	604±36.0	662±49.0
解剖時体重（g）		361.8±30.5	406.5±31.3
血清			
総コレステロール（mg/dl）a	*	451.6±54.4	356.0±54.5
HDL-コレステロール（mg/dl）b		19.7±4.0	27.4±10.7
動脈硬化指数（a−b）/b	*	23.0±7.0	13.5±5.1
遊離コレステロール（mg/dl）c	*	82.9±13.2	56.5±14.6
c/a		0.185±0.037	0.157±0.018
トリグリセライド（mg/dl）		59.4±16.3	67.5±14.1
リン脂質（mg/dl）		214.4±28.5	180.6±27.8
遊離脂肪酸（mEq/l）		0.73±0.09	0.67±0.10
肝臓			
総コレステロール（mg/g of tissue）	**	81.5±5.2	71.2±3.7
トリグリセライド（mg/g of tissue）		114±10	119±9
リン脂質（mg/g of tissue）	*	36.0±4.6	30.2±1.5
総脂質（mg/g of tissue）		390±24	387±10
糞			
総コレステロール（mg/day/rat）	**	62.7±5.4	92.7±6.3
コレステロール排泄率（% of ingestion）	**	32.2±3.6	43.3±3.3
総胆汁酸（μmol/day/rat）	**	61.5±7.7	91.7±9.5
総脂質（mg/day/rat）		224±43	206±24

平均値±標準偏差　　*：$p<0.05$　**：$p<0.01$　（Student's-t）

これらの結果より，O3は腸内でのコレステロールや胆汁酸の吸収を阻害，排泄を促進し，血中や肝臓におけるコレステロール量を低下させる効果をもつと考えられた．

§4．グリセロ糖脂質 O3 の食品への応用

4・1　グリセロ糖脂質 O3 の乳化特性 [22]

O3の構成成分は主にグリセロ糖脂質であり，一部グリセリド類も含まれている．これらの脂肪酸部分はオレイン酸などの長鎖脂肪酸からなるため，分子構造中に疎水部と親水部をもつこととなり，O3には乳化剤としての性質が期待される．そこで，O3の乳化特性を測定し市販乳化剤（A−C：グリセリン脂肪酸エステル，D：ショ糖脂肪酸エステル）と比較した．

大豆油 5 ml と 200 mg の O3 あるいは市販乳化剤を添加したイオン交換水 5 ml とを混合し，ホモジナイザーによって乳化した（65℃，10,000 rpm，3分

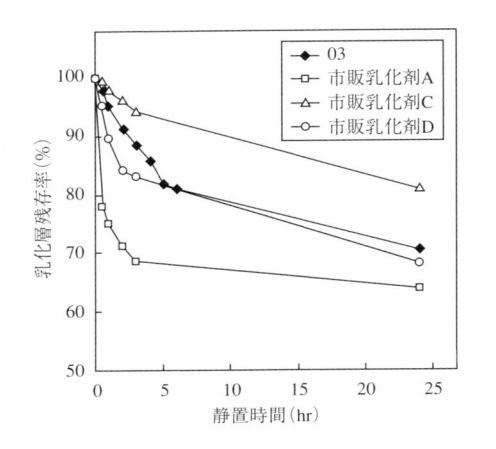

図7-11 O3の乳化安定性,乳化層残存率の経時変化
A,C:グリセリン脂肪酸エステル,D:ショ糖脂肪酸エステル

間).乳化液を試験管に移して静置し,乳化層残存率(乳化層の高さ/全溶液層の高さ)を経時的に測定することで乳化安定性を評価した.

結果を図7-11に示した.O3では24時間経過後も70%の乳化層が残存しており,市販乳化剤と同様な乳化安定性を有していた.

デュヌーイ氏表面張力試験器(太平理化工業(株))を用い,O3の各濃度の水溶液について表面張力を測定した(図7-12).また,0.05%水溶液の表面張力を市販乳化剤と比較した(表7-10).いずれも温度は25℃で行なった.O3は市販乳化剤と同程度の表面張力低下能を有していた.

表7-10 乳化剤水溶液(濃度0.05%)の表面張力
(dyn/cm)

O3	36.8
市販乳化剤A	37.5
市販乳化剤B	42.2
市販乳化剤C	37.8
市販乳化剤D	39.3

A-C:グリセリン脂肪酸エステル
D:ショ糖脂肪酸エステル

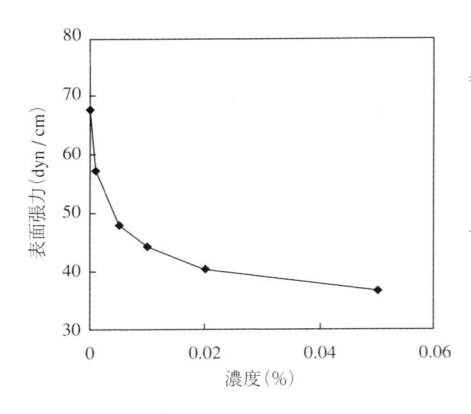

図7-12 O3濃度と表面張力との関係

4・2 グリセロ糖脂質O3の保存安定性

O3の構成成分であるグリセロ糖脂質やグリセリド類の脂肪酸部分の多くはオレイン酸である.オレイン酸は一価の不飽和脂肪酸なので,保存中に酸化が

進み，O3 の有用な性質が失われる可能性が考えられる．そこで，いくつかの条件でO3を長期保存し，組成，性質の安定性について検討した．

4 ml 容バイアル瓶4本にO3を1.2 g ずつ分注した．このうち2本に酸化防止剤としてエアコートC（アスコルビン酸パルミテート製剤，三共（株））を0.1%（w/w）添加した．これらを4℃と25℃の遮光下に置き6ヵ月保存した．

1ヵ月ごとに油脂の酸化の指標である過酸化物価（POV）をチオシアネート法で測定し[23]，さらに HPLC によって組成分析を行なった．酸化防止剤を添加せずに25℃保存したサンプルのみ，時間の経過とともにPOVは上昇したが，他の3サンプルのPOVは実験期間を通じてほとんど変化しなかった（図7‐13）．HPLC分析の結果，O3の主成分であるグリセロ糖脂質のモノエステルをはじめ，ジエステルやモノグリセリド，ジグリセリドの量は，どの保存条件でも保存期間を通じてほとんど変化しなかった（図7‐14にモノエステルについて示した）．さらに6ヵ月間保存後の各サンプルについて O_2^- 産生抑制試験を行なったところ，いずれのサンプルも活性を保持していた．

これらの結果より，O3は4℃以下で遮光保存するか（この場合は酸化防止剤は必要ない），酸化防止剤を添加して室温で遮光保存すれば，その組成，性質を安定に保つことができると判断

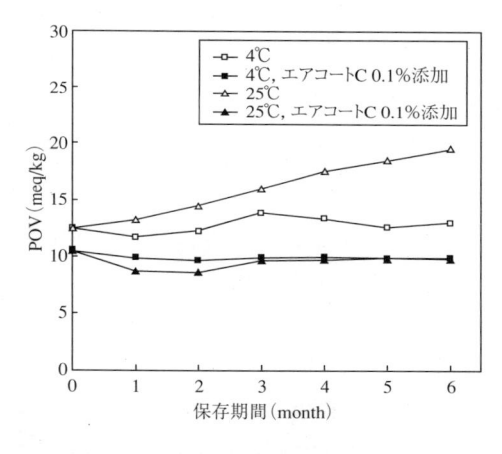

図7‐13 O3の保存試験，POVの経時変化

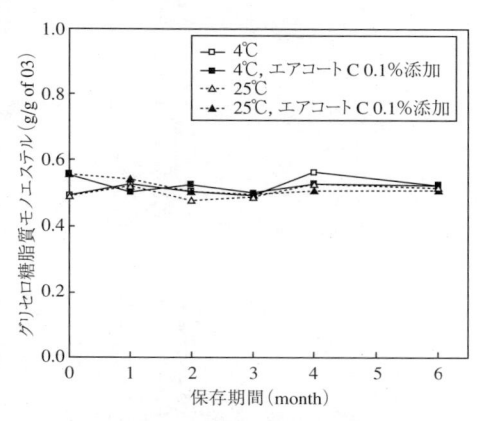

図7‐14 O3の保存試験，グリセロ糖脂質モノエステルの経時変化

された.

4・3 グリセロ糖脂質 O3 添加スポンジケーキの試作と起泡力の評価

O3 が乳化剤としての性質をもつことが確認できたので，実際に O3 を乳化剤として使用した食品を試作し，効果の確認を行なった．まずはスポンジケーキを試作した．

表7-11 スポンジケーキ試作用材料（1個分）[24]

卵（Lサイズ）	3個
砂糖（グラニュー糖）	120 g
薄力粉	100 g
牛乳	15 ml
バター（食塩不使用）	20 g
O3 or 市販乳化剤	1.47 g

表7-11に示した材料を用いた[24]．グラニュー糖を加えて泡立てた卵に薄力粉，牛乳，バターを混ぜ，型に入れて160℃のオーブンで40分間焼いた．O3や比較対象の市販乳化剤は材料全体の0.35％を卵に混ぜて用いた．

スポンジケーキの製造の際には，生地の起泡性および気泡安定性を向上させるために乳化剤が用いられる[22]．図7-15に示すように，乳化剤を用いずに作成したスポンジケーキは起泡力が不十分なことから上面中央部にへこみが見ら

(a) 乳化剤添加なし

(b) O3　0.35％添加

(c) 市販乳化剤B　0.35％添加

図7-15　試作したスポンジケーキの外観

れたが，生地に O3 を添加して作成した場合には，市販乳化剤を用いた場合と同様に，へこみは生じなかった．

これらの起泡力を評価するため，試作したスポンジケーキを焼成 30 分後に立方体にカットし，重量および体積（縦×横×高さ）から比容積を求めた（表 7-12）．O3 は市販乳化剤と同程度の値を示した．さらに，O3 と市販乳化剤 A を 1：1（0.175％ずつ）添加した場合は，それぞれ単独（0.35％）で用いた場合より比容積が高くなり，相乗的な効果を示した．O3 は市販乳化剤と同程度の起泡力をもつこと，またこの両者を合わせて用いることにより，さらに大きな起泡力を示すことがわかった．O3 の起泡剤としての用途を確認することができた．

表 7-12 各スポンジケーキの比容積

乳化剤		比容積（cc/g）
種類	濃度（％）	
O3	0.35	3.22±0.11
市販乳化剤 A	0.35	3.17±0.07
市販乳化剤 B	0.35	3.02±0.11
O3＋市販乳化剤 A	各0.175	3.36±0.20
乳化剤添加なし		2.84±0.08

平均値±標準偏差　　　　　　　　　　（n＝4）

試作したスポンジケーキから O3 をメタノールで抽出し，HPLC で分析したところ，添加した量に見合う O3 が検出された．スポンジケーキの作成工程には 160℃のオーブンで 40 分間加熱するという工程があるが，O3 はこの条件でも分解せず安定的に存在していた．O3 は食品原料として用いるに十分な熱安定性を有していると推測された．

4・4　グリセロ糖脂質 O3 添加ドレッシングの試作と酸性下での O3 の安定性

表 7-13 の原料のうち酢とサラダ油以外を混合し，湯煎してキサンタンガムを完全に溶解して均一な状態にした．これに酢とサラダ油を加え，乳化器で撹拌して（6,000 rpm，16 分間）乳化状ドレッシングを試作した[25]．

表 7-13 乳化状ドレッシングの組成（g）[25]

食塩	10.5
キサンタンガム	0.8
ゼラチン	1.3
異性化糖	120.3
酢	76.6
サラダ油	90
O3	0.5

試作した乳化状ドレッシングは分離するようなこともなく，性状的に問題のないものだった．他の乳化剤を用いた場合と比べて物性上特に優れた点はなかったが，劣る点もなく，同じように使用できることが確認された．

　このドレッシングは原料の酢によってpH 2と酸性を示すため，添加したO3中の各成分が分解する可能性が考えられた．そこで試作直後および保存中（冷蔵，室温）に成分の分析を行なったところ，少なくとも保存3ヵ月までは，添加した量がそのまま安定に保たれることが確認された．O3は酸に対して安定であり，酸性の食品に用いることができると判断された．

§5. グリセロ糖脂質O3と原料GalGroの安全性

　O3とその原料であるGalGroについて，急性毒性試験と変異原性試験（Ames法）を外部機関に委託して行なった．

5・1　急性毒性試験

　4，5週齢の雄性および雌性ICR系マウスを5，6日間予備飼育した後，試験物質をゾンデを用いて強制経口投与した．投与量はO3は2.5，5.0 g/kg体重，GalGroは2.0 g/kg体重とした．1群の個体数は雄雌各5匹とした．一般状態の変化を観察しつつ2週間通常の条件で飼育した後解剖し，内臓，諸器官の肉眼観察を行なった．

　この結果，O3，GalGroともにいずれの投与群にも死亡例はなく，飼育中の一般状態および解剖時の観察においても異常は見られなかった．また，飼育中の明らかな体重減少も見られなかった．そこで，O3のマウスに対するLD_{50}は5 g/kg以上，GalGroのLD_{50}は2 g/kg以上だと推定された．

5・2　変異原性試験（Ames法）

　ネズミチフス菌（*Salmonella typhimurium*）のヒスチジン要求性株であるTA98，TA100，TA1535，TA1537株および大腸菌（*Escherichia coli*）のトリプトファン要求性株であるWP2uvrA株を用い，復帰突然変異の頻度変化を利用したAmes法を行なった．

　この結果，O3，GalGroともに，各試験菌株の復帰変異コロニー数は，代謝活性化系の有無にかかわらず，用量依存性はなく，陰性対照群の2倍以上の増加も認められなかった．したがって，これらは変異原性をもたないと判断された．

　これら2つの試験の結果より，O3およびGalGroは安全性の高い物質であると判断された．

§6. 天然物からのグリセロ糖脂質の抽出とその生理機能性

これまでの O3 に関する検討から，グリセロ糖脂質には炎症抑制や脂質代謝改善などの有用な生理機能性が認められ，付加価値の高い食品素材として期待できる．そこで，近年の天然物志向も考慮して，あらためて天然物からのグリセロ糖脂質の抽出を試み，機能性の確認を行なった．

抽出は，次に示す植物試料を用いて行なった．

　　乾燥試料（市販乾燥物）：イチョウ葉，ゴーヤ実，カキ葉，ドクダミ葉，
　　　　　　　　　　　　　アシタバ葉，ヨモギ葉，ビワ葉

　　生の試料：キンカン葉，ユズ葉，コブミカン葉，ナツミカン葉，ホウレン
　　　　　　ソウ，モロヘイヤ，赤シソ，青シソ

一般に脂質の抽出にはクロロホルム - メタノールが用いられているが，この溶媒は食品生産には適していないうえ，グリセロ糖脂質については抽出量もあまり多くなかった．そこで，細かく破砕した植物試料を 80℃の熱水で処理し，ろ過して水を除いた残渣からエタノールで抽出する方法で検討した．

抽出物中のグリセロ糖脂質量の分析は HPLC によって行なった．抽出物の生

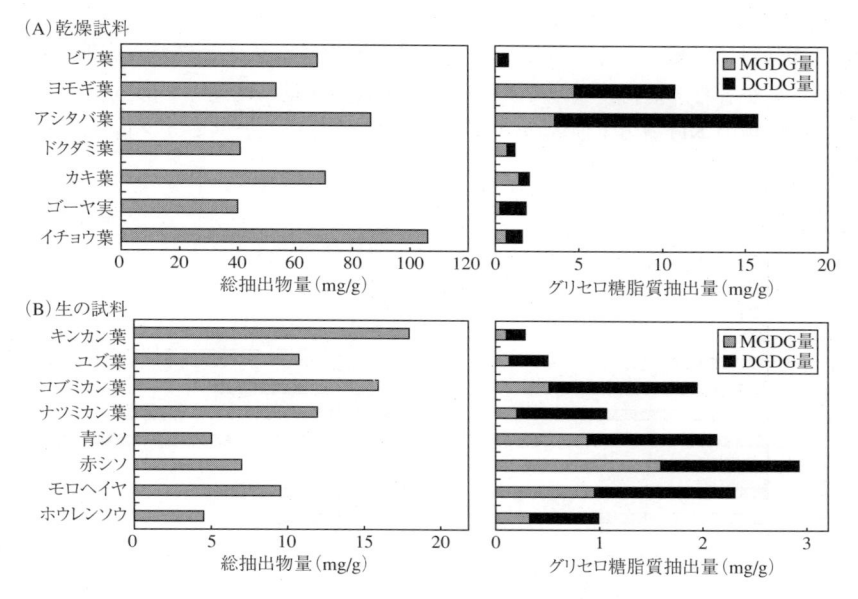

図 7 - 16　植物試料からのグリセロ糖脂質抽出（植物試料あたりの抽出量）
MGDG：モノグリコシルジグリセロール，DGDG：ジグリコシルジグリセロール

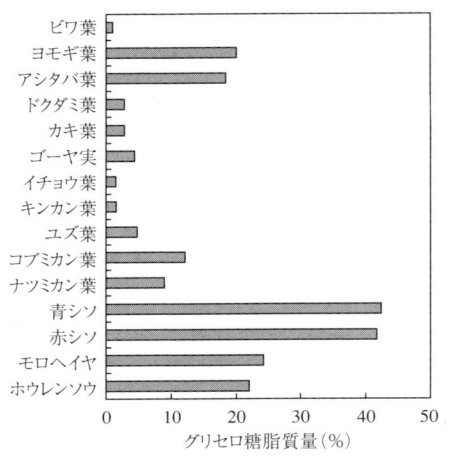

図7-17 抽出物あたりのグリセロ糖脂質量

理機能性は，先に述べた酵素合成グリセロ糖脂質の場合と同様に，培養細胞によるNOおよびO_2^-産生抑制試験によって確認した．

様々な植物試料からの総抽出物量，グリセロ糖脂質抽出量を図7-16に示した．また，図7-17には抽出物あたりのグリセロ糖脂質量を示した．乾燥試料ではヨモギ葉とアシタバ葉から特に多くのグリセロ糖脂質が抽出された．生の試料では赤シソから最も多くのグリセロ糖脂質が抽出され，モロヘイヤ，青シソ，コブミカン葉がそれに続いた．抽出物あたりのグリセロ糖脂質量で比較すると，青シソ，赤シソが多かった．

検討に用いた植物試料の多くからグリセロ糖脂質が抽出されたが，その抽出量には試料によって大きな違いがあり，総抽出物量とグリセロ糖脂質抽出量も相関しなかった．植物によってグリセロ糖脂質の含量には違いがあった．

各抽出物のNO産生抑制効果を図7-18に示した．ナツミカン葉，ユズ葉，

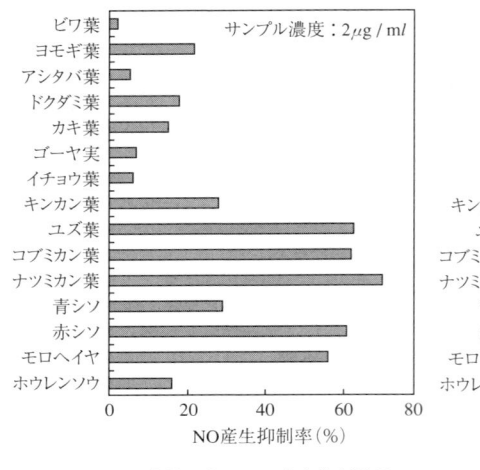

図7-18 各抽出物のNO産生抑制効果

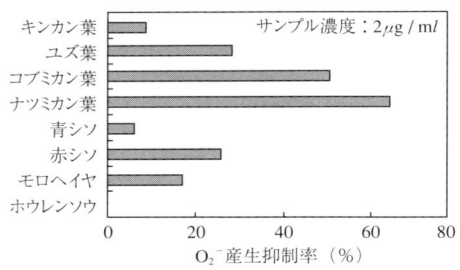

図7-19 各抽出物のO_2^-産生抑制効果

第7章　グリセロ糖脂質の効率的生産およびその機能性の検討・向上技術の開発

コブミカン葉，赤シソ，モロヘイヤの抽出物に，他よりも高い活性が認められた．図7-19に各抽出物のO_2^-産生抑制効果を示した．ナツミカン葉抽出物に最も高い活性が認められ，コブミカン葉抽出物がそれに続いた．

多くの抽出物に生理機能性が認められたが，活性の強さと抽出物あたりのグリセロ糖脂質量は必ずしも相関しなかった．今回の実験では，グリセロ糖脂質を構成する糖や脂肪酸部分の種類など詳細な構造の検討は行なっていないが，活性の違いはこうした構造の違いに由来するのではないかと推測された．

まとめ

微生物から高等動植物に至るまで広く天然に存在しているグリセロ糖脂質を機能性食品素材として広く用いるため，生理機能性の解析，大量生産を見据えた効率的な生産方法の開発，食品生産への応用について検討した．

発がんプロモーター阻害活性をもつコブミカン由来グリセロ糖脂質の構造を参考にして，ガラクトシルグリセロール（GalGro）とリノレン酸を原料にリパーゼによって酵素合成したグリセロ糖脂質には，EBV-EA誘導抑制，NO産生抑制，O_2^-産生抑制などの生理機能性が認められた．脂肪酸原料をリノレン酸以外の遊離不飽和脂肪酸に替えた場合も，同様な生理機能性が認められた．糖鎖をグルコースに替えた場合は生理機能性の低下が見られたが，フラクトースに替えた場合はガラクトース糖鎖のものと同様な生理機能性を示した．

グリセロ糖脂質の生産方法を実験室レベルのものから大量生産を見据えたかたちに改変するため，原料であるGalGroの生産方法と脂肪酸供与体の種類，および反応液の分画法に検討を加えた．GalGroの生産性を向上させるため，反応途中で乳糖を追加する方法を開発し，GalGroの大量生産を行なった．遊離脂肪酸よりも大量かつ安価に入手できる食用油脂を脂肪酸供与体として使用したグリセロ糖脂質生産法を開発した．アセトンを溶媒としたこの反応液に蒸留水を添加して液液抽出する粗分画法を開発した．各食用油脂を原料とした反応液の粗分画物を，生理機能性，原料の価格，原料の安定性の観点から比較した結果，オリーブ油を原料とした反応液に蒸留水を30％添加して液液抽出した上相（O3画分と名づけた）を，この後の検討に用いることに決定した．O3は原料オリーブ油由来のオレイン酸を構成脂肪酸として多くもち，液液抽出によってジエステル，ジグリセリドの割合が減り，モノエステルの割合が多くなっていた．

O3にはマウスのDSS誘導大腸炎症を用量依存的に抑制する効果や，ラット

の脂質代謝を改善する効果が認められるなど,動物実験においても優れた生理機能性が確認された.

O3は室温で保存すると若干酸化が進むが,酸化防止剤を添加するか,冷蔵条件下に置くことで,少なくとも6ヵ月は安定に保存することができた.

O3はその構造から推測されるとおり乳化剤としての性質をもち,実際に乳化剤として使用してスポンジケーキや乳化状ドレッシングを作ることができた.また,O3は食品製造中の加熱や酸性条件にも安定で,できあがった食品中に添加量に見合った量存在していたことから,応用した食品を摂取することで生理機能性を活かせる可能性が見いだされた.さらに,O3には急性毒性も変異原性もなく安全な物質であると判断されたことから,O3は有用な食品素材として期待できる.

一方,食品として用いることを意識して方法を工夫しながら植物試料からのグリセロ糖脂質抽出を試みたところ,量の大小はあるが,多くの試料からグリセロ糖脂質を含む画分を得ることができた.これらについてNO,O_2^-産生抑制効果を測定したところ,多くの画分に活性が認められた.これら植物抽出物についての検討はまだ開始したばかりだが,多くの試料に生理機能性が認められたので,O3に関する検討を通して得た知見を応用しながら,実用化を目指した研究を進めていきたい.

参考文献

1) 三崎 旭,山田靖宙,角田万里子:生化学ライフサイエンスの基礎, 142, 培風館(1984).
2) Nakae T., Kometani T., Nishimura T., Takii H. and Okada S.: Effects of Salts and pH on the Emulsion Stabilities of Digalactosylmonoacylglycerol and Trigalactosylmonoacylglycerol, *Food Sci. Technol. Int. Tokyo*, 4, 230-234(1998).
3) Murakami A., Nakamura Y., Koshimizu K. and Ohigashi H.: Glyceroglycolipids from *Citrus hystrix*, a Traditional Herb in Thailand, Potently Inhibit the Tumor-Promoting Activity of 12-O-Tetradecanoylphorbol 13-Acetate in Mouse Skin, *J. Agric. Food Chem.*, 43, 2779-2783(1995).
4) ニューフード・クリエーション技術研究組合編:食品素材の機能性創造・制御技術, 75,(1999).
5) Murakami A., Takahashi D., Kinoshita T., Koshimizu K., Kim H.W., Yoshihiro A., Nakamura Y., Jiwajinda S., Terao J., and Ohigashi H.: Zerumbone,a Southeast Asian ginger sesquiterpene, markedly suppresses free radical generation,proinflammatory protein production, and cancer cell proliferation accompanied by apoptosis:the α, β-unsaturated carbonyl group is a prerequisite, *Carcinogenesis*, 23, 5, 795-802(2002).
6) Tanaka T., Shimizu M., Kohno H., Yoshitani S., Tsukio Y., Murakami A., Safitri R., Takahashi D., Yamamoto K., Koshimizu K., Ohigashi H., Mori H.: Chemoprevention of azoxymethane-induced rat aberrant crypt foci by dietary zerumbone isolated from *Zingiber zerumbet*, *Life*

第7章　グリセロ糖脂質の効率的生産およびその機能性の検討・向上技術の開発

Sciences, 69, 1935-1945 (2001).

7) Sukumar P., Loo A., Adolphe R., Nandai J., Oler A. and R.A.Levine：Dietary Nucleotides Augment Dextran Sulfate Sodium-Induced Distal Colitis in Rats, *J. Nutr.*, 129, 1377-1381 (1999).

8) Andersson L., Carriere F., Lowe M.E., Nilsson A. and Verger R.：Pancreatic lipase-related protein 2 but not classical pancreatic lipase hydrolyzes galactolipids, *Biochimica et Biophysica Acta*, 1302, 236-240 (1996).

9) 菅原達也, 宮澤陽夫：日本農芸化学会1998年度大会講演要旨, 72, 臨時増刊号, 122 (1998).

10) 宮澤陽夫, 菅原達也：日本栄養・食糧学会大会講演要旨, 3D-12a, 198 (2000).

11) Taguchi H., Nagao T., Watanabe H., Onizawa K., Matsuo N., Tokimitsu I. and Itakura H.：Energy Value and Digestibility of Dietary Oil Containing Mainly 1, 3-Diacylglycerol Are Similar to Those of Triacylglycerol, *Lipids*, 36, 4, 379-382 (2001).

12) 黒田圭一, 小畠義樹, 西出英一, 山口迪夫：脂肪酸組成の異なる3種のリン脂質及びその関連油脂のラット血清コレステロール上昇抑制効果の比較, 栄養学雑誌, 48, 5, 213-220 (1990).

13) Igarashi K., Abe S., and Sato J.：Effects of *Atsumi-kabu* (Red Turnip, *Brassica campestris* L.) Anthocyanin on Serum Cholesterol Levels in Cholesterol-fed Rats, *Agric. Biol. Chem.*, 54, 1, 171-175 (1990).

14) Satoh T., Goto M. and Igarashi K.：Effects of Protein Isolates from Radish and Spinach Leaves on Serum Lipids Levels in Rats, *J. Nutr. Sci. Vitaminol.*, 39, 627-633 (1993).

15) 辻原命子, 谷　由美子：高脂肪高コレステロール食飼育ラットの脂質代謝に及ぼすユッカサポニンおよびコンニャク精粉の影響, 日本栄養・食糧学会誌, 51, 4, 157-163 (1998).

16) 飯塚幸澄, 櫻井栄一, 田中頼久：高コレステロール摂食ラットの血清, 肝臓及びリポタンパク中の脂質濃度に及ぼすセレンの影響, 薬学雑誌, 121, 1, 93-96 (2001).

17) 特開 2002-275072.

18) 谷　由美子, 国松己歳：トウガラシの脂溶性分画によるコレステロール添加高脂肪食飼育ラットの脂質代謝改善作用, 名古屋女子大学紀要, 48 (家・自), 35-41 (2002).

19) 小林民代, 水道裕久, 竹内　明, 牧野武利, 田中敏郎, 長岡　利：ラットにおけるブロッコリーの血清コレステロール低減作用, 日本栄養・食糧学会誌, 55, 5, 275-280 (2002).

20) 仲　佐輝子, 上田修一郎, 中塚正博, 沖中　靖：高脂肪高コレステロール添加食投与ラットの血漿および肝臓中の脂質に及ぼすプロテアーゼ処理ローヤルゼリーの影響, 日本食品科学工学会誌, 50, 19, 463-467 (2003).

21) Werman M.J., Sukenik A. and Mokady S.：Effects of the Marine Unicellular Alga *Nannochloropsis* sp. to Reduce the Plasma and Liver Cholesterol Levels in Male Rats Fed on Diets with Cholesterol, *Biosci. Biotechnol. Biochem.*, 67, 10, 2266-2268 (2003).

22) 日高　徹：食品用乳化剤第2版, 幸書房 (1991).

23) Iwami K., Hattori M. and Ibuki F.：Prominent Antioxidant Effect of Wheat Gliadin on Linoleate Peroxdation in Powder Model Systems at High Water Activity, *J. Agric. Food Chem.*, 35, 628-631 (1987).

24) non-no お菓子百科, 21, 集英社 (1986).

25) 特開 2000-210047.

文責　　日新製糖（株）　佐藤岳治

第8章
キチンオリゴ糖の生理作用

日本水産株式会社

はじめに

　急速な勢いで高齢化社会に突入する日本社会において，健康を維持し，健やかな生活を送ることは最も望まれていることの1つである．そのためには，食生活，生活習慣が重要な要因となる．しかしながら，国民の栄養所要量と摂取量の関係を見ると，カルシウムのみが所要量に達していないという問題がある．高齢化とともにカルシウム摂取不足を原因とした骨粗鬆症患者が増加し，その数は約1,000万人を超えると推定されており，すでに大きな社会問題となっている．カルシウムを上手に必要量摂取し，効率よく吸収することは，食生活の改善も含め食品開発上の重要な課題となっている．

　一方でキチン類は昆虫類の表皮，カニやエビの甲殻，貝，イカなどの軟体動物の器官，あるいは真菌類（カビ，酵母，キノコ）の細胞壁に存在している多糖類で，年間で生合成されるキチン類の量は10^{10}〜10^{11}トンとも言われており，これはセルロースに匹敵するほどの生物生産量である．それだけの生産量にもかかわらず，様々な研究，応用技術の開発が行なわれてきたセルロースに対してキチン類はその化学的，生化学的な研究は歴史が浅く，まだまだ未利用，未開発の部分が多い．現在のところ，利用可能なキチン類は15万トン程度であろうと考えられているが，一部がキトサンとして水処理用の凝集剤用途や，健康食品素材に用いられているにすぎない．我々はこのキチン類に着目し，生理作用に関する検討を行なったところ，低分子化したキチン類にカルシウム吸収促進効果を見いだし，特にキチンオリゴ糖においてはラットへの投与で骨密度を上昇させるという効果を見いだした[1]．そこで本研究課題ではキチンオリゴ糖のカルシウム吸収促進効果メカニズム，有効成分の効率よい生産方法の検討や生産した成分の評価を行なうとともに，特にキトサンで報告されている脂質成分の低下作用といった他の機能性や，食品開発に関する検討を行なった．

§1. カルシウム吸収促進効果メカニズムの検討

1・1 腸管ループ二重結紮法

カルシウム吸収促進効果の判定にはラットの腸管(十二指腸,空腸,回腸部位)を用いた腸管ループ二重結紮法[2]を採用し,以下の条件にてカルシウム吸収促進作用の評価を行なうこととした.

1) 実験動物

実験には4週齢雄ラットを用い,1群6匹とした.

2) 腸管ループの作製

ラットを一晩絶食させた後に,ネンブタール麻酔下において開腹し,ラット腸管の任意2ヵ所を糸で結紮しソーセージ状のループを作製した.次いで後に示す試験液 0.3 ml を注射針よりループ状の腸管管腔内に注入した.

3) 試験液

試験液は 150 mM 塩化カルシウムおよび試験成分を溶解し,pH を塩酸または水酸化ナトリウムで投与する腸管部位の pH に調整したものを用いた.試験成分の添加量は特に表記のない場合 0.5% とした.コントロール群には pH 調整した 150 mM 塩化カルシウム溶液のみを投与した.

4) 試験液の回収,測定,カルシウム吸収率の算出

試験液投与の一定時間後(十二指腸部位では1時間後)に,ラットの腸管ループ部分を切り出し,腸管管腔内に残存するカルシウム量を原子吸光法により測定した.カルシウム吸収率は下記の式により算出した.

$$\text{Ca 吸収率}(\%) = \frac{(\text{試験液中の Ca 量} - \text{腸管管腔内に残存した Ca 量})}{\text{試験液中の Ca 量}} \times 100$$

1・2 キチンオリゴ糖の調製

定法により酸・アルカリを用いてベニズワイガニ殻からキチンを調製した後,Rupley らによる塩酸加水分解法[3]に準じた方法[4]でキチンオリゴ糖を調製した.すなわち,キチンに濃塩酸を加え,加熱攪拌しながら加水分解を行ない,分解終了後,同容量の水で希釈,水酸化ナトリウムで中和,脱塩,乾燥し,キチンオリゴ糖粉末を得た.

1・3 オリゴ糖組成分析と試料の収率

オリゴ糖組成は HPLC で分析した.条件は,カラム:Asahipack NH2P-504E,移動層:70%アセトニトリル-60%アセトニトリルのリニアグラジエント,検出器:UV,210 nm.収率は脱塩後の試料溶液を凍結乾燥した重量より

1・4 吸収促進部位に関する検討

1）腸管ループ二重結紮法：十二指腸部位

十二指腸部位 4 cm の腸管ループにカルシウムおよびキチンオリゴ糖（CO）を投与した際にはカルシウムのみを投与したもの（Control）と比べて，図 8 - 1 に示すように有意なカルシウム吸収率の増加がみられ，十二指腸部位における CO のカルシウム吸収促進効果が確認された．

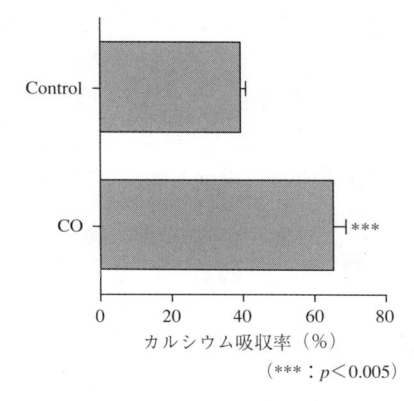

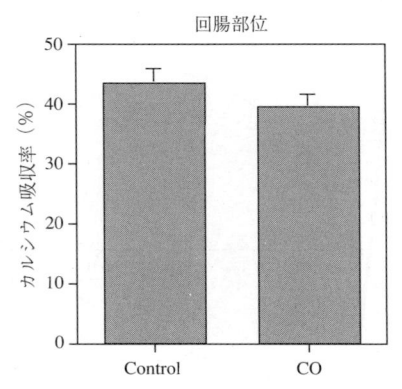

図 8 - 1 キチンオリゴ糖投与時の十二指腸部位における腸管ループ二重結紮法でのカルシウム吸収率
($***$：$p < 0.005$)

2）腸管ループ二重結紮法：空腸，回腸部位

十二指腸以下の小腸から回盲接合部上 5 cm までを 2 等分し，上部を空腸部位，下部を回腸部位とし，それぞれの両端を糸で結紮しソーセージ状のループを作製，次いで試験液 0.3 ml を注射針によりループ管腔内に投与し，投与後1時間半後に試験液を回収，カルシウム量を測定し，カルシウム吸収率を算出したところ，図 8 - 2，図 8 - 3 に示すように空腸，回腸いずれの部位においてもカルシウム吸収率の増加はみられなかった．

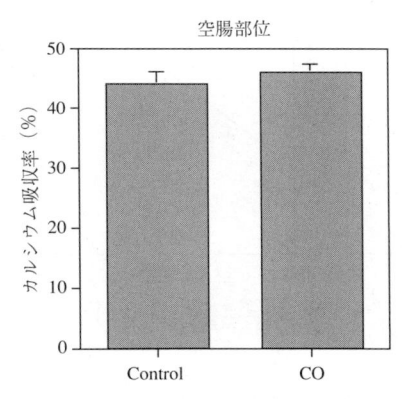

図 8 - 2 キチンオリゴ糖投与時の空腸部位における腸管ループ二重結紮法でのカルシウム吸収率

図 8 - 3 キチンオリゴ糖投与時の回腸部位における腸管ループ二重結紮法でのカルシウム吸収率

3）盲腸内カルシウム可溶化率

市販オリゴ糖であるフラクトオリゴ糖などのミネラル吸収促進効果のメカニズム[5-6]としては盲腸内にて腸内細菌の発酵を受けることにより，有機酸が生成，pHが低下してカルシウムの可溶化率が上昇することが知られている．そこでラットにキチンオリゴ糖を1.5%含む飼料を投与し，盲腸内のカルシウム可溶化率を測定したところ，表8-1に示すようにコントロール群と比較してキチンオリゴ糖投与群では有意に高いカルシウム可溶化率を示したものの，その絶対値は3%以下と低く，吸収促進効果への寄与は低いものと推察された．

表8-1 キチンオリゴ糖投与時の盲腸内カルシウム可溶化率に与える影響

	Soluble Ca (mg/g Cecum)	Insoluble Ca (mg/g Cecum)	Solubilization rate (%)
Control	0.37±0.06a	21±0	1.8a
CO	0.54±0.10b	18±1	2.8b

1・5 用量依存性の検討

十二指腸部位におけるキチンオリゴ糖のカルシウム吸収促進効果が確認されたため，同じく腸管ループ二重結紮法を用いて用量に対する効果について検討を行なったところ，図8-4に示すように，添加量に従いカルシウム吸収率が増加する傾向がみられ，用量依存性を示した．

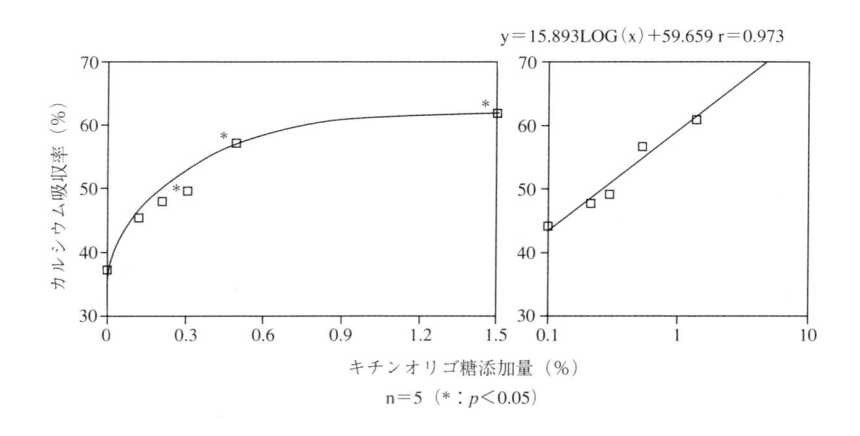

$y = 15.893 \mathrm{LOG}(x) + 59.659 \quad r = 0.973$

n=5（*：$p<0.05$）

図8-4 キチンオリゴ糖のカルシウム吸収促進効果：用量依存性

第8章 キチンオリゴ糖の生理作用

1・6 糖鎖とカルシウム吸収促進効果の関係についての検討

キチンオリゴ糖は複数の糖鎖の混合物である．そこで，糖鎖による効果の差を明らかにするため，単糖を含めた市販の 1～6 糖の試薬を用いて各糖鎖別のカルシウム吸収率を評価した．なお，ポジティブコントロールとしてはラクトース[7]を用いた．図 8-5 に示すように，糖鎖が増すにつれカルシウム吸収率の増加がみられた．

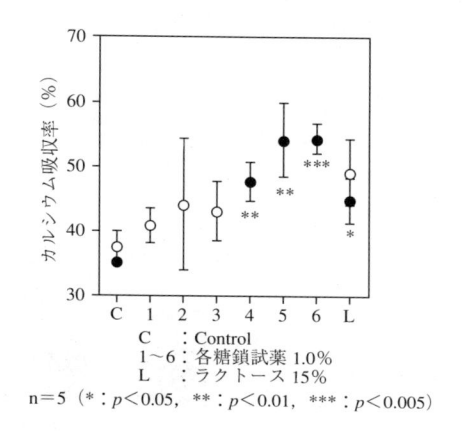

n=5 （* : $p<0.05$, ** : $p<0.01$, *** : $p<0.005$）

C : Control
1～6 : 各糖鎖試薬 1.0%
L : ラクトース 15%

図 8-5 各糖鎖試薬投与時の腸管ループ二重結紮法におけるカルシウム吸収率

§2. 有効成分の効率生産に関する検討

メカニズム検討において，4 糖から 6 糖といった高重合度の成分で高いカルシウム吸収促進効果を示すことが明らかとなった．市販のキチンオリゴ糖は単糖が 40% 程度含まれており，2 糖，3 糖と，その含量が減っていき，6 糖にいたってはほとんど含まれていないのが現状である．したがって，その組成を長鎖側に変化させたものでは，さらなる効果が見込めることが考えられた．そこで，4 糖から 6 糖といった高重合度の有効成分を多く含む製法の検討を行なった．

2・1 ラボスケールでの有効成分の効率生産に関する検討

原料キチン加水分解時の酸の種類や量，反応時間，反応温度と生成するオリゴ糖組成との関係を検討した結果，特に従来の塩酸に加えて硫酸を併用することにより，図 8-6 や図 8-7 に示すように，4 糖以上の高重合度の成分を多く含むキチンオリゴ糖を得ることができた．得られるオリゴ糖組成は特徴として，単糖は 20～35% 程度生成するが，これを除くとオリゴ糖では 4 糖または 5 糖が最大の比率となり，3 糖，2 糖と減少し，6 糖以上についても減少するが，6 糖で 10% 以上の含量が得られ，さらに従来品ではほとんど含まれない 7 糖から 9 糖までも含有されていた．収率は反応条件に依存するが，従来法の最大

50％程度に対し，最高70％程度と改善が可能であった．

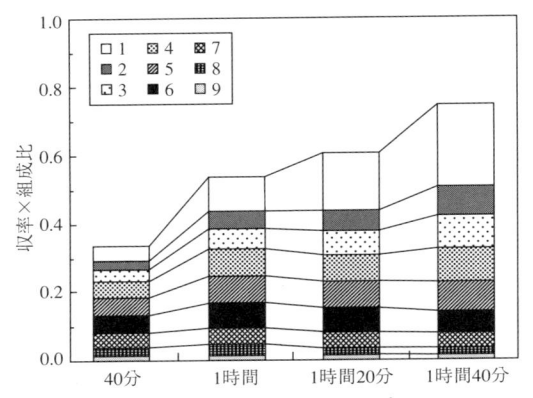

図8-6 反応時間によるキチンオリゴ糖組成および収率に与える影響

反応条件：濃塩酸15 m*l*，60％硫酸2 m*l*，40℃
＊反応溶液量はキチン1gあたり

図8-7 各種反応条件によるキチンオリゴ糖組成および収率に与える影響

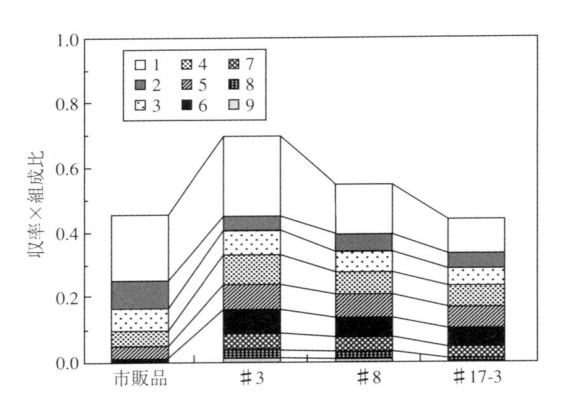

♯3：濃塩酸15 m*l*，90％硫酸5 m*l*，40℃，1.3h
♯8：濃塩酸15 m*l*，60％硫酸2 m*l*，40℃，1.5h
♯17-3：濃塩酸15 m*l*，65％硫酸2 m*l*，25℃，4h
＊反応液量はキチン1gあたり

2・2 パイロットスケールでの有効成分の効率生産に関する検討

ラボスケールでは原料となるキチン1〜100gでの検討を行なったが，実生産をふまえた検討，およびラットへの投与試験での評価用サンプル作製のため，前記のラボスケールにて得られた最適条件にてキチン1kgを原料とし，パイ

ロットスケールでの生産を行なった．図 8-8 に示すようにこれまでのものと比較して高重合度の有効成分を多く含むキチンオリゴ糖（HM）が得られた．

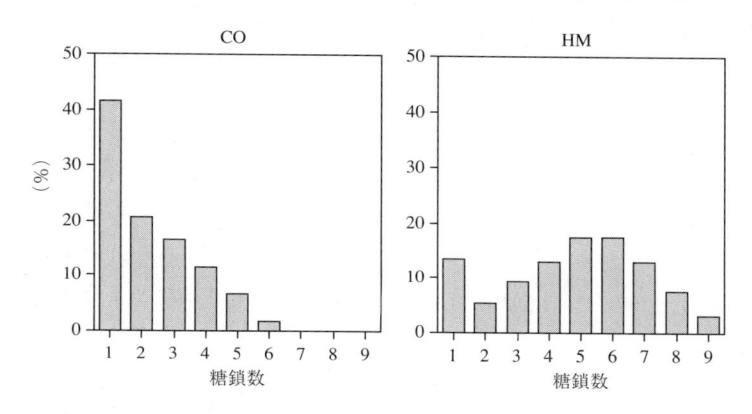

図 8-8　通常品（CO）と高重合度成分高含有キチンオリゴ糖（HM）のオリゴ糖組成

2・3　高重合度成分高含有キチンオリゴ糖の評価

1）腸管ループ二重結紮法での評価

ラットを用い腸管ループ二重結紮法にて，これまでの通常品キチンオリゴ糖（CO）と，高重合度成分高含有キチンオリゴ糖（HM）とのカルシウム吸収促進効果の比較を行なったところ，図 8-9 に示すように高重合度成分高含有キチンオリゴ糖の方が高いカルシウム吸収率を示した．

2）投与試験での評価

実験動物として 6 週齢の SD 系雄ラットを用い，市販固形飼料による 1 週間の予備飼育の後，平均と分散が等しくなるように群分けし，これまでの通常品キチンオリゴ糖（CO）と高重合度成分高含有キチンオリゴ糖（HM）をそれぞれ 1.5％含む飼料を 2 週間投与した．飼料中のカルシウム添加量は 0.5％とした．飼育環境は室温 21±3℃，湿度 50±

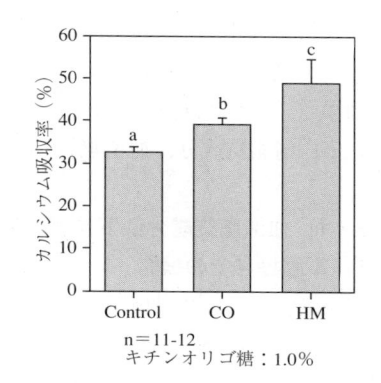

図 8-9　腸管ループ二重結紮法における通常品と高重合度成分高含有キチンオリゴ糖投与によるカルシウム吸収率

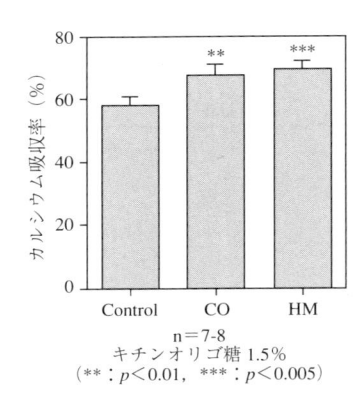

図 8-10 投与試験での通常品と高重合度成分高含有キチンオリゴ糖投与によるみかけのカルシウム吸収率

10%，照明時間 6:00 am〜6:00 pm の 12 時間人工照明にて個別代謝ゲージでの飼育を行ない，水道水を自由摂取させた．飼育期間中，毎日飼料摂取量および体重測定を行ない成長に問題がないことを確認した．試験食投与 2 週間の終わり 3 日間分の糞を採取し，回収した糞中のカルシウムを測定してみかけのカルシウム吸収率を算出したところ，図 8-10 に示すように，高重合度成分高含有キチンオリゴ糖投与の方が高いカルシウム吸収促進効果を示すことが明らかとなった．

§3．その他の生理作用に関する検討

キチン類ではキトサンにおいて様々な生理作用が検討されているが，特にコレステロール低下作用に関する研究が多く[8-15]，ヒトでの効果[16-18]も報告され特定保健用食品として認可を受けている．その他の生理作用では免疫賦活能[19-22]，抗菌作用[23]，整腸作用[24]，低う触性[25]，尿酸値低下効果[26]，金属吸着性[27-29]，生体との親和性を利用した創傷治癒促進作用[30-33]，血清無機リン低下効果[34]などの報告がある．これらのなかでキトサンオリゴ糖でも報告されている血清脂質成分，血清無機リンの低下作用について検討を行なった．

3・1 血清脂質成分低下作用に関する検討

1) 単回投与での検討

実験動物として 6 週齢の SD 系雄ラットを用い，一晩絶食させた後，キチン類を含む (0.15 g / 2.5 ml) 蒸留水（コントロールは蒸留水のみ）と脂質（綿実油）0.5 ml をゴム管付きシリンジにて胃内に直接投与し，経時的に尾静脈より採血，血清を分離した後，中性脂肪値を測定した．キチン類としてはキトサン，水溶性キトサン（重量平均分子量 = 2,500），キチンオリゴ糖を用いたところ，図 8-11 に示すように，コントロールと比べキトサン投与では顕著な血清

第 8 章　キチンオリゴ糖の生理作用

中性脂肪上昇の抑制がみられたが，水溶性キトサン，キチンオリゴ糖といった低分子のものではコントロールと同じ挙動を示し，血清中性脂肪上昇抑制効果（脂肪吸収抑制効果）はみられなかった．

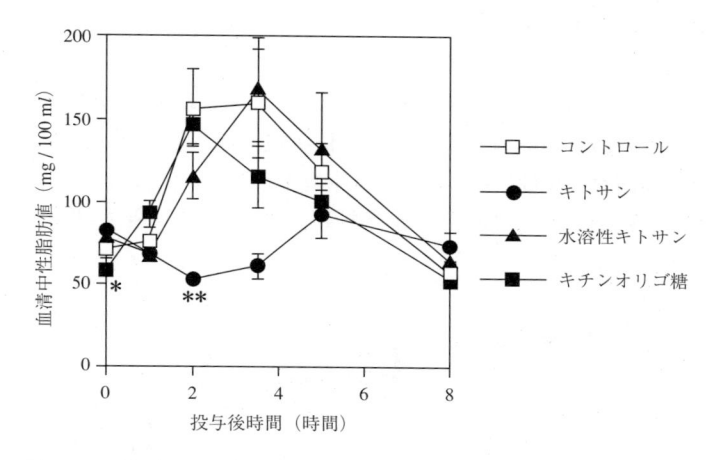

図 8 - 11　単回投与での各種キチン類が血清中性脂肪の経時変化に与える影響

2）経口摂取での検討

実験動物として 5 週齢の SD 系雄ラットを用い，市販固形飼料による 1 週間の予備飼育の後，平均と分散が等しくなるように群分けし（n＝12），AIN-93G 組成飼料をコントロール（Control）とし，5％セルロースからの置き換えで 0.5％から 5.0％のキチンオリゴ糖（CO），5.0％のキトサン（C）を試験群として 4 週間投与した．飼育環境は室温 21±3℃，湿度 50±10％，照明時間 6:00 am～6:00 pm の 12 時間人工照明にて個別代謝ゲージでの飼育を行ない，水道水を自由摂取させた．飼育期間中，毎日飼料摂取量および体重測定を行ない成長に問題がないことを確認した．試験食投与 2 週目に尾静脈より採血を行ない，血清を分離，冷凍保存した．また試験食飼育終了時にクロロホルム麻酔下で剖検を行ない，さらに採血を行なって，血清を分離，冷凍保存し後の分析に用いた．凍結保存した血清は和光純薬社製キットにより，血清総コレステロール，HDL-コレステロール，中性脂肪を測定した．

血清総コレステロールにおいては，図 8-12 に示すように，投与期間延長に伴い，低下がみられた．また，投与量増加に従い効果が高くなる傾向がみられ，図 8-13 に示すように，4 週間の飼育では 3.0％以上添加飼料群で有意な低下

231

効果を認めた．

　コレステロールは単にその数値のみならず，LDL コレステロールの増加は動脈硬化のリスクを高めると言われているため，HDL コレステロールと LDL コレステロールの組成も重要である．そこで図 8-14 に示すように，これらの比をみたところ，総コレステロールの低下していたキチン類添加飼料群でも HDL コレステロールの比は低下することなく，むしろ増加傾向にあった．

　また，図 8-15 に示すように，血清中性脂肪についても総コレステロールと同様に投与期間および投与量に伴った低下効果がみられ，図 8-16 に示すように，4 週間の飼育では 1.5％以上添加飼料群で有意な低下効果を認めた．

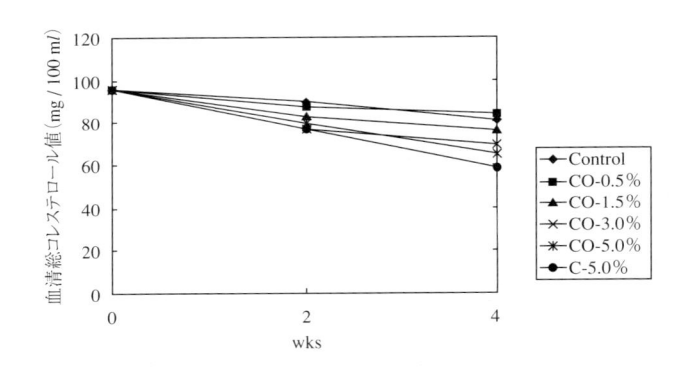

図 8-12　キチンオリゴ糖およびキトサン経口投与時の血清総コレステロール経時変化

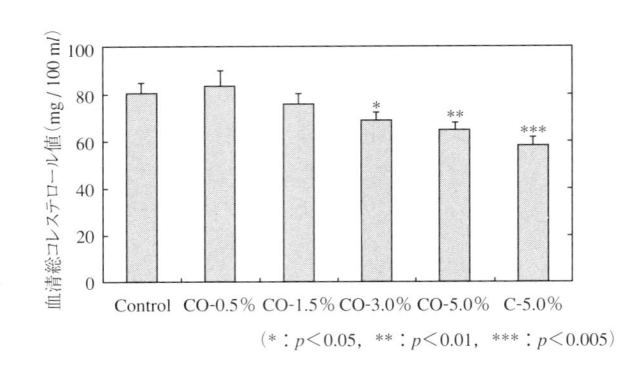

($*：p<0.05$, $**：p<0.01$, $***：p<0.005$)

図 8-13　キチンオリゴ糖およびキトサン経口投与時の血清総コレステロール値（4 週目）

第8章　キチンオリゴ糖の生理作用

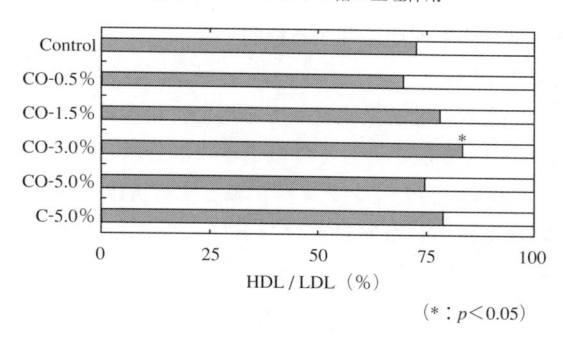

図8-14　キチンオリゴ糖およびキトサン経口投与時の血清HDLおよびLDLコレステロール比（4週目）

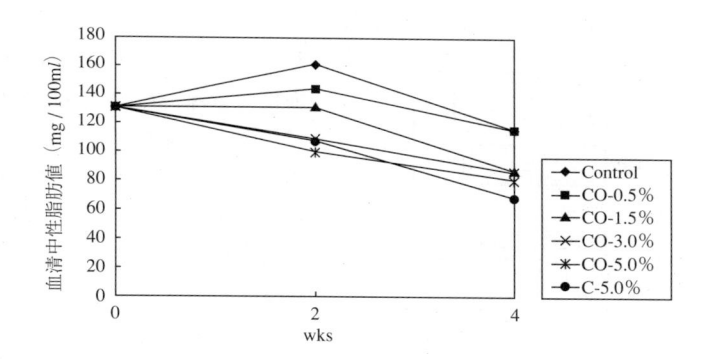

(*：$p<0.05$)

図8-15　経口摂取での各投与量のキチンオリゴ糖およびキトサン投与時の血清中性脂肪経時変化

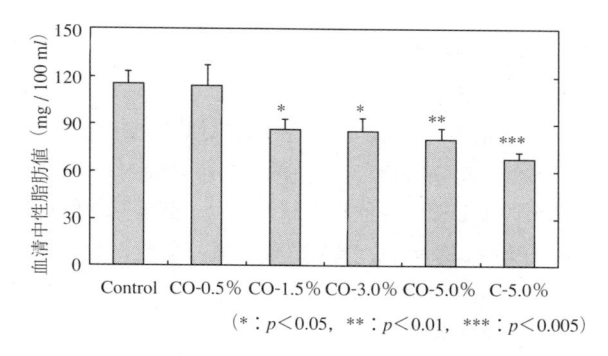

(*：$p<0.05$，**：$p<0.01$，***：$p<0.005$)

図8-16　経口摂取での各投与量のキチンオリゴ糖およびキトサン投与時の血清中性脂肪値（4週目）

3・2 血清無機リン低下作用に関する検討
1) 経口摂取での検討

実験動物として 5 週齢の SD 系雄ラットを用い,市販固形飼料による 1 週間の予備飼育の後,平均と分散が等しくなるように群分けし($n=10$),カルシウムを 0.3％含有し,20％脱脂大豆をタンパク源とする AIN‐76 組成のビタミンおよびミネラル混合を使用した飼料をコントロールとし,5％セルロースからの置き換えで 1.5％のキチンオリゴ糖,キトサンオリゴ糖を試験群として 4 週間投与した.飼育環境は室温 $21\pm3℃$,湿度 $50\pm10％$,照明時間 6:00 am～6:00 pm の 12 時間人工照明にて個別代謝ゲージでの飼育を行ない,水道水を自由摂取させた.飼育期間中,毎日飼料摂取量および体重測定を行ない成長に問題がないことを確認した.試験食飼育終了時にクロロホルム麻酔下で剖検を行ない,さらに採血を行なって,血清を分離,冷凍保存し後の分析に用いた.凍結保存した血清は和光純薬社製キットにより,血清無機リンを測定した.

血清無機リンは図 8‐17 に示すように,キトサンオリゴ糖投与では低下傾向がみられ,キチンオリゴ糖投与で有意な低下効果が示された.

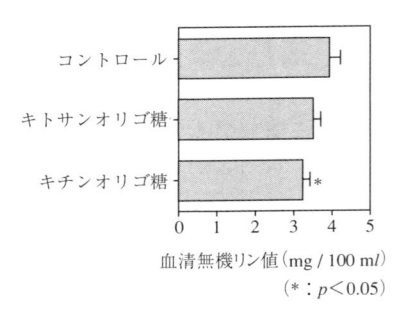

図 8‐17 キトサンオリゴ糖およびキチンオリゴ糖経口投与時の血清無機リンに与える影響
(*: $p<0.05$)

§4. 食品開発に関する検討
4・1 モデル飲料での安定性評価

キチンオリゴ糖は水溶性であるため,摂取には飲料での形態が考えられる.そこで各種 pH に調整した 20 mM クエン酸‐クエン酸 Na に 600 mg / 100 ml のキチンオリゴ糖を添加しモデル飲料を調製した.調製した飲料は 60℃,1ヵ月保存を行ない,HPLC にて分析,安定性を評価したところ,図 8‐18 に示すように中性からアルカリ性領域では単糖の上昇およびオリゴ糖の減少傾向がみられるのに対して酸性域では組成に変化がないことが確認された.また酸性域(pH2.85, 4.16) のものについては飲料調製時殺菌条件である HTST:104℃,10 秒後のホットパック:85℃でも安定であることを確認し,飲料としての応

用が可能であると判断した．

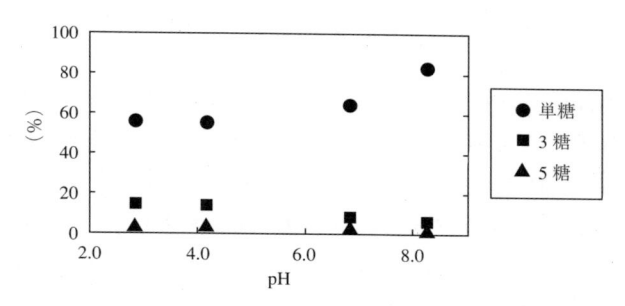

図8-18 各種pHにて保存したキチンオリゴ糖含有モデル飲料での単糖，3糖，5糖存在比

4・2 タブレットの試作

キチンオリゴ糖は水溶性が高い反面，吸湿性が高いという食品素材としての欠点も併せもつ．そこで造粒による吸湿性の改善を試みた．粉糖87％，キチンオリゴ糖10％，水分25％の水飴3％，水3％を混合し0.8 mmに造粒し，一度乾燥を行なった後，3％の乳化剤を添加して打錠により6 mm, 8 mm, 10 mm, 13 mm, 15 mmの各種サイズのタブレット

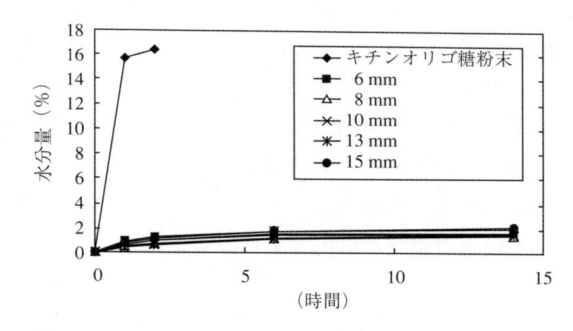

図8-19 キチンオリゴ糖粉末および各種サイズのキチンオリゴ糖含有タブレットの吸湿経時変化

を作製した．キチンオリゴ糖粉末および各種サイズのタブレットを37℃，RH70％にて保管し，水分の増加割合を測定したところ，図8-19に示すように，キチンオリゴ糖粉末のみのものと比較してタブレットとしたものでは明らかに吸湿を抑制できた．

まとめ

キチンオリゴ糖のカルシウム吸収促進効果に関しては，*in situ*（腸管ループ二重結紮法），*in vivo*（経口投与試験）ともに効果を確認し，食による骨粗鬆症予防の可能性が示唆された．また，メカニズム検討においてはその主たる吸

収促進部位は小腸上部(十二指腸)であることが示され,複数の糖鎖の混合物であるキチンオリゴ糖の高重合度のものが効果に寄与していることが明らかとなった.

有効成分の製法検討においては高重合度成分高含有キチンオリゴ糖の作製方法を見いだし,実際に本法により作製した高重合度成分高含有キチンオリゴ糖は従来法による調製物に比べ,カルシウム吸収率が有意に高まることを認めた.

また,カルシウム吸収促進効果のみならず,コレステロールや中性脂肪の低下作用を有し,動脈硬化や心筋梗塞といった循環器系疾患の原因となる高脂血症の改善効果も期待される.その効果はすでに特定保健用食品として認められているキトサンと遜色ない強さであることも明らかとなった.

また,キチンオリゴ糖投与で腎疾患などによる血清無機リンの高値を低減させる作用を有することも示唆された.

これらの結果をふまえて,キチンオリゴ糖を含有する機能性食品を開発する際,飲料,タブレットといったものに応用できることを明らかとした.

キチン類はまだまだ十分に利用されているとは言えず,その機能性解明は未利用原料の有効利用として有用と考える.また食経験もあり,安全性に関しても数多くのデータがあることから,食品として応用する際にも問題はないものと思われる.今後はこれらの結果を基に実際の食品を開発し,ヒトでの評価による効果の確認が重要であると考える.

参考文献

1) ニューフード・クリエーション技術研究組合:『食品素材の機能性創造・制御技術』(1999).
2) 細谷憲政,印南 敏,五島孜朗:『小動物を用いる栄養実験』,第一出版 (1980).
3) Rupley J. A:*Biochem. Biophis. Acta*, 83, 245-255 (1964).
4) キチン,キトサン研究会:『キチン,キトサン実験マニュアル』,技報堂出版 (1991).
5) Ohta A. et.al:*J. Nutr.* 125, 9, 2417-2424 (1995).
6) Baba S. et.al:*Nutr. Res.* 16, 657-666 (1996).
7) 特開平,4-108360.
8) Sugano M., Fujikawa T., Hiratsuji Y. and Hasegawa Y.:*Nutr. Rept. Int.*, 18, 531 (1978).
9) Sugano M., Fujikawa T., Hiratsuji Y., Nakashima K., Fukuda N. and Hasegawa Y.:*Am. J. Clin. Nutr.*, 33, 787 (1980).
10) Jennings C.D., Boleyn K., Bridges S.R., Wood P.J. and Anderson J.W.:*Proc. Soc. Exp. Bio. Med.*, 189, 13-20, (1988).
11) Nagyvary J.J., Falk J.D., Mill M.L., Schmidt M.L., Wilkins A.K. and Bradbury E. L.:*Nutr. Rept. Int*, 20, 677 (1980).

第8章 キチンオリゴ糖の生理作用

12) 辻　啓介：「コレステロール代謝」, 印南・桐山編『食物繊維』, 第一出版社, 140（1982）.
13) 石井孝彦, 竹内信也, 次田隆志：『第40回日本栄養・食糧学会総会発表, 講演要旨集』, 112（1986）.
14) 石井孝彦, 竹内信也, 次田隆志：『第40回日本栄養・食糧学会総会発表, 講演要旨集』, 112（1986）.
15) Sugano M., Watanabe S., Kishi A., Izume M. and Ohtakara A. *Lipids*, **23**, 3, 187-191,（1988）.
16) Maezaki Y., Tsuji K., Nakagawa Y., Kawai Y., Akimoto M., Tsugita T., Takekawa W., Terada A., Hara T. and Mitsuoka T. ： *Biosci. Biotech. Biochem.*, **57**, 1439,（1993）.
17) 菅野道広：*JJPEN*, **15**, 8, 759-764,（1993）.
18) 辻　啓介：『食品工業』, **36**, 14, 50-56,（1993）.
19) 鈴木茂生：『日農化誌』, **62**, 8, 1241-1243,（1988）.
20) Nishimura K., Nishimura S., Nishi N., Tokura S. and Azuma I. ： *Vaccine*, **2**, 129,（1984）.
21) Nishimura K., Nishimura S., Nishi N., Numata F., Tone Y., Tokur S. and Azuma I. ： *Vaccine*, **3**, 379-384,（1985）.
22) 矢吹ら：『キチン, キトサンハンドブック』, キチン, キトサン研究会編, 技報堂出版, 150-176（1995）.
23) 内田　泰：『月刊フードケミカル』,〈R〉11〈R/〉, 2,（1988）.
24) Austin P.R., Brine C.J., Castle J.E. and Zikakis J.P. ： *Science*, **212**, 749,（1981）.
25) 小宮山　登, 佐野浩史, 糸井弘志, 松久保　隆, 高江洲義矩：『第2回キチン・キトサン・シンポジウム講演要旨』, 9,（1985）.
26) 和田政裕：『月刊フードケミカル』, **11**, 2, 25-31,（1995）.
27) Kurita K., Sannan T. and Iwakura Y. ： *J. Appl. Polym. Sci.*, **23**, 511（1979）.
28) 西村義一, 魏　仁崙, 金　銑崙, 渡辺一夫, 今井靖子, 稲葉次郎, 松坂尚典：*RADIOISOTOPES*, **40**, 244,（1991）.
29) Gordon D. T. and Besch-Williford C. ："Citin, Chitosan, and Related Enzyme", Zilahis J. P. ed., *Academic Press*, 97（1984）.
30) Machinami R., Kifune K., Kawaida A. and Tsurutani R. ： *Med. Scie. Re.*, **19**, 391-392（1991）.
31) 大薮直子, 松井宣夫, 大塚隆信：『中部整災誌』, **35**, 149-150（1992）.
32) Prudden J. F., Nishihar G. and Baker L. ： *Gynecology & Obstetrics*, **105**, 283-290（1957）.
33) 前田睦浩, 井上幸雄, 遠藤隆二, 吉村昌也, 鶴谷良一：『第7回キチン・キトサン・シンポジウム講演要旨集』, 37-38（1993）.
34) Wada M., *et. al*： *J. Pharm. Pharmacl.*, **52**, 7,8 63-874（2000）.

文責　　日本水産（株）中央研究所　岡野　淳

---第 9 章---

大豆食品由来成分の健康増進・疾病予防機能の評価および機能性食品素材としての高度利用に関する検討

株式会社 J - オイルミルズ

はじめに

欧米人と比べて、日本人で骨粗鬆症や乳がん、前立腺がんなどが少ないのは、日本の伝統食品である大豆食品を日常的に摂取するためと考えられている。例えば、納豆に含まれるビタミン K_2 は、骨代謝に関する効果以外に、生活習慣病の予防効果が期待されている。また、大豆中には、サポニンやイソフラボンなどの生理活性をもった配糖体や、SOD様活性物質などが含まれており、骨粗鬆症の予防効果やがん予防、血中コレステロール代謝の改善などが期待されている。そのため近年特に、納豆や大豆中の有効成分が注目を浴びるようになったが、実際の食品産業における利用という面においては、製造コストが高いこと、生産量や純度が充分でないこと、生理作用の解明が不充分であること、などの理由で高度に利用されているとは言いがたい。大豆イソフラボンと納豆に含まれるビタミンK_2を高度に利用するために、基礎から応用までの開発を行なった。

§1. 大豆イソフラボンの高度利用に関する研究

大豆イソフラボンは、近年機能性栄養食品素材として注目され、その抗がん性、抗酸化性、コレステロール低減作用、抗菌性など様々な報告がなされている[1-5]。イソフラボンは、その構造が女性ホルモンのエストロゲンと似ているため、エストロゲン様に作用する[6]。特に骨粗鬆症や更年期障害はエストロゲンの不足によって引き起こされることが示されており、イソフラボンの摂取はこれらの症状の軽減に有効である。したがって大豆イソフラボンはサプリメントとして利用するに値する有用な成分と言える。本研究では、イソフラボンを産卵鶏に与えたときの効果、動脈硬化の原因である異所石灰化の予防効果を調べ、さらに安全性についても検討した。

1・1 大豆イソフラボン投与による鶏血漿および卵黄への影響（1）

1）目的

大豆は人の食品としても，動物の餌としても利用されており，餌として大豆イソフラボンを鶏に与えた際には，代謝されて糞中に排泄されるという報告がある[7]．脂肪酸や油溶性ビタミン，鉄，ヨウ素，亜鉛などのミネラルに関しては卵黄に移行する事が知られ，ビタミン E 強化卵はこの現象を利用したものである[8,9]．肉や卵中にイソフラボンが検出された例はないが，イソフラボンにはコレステロール吸収抑制や LDL の酸化感受性抑制，血中コレステロール調節作用があり[10,11]，卵中にイソフラボンが含有されていれば高コレステロール血症などの成人病の予防に有効であると考えられる．

本報では大豆を有効に利用する目的で，まず，大豆中のイソフラボンの含量を測定した．また，大豆イソフラボンを加えた餌を作成して産卵鶏に投与し，血中および卵黄中のイソフラボン含量，卵黄のコレステロール含量を測定した．

2）方法

（大豆胚芽イソフラボンの分析）　大豆胚芽中のイソフラボン含量を測定する目的で，2000 年 1 月より当社の大豆の分析を行なった．当社に入港した大豆を縮分して 10 g 程度をとり，大豆一粒一粒から胚芽を手作業で取り出し，粉砕した物をサンプルとした．このサンプル 300 mg を 70％エタノールにて抽出し，HPLC にて分析した．イソフラボンの分離は YMC-Pack ODS-AM-303 カラムにて，0.1％酢酸を含む 15〜35％のアセトニトリルによるリニアグラジエントで行なった．流速は 1.0 ml / min とし，254 nm の吸収を測定した．検出されたイソフラボンは，溶出位置から同定を行ない，そのピークエリアから，大豆イソフラボン食品規格基準（財団法人日本健康・栄養食品協会）を基に含量を計算した．

（採卵鶏に対するアグリコン体イソフラボン投与試験）　アグリコン体のイソフラボンを含む飼料を作成し，採卵鶏への投与試験を行なった．飼料に含有するイソフラボンの量は，大豆胚芽の状態で飼料に配合可能な量を考慮し，対象となる基本飼料に 0.033％，0.1％，0.33％を添加した．試験には，644 日齢の採卵鶏（ジュリア）を，区分け後 2 週間の予備飼育を行なって試験環境に馴れさせた後に 40 羽供試した．各区に供試鶏 5 羽を 1 群とした 2 群ずつを割りつけて 3 週間飼育した．飼料は 1 日 1 羽あたり 100 g ずつ定量給与し，飲水は自由飲水させた．分析項目として，産卵成績，卵の卵殻強度，卵殻厚の分析を

行なうとともに，血漿と卵黄を後の分析用に凍結保存した．なお，血漿，卵黄中のイソフラボン含量，および卵黄コレステロール量は，対照区とイソフラボン 0.33％添加飼料投与区のみ測定を行なった．

（生体試料におけるイソフラボン含量の分析）　10 g の卵黄を 10 ml の 0.1 M 酢酸 Na 緩衝液（pH 5.0）にて懸濁し，β - グルクロニダーゼ（3500 Fishman Unit）を加えて 37℃，一晩加水分解を行なった．この反応液に 100％エタノール 35 ml を加え，2,000 g×10 分で遠心分離を行ない，上澄を回収した．この沈殿物を 70％エタノールで懸濁させ，2,000 g×10 分の遠心分離後の上澄を回収する作業を 2 回行ない，これらの上澄回収液を混合した．この回収液の半量の水を加えた後，15 ml × 2 のヘキサンにて分配操作を行ない油分を除いた．そしてこの溶液と当量，および 20 ml，15 ml のジエチルエーテルにてイソフラボン画分の分配抽出を行ない，エーテル層を回収してエバポレーションにて乾固させた．さらに，この乾固物を 1 ml のメタノールに溶解して DEAE - Toyopearl カラムに供し，4 ml のメタノールで洗った後，0.2N の酢酸を含むメタノール 7 ml で溶出した．この溶出物に内部標準として 0.01 mg / ml の Cholesteryl Acetate を 0.1 ml 加え，濃縮，乾固した後，N, O - Bis (trimethylsilyl) trifluoroacetamide（BSTFA）：pyridine ＝ 4:1（v/v）250 μl を加えて 80℃，一晩インキュベーションして TMS 化処理を行ない，これを Gas chromatography-mass spectrometry（GC - MS）分析のサンプルとした．

血漿中のイソフラボンの測定は以下の通り行なった．1 ml の血漿に等量の 0.1 M 酢酸 Na 緩衝液（pH5.0）および β - グルクロニダーゼ（1000 Fishman Unit）を加え，37℃で反応を行なった．2 時間後，5 分間の煮沸により反応を停止し，2,000 g×10 分の遠心分離を行ない上澄を回収した．この沈殿を 70％エタノールにて懸濁，2,000 g×10 分遠心分離して上澄を回収し，最初の上澄と混合する作業を 2 回行なった．この溶液をエバポレーションにて濃縮乾固させ，卵黄の際と同様に DEAE - Toyopearl により精製を行なった後，内部標準として 0.01 mg / ml の Cholesteryl Acetate を 0.1 ml 加え，濃縮，乾固，TMS 化処理し，これを GC - MS 分析のサンプルとした．

GC - MS 分析には島津 GC - 17A，QP - 5000 検出器を使用し，Class - 5000 にて解析を行なった．分析条件は以下の通り．カラム：DB - 1（30 m×0.32 mm, 0.25 μ m ϕ），カラム温度：100～300℃へのリニアグラジエント（10℃ / min），導入部温度：315℃，イオン源温度：320℃，イオン化エネルギー：70

eV，加速電圧：2 kV．

（卵黄コレステロール含量測定）　卵黄のコレステロール量は，和光のコレステロールCⅡ-テストキットにて分析を行なった．

3）結果と考察

（大豆胚芽中のイソフラボン分析結果）　アメリカ産，ブラジル産の大豆の胚芽中イソフラボン濃度を測定した結果を図9-1に示した．原料産地，および時期により1％から2.5％程度の間で差がある事が明らかとなった．

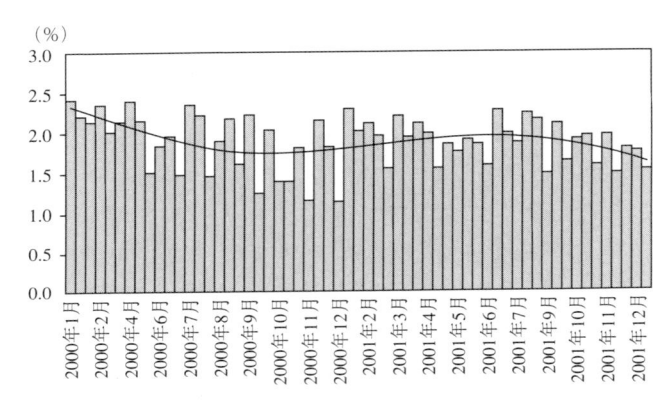

図9-1　原料大豆胚芽中のイソフラボン含量の推移

（大豆イソフラボン投与による採卵鶏への影響）　今回の試験に供した産卵鶏は産卵の末期にあたるため，予備飼育の期間よりも実試験の際の産卵率が全体的にみて低下していた．そのような中でも，イソフラボンを添加していない対照区と比較して，0.033％配合区，0.33％配合区において有意な差ではないものの，産卵率が増加していた（表9-1）．産卵率の増加にイソフラボンが関与しているか否かに関しては，今後更なる研究が望まれる．

また，卵殻強度，卵殻厚に関しては，すべての区において差がなく，イソフラボン投与による影響は見られなかった（表9-2）．

（大豆イソフラボンの血漿および卵黄への移行）　アグリコン体大豆イソフラボン投与時の血漿および卵黄中のイソフラボン含量測定結果を図9-2，9-3に示した．

血漿中のイソフラボンの濃度はイソフラボン添加飼料区において試験の翌日には急激な増加を見せた．その後も緩やかに上昇し，12日目には3,200 nmol / l

表9-1 大豆イソフラボン投与による産卵成績への影響

(産卵率(％))

		予備期間	試験期間
対照区	1群平均	84.3	60.0
	2群平均	88.6	72.4
	全体平均	86.4	66.2
0.033％添加区	1群平均	88.6	59.1
	2群平均	82.9	79.1
	全体平均	85.7	69.1
0.1％添加区	1群平均	90.0	73.4
	2群平均	88.6	47.6
	全体平均	89.3	60.5
0.33％添加区	1群平均	88.6	65.7
	2群平均	90.0	81.0
	全体平均	89.3	73.3

表9-2 イソフラボン投与試験開始21日目における卵殻強度，卵殻厚

		卵殻強度 (kg/cm^2)	卵殻厚 (mm)
対照区	1群平均	3.2	0.39
	2群平均	3.8	0.37
	全体平均	3.4	0.38
0.033％添加区	1群平均	3.8	0.39
	2群平均	3.4	0.38
	全体平均	3.6	0.39
0.1％添加区	1群平均	3	0.37
	2群平均	3.1	0.39
	全体平均	3	0.38
0.33％添加区	1群平均	3.7	0.4
	2群平均	3.7	0.38
	全体平均	3.7	0.39

に達した．卵黄のイソフラボン濃度は，3日目には若干の上昇であったが，その後もその含量を増していき，12日目には250 nmol / 100 gとなった．

（卵黄コレステロール含量への影響）　イソフラボンには，血中コレステロールの低下作用や，LDL，HDLコレステロールの比率を調整する作用など，コレステロール代謝に影響を与える作用があることが報告されている．今回の試験の結果イソフラボンの摂食開始後3日間は卵黄のコレステロール量は減少したが，その後通常の値まで戻る傾向が見られた．1日目および6日目以降では，

摂餌開始時と比較して，イソフラボン濃度に有意差は観察されなかった．

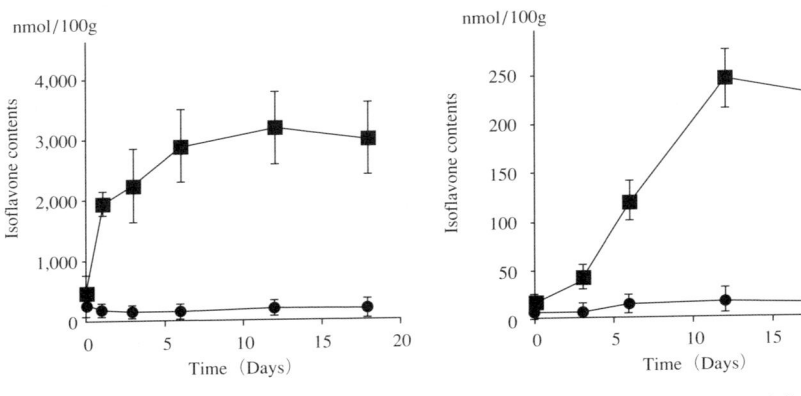

図9-2　鶏血漿中イソフラボン含量の変化
（■）0.3％イソフラボン含有飼料区，
（●）対照飼料区

図9-3　卵黄中イソフラボン含量の変化
（■）0.3％イソフラボン含有飼料区
（●）対照飼料区

1・2　大豆イソフラボン投与による鶏血漿および卵黄への影響（2）

1）目的

イソフラボンをアグリコン体として与えた場合と配糖体で与えた場合とでは，生体における代謝が異なることが考えられたため，配糖体のイソフラボンを含む飼料を作成し，採卵鶏への投与試験を行なった．血中および卵黄中のイソフラボンおよび代謝物であるエクオール含量を測定するとともに，鶏の体内におけるイソフラボンの代謝を究明するために，イソフラボンの状態を分析した．またさらに，卵黄のコレステロール含量を測定した．

2）方法

（動物実験）　飼料に添加するイソフラボン配糖体の量は，イソフラボンアグリコンを用いた試験の添加量とモル濃度が等しくなるように計算した．この計算された量のイソフラボン配糖体（イソフ

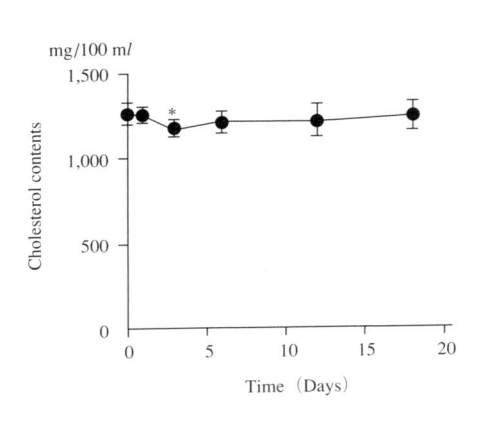

図9-4　大豆イソフラボン投与時の卵黄コレステロール含量の変化

ラボン‐80, J‐オイルミルズ製) を基本飼料に添加した餌のイソフラボンの実測値は表9‐3の通りである. 18羽の383日齢のホワイトレグホンを, 試験開始まで2週間基本飼料により飼育を行なった. 18羽の鶏を6つのグループに分け, 3羽ずつ, 2連の3つのグループに対し, それぞれ基本飼料およびイソフラボン混合飼料を1日1羽あたり100gずつ与えた. 各飼料の試験区において, 1つのグループは血漿を採取する目的で21日間飼育し, もう一方のグループは採卵の目的で42日間飼育した. 餌および水は, 自由摂取とさせた. 卵は毎朝回収し, 割卵して黄身を分離した. 血漿は試験開始日および試験開始後1, 3, 6, 12, 21日目に翼下静脈血を採取し, 血漿, 卵黄ともに, 分析までディープフリーザーで−40℃にて保存した.

表9‐3 試験飼料のイソフラボン含量 (mg/100g) [*1]

	Control	Isoflavone diet I	Isoflavone diet II
Daidzin	trace	37.5±0.8	111.6±2.5
Glycitin	1.0±0.0	109.4±2.0	325.6±6.8
Genistin	0.5±0.0	28.1±0.6	83.7±1.9
M-Daidzin[*2]	trace	0.7±0.0	2.0±0.0
M-Glycitin[*2]	trace	0.2±0.0	1.0±0.2
M-Genistin[*2]	0.3±0.0	0.1±0.0	0.3±0.0
A-Daidzin[*3]	trace	trace	0.4±0.0
A-Glycitin[*3]	0.4±0.0	0.5±0.0	1.2±0.0
A-Genistin[*3]	trace	trace	0.4±0.0
Daidzein	trace	0.4±0.0	1.1±0.0
Glycitein	trace	0.4±0.0	1.0±0.1
Genistein	trace	trace	trace
Total	2.2±0.0	177.20±0.3	528.1±11.0

[*1]: Values are the mean ± standard deviation (n=3).
[*2]: M-Daidzin, 6"-O-malonyldaidzin; M-Glycitin, 6"-O-malonylglycitin; M-Genistin, 6"-O-malonylgenistin.
[*3]: A-Daidzin, 6"-O-acetyldaidzin; A-glycitin, 6"-O-acetylglycitin; A-Genistin, 6"-O-acetylgenistin.

(生体試料におけるイソフラボン含量の分析) 卵黄中のイソフラボンの分離は10gの卵黄を10 ml の0.1M酢酸Na緩衝液 (pH5.0) にて懸濁し, β‐グルクロニダーゼ (3500 Fishman Unit) を加えて37℃, 一晩で分解を行なった. この反応液に100%エタノール35 ml を加え, 2,000 g×10分で遠心分離を行ない, 上澄を回収した. この沈殿物を70%エタノールで懸濁させ, 2,000 g×10分の遠心分離後の上澄を回収する作業を2回行ない, これらの上澄み回収液を混合した. この回収液の半量の水を加えた後, 15 ml ×2のヘキサンにて

分配操作を行ない，油分を除いた．そしてこの溶液と当量，および20 ml, 15 mlのジエチルエーテルにてイソフラボン画分の分配抽出を行ない，エーテル層を回収してエバポレーションにて乾固させた．分離されたイソフラボンは70％エタノールに溶解してHPLC法にて分析を行なった．イソフラボンの定量は，前述に従った．エクオールについては，試薬（フナコシ）を70％エタノールに溶解して標準溶液を調整し，HPLCにおける282 nmの吸収のピークエリアからサンプル中の含量の計算を行なった．

血漿中のイソフラボンの測定は以下の通り行なった．1 mlの血漿に等量の0.1M 酢酸Na緩衝液（pH 5.0）およびβ-グルクロニダーゼ（1000 Fishman Unit）を加え，37℃で反応を行なった．2時間後，5分間の煮沸により反応を停止し，2,000 g×10分の遠心分離を行ない，上澄みを回収した．この沈殿を70％エタノールにて懸濁し，2,000 g×10分遠心分離して上澄みを回収し，最初の上澄みと混合する作業を2回行なった．この溶液をエバポレーションにて濃縮乾固させ，70％エタノールに溶解し，イソフラボンおよびエクオールの含量をHPLCにて測定した．

3）結果

（大豆イソフラボン配糖体投与による採卵鶏への影響）　すべての区において，試験期間を通して異常は観察されなかった．試験期間を通しての産卵率は，基本飼料区で92.9±7.1％，Isoflavone diet Iの区で95.2±4.8％，Isoflavone diet IIの区で92.9±8.9％であり，すべての区間に有意差は認められなかった．

血漿中のイソフラボン含量は，β-グルクロニダーゼ処理を行なってアグリコンの状態とし，その総量をダイゼイン，グリシテイン，ゲニステイン，エクオールの4種類について測定した（図9-5）．測定を行なったすべてのイソフラボンに関して，投与開始翌日から血漿中に有意に検出された．餌中のイソフラボンの含量は，diet IIではダイジン，グリシチン，ゲニスチンともにdiet Iの約3倍の量を設定して投与した（表9-3）が，血漿中濃度としては，ダイゼインが約2.2倍，グリシテインが約1.4倍，ゲニステインが約3.1倍，エクオールは約1.7倍であり，特にグリシテインについては過剰投与による吸収率の低下が観察された．

卵黄中のイソフラボン含量に関しては，6日目まで急速に，その後42日目までゆっくりと上昇する傾向があった．この試験結果から，鶏に対して配糖体のイソフラボンを与えた場合，卵黄への移行が見られることが証明された．ま

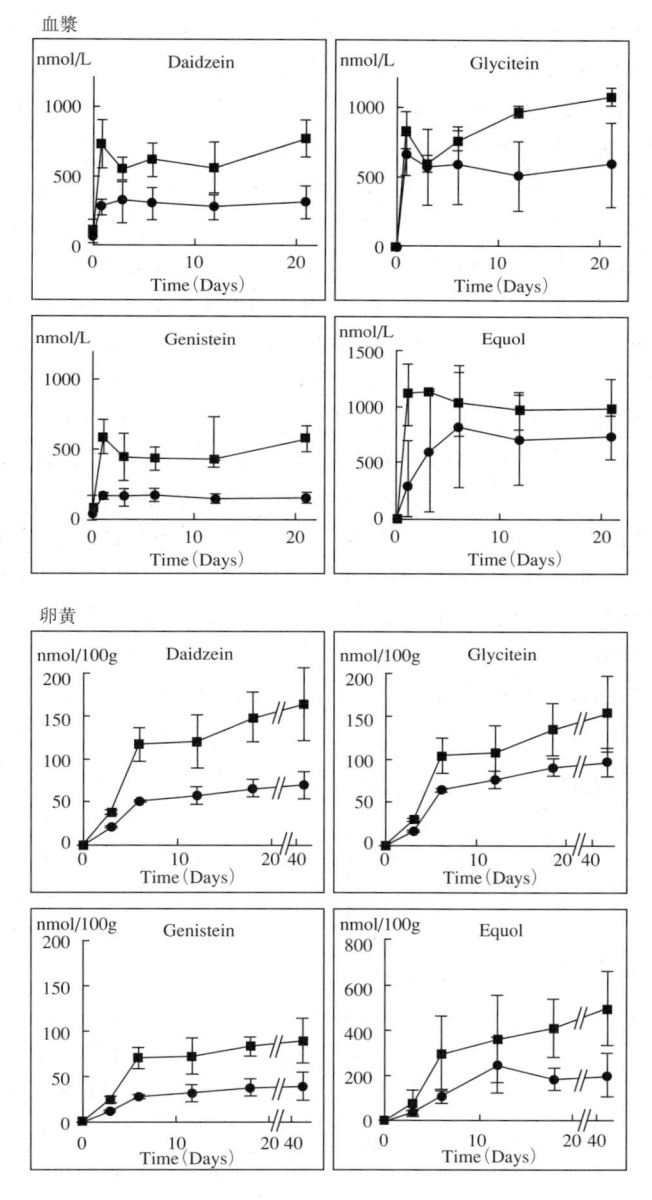

第 9 章　大豆食品由来成分の健康増進・疾病予防機能の評価および機能性食品素材としての高度利用に関する検討

血漿

卵黄

図 9-5　大豆配糖体イソフラボン投与時の血漿及び卵黄中のイソフラボンおよびエクオール含量の変化（●Diet I，■Diet II）

た，同時に行なったエクオールの分析結果では，卵黄中のエクオールの量は個体間，および同一個体内でも採取時点によって差が大きく，標準偏差の値が大きかったが，diet I で約 200 nmol / 100 g，diet II では 400 nmol / 100 g 以上が観察され，他のイソフラボンと比較して高濃度であった．それぞれの区の 6 日目以後における卵黄中イソフラボン含量を Diet I と Diet II で比較するとダイゼインが 2.2 倍，グリシテインが 1.5 倍，ゲニステインが 2.3 倍，エクオールが 2.1 倍だった．以上の結果より，大豆イソフラボンは配糖体の状態で投与した場合においても血中にとりこまれ，卵黄に移行することが明らかとなった．そしてそれぞれのイソフラボンの組成分析から，卵黄に移行するイソフラボンは，血液中に吸収されたイソフラボンの量が影響している事が示された．

以上の結果のなかで，大豆イソフラボンを投与した鶏の卵黄中にエクオールが見られたことは，新規な発見であり，「エストロゲン様活性の高い卵，その産生方法およびそれに用いる飼料原料」として特許の出願を行なった．

（鶏体内におけるイソフラボンの状態）　これまでの試験により，摂取したイソフラボンが卵黄へ移行する現象面は明らかとなった．しかしながら，そのときのイソフラボンの形態や移行のシステムに関しては未知である．そこで，血中および卵黄中におけるイソフラボンがどのような状態で存在しているのかを明らかにするため，これまでの分析において行なってきた β - グルクロニダーゼによる加水分解がイソフラボンに対してどう影響しているかを観察することとした．方法としては，大豆胚芽 300 mg を 0.1 M 酢酸 Na 緩衝液（pH 5.0）10 ml で 1 時間抽出し，これを血漿の測定時と同じ条件で β - グルクロニダーゼで加水分解反応を行なった．反応前（図 9 - 6A）と反応後（図 9 - 6B）の HPLC 分析結果を示す．

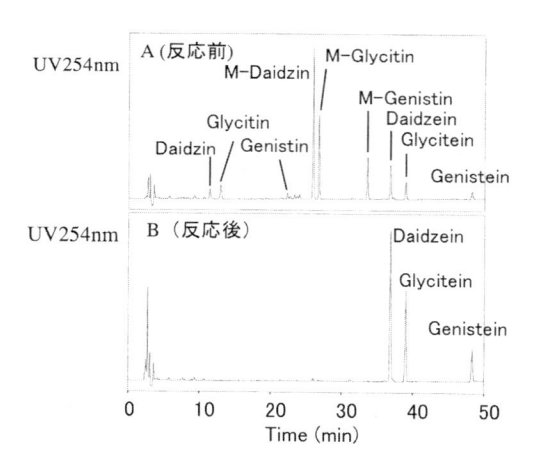

図 9 - 6　大豆胚芽イソフラボンに対する β - グルクロニダーゼの作用

この反応の結果，一般的に大豆の胚芽中に多く含まれる

配糖体のイソフラボン,ダイジン,グリシチン,ゲニスチン,および,マロニル体のイソフラボン,6"-O-マロニルダイジン,6"-O-マロニルグリシチン,6"-O-マロニルゲニスチンなどすべてのピークが消滅し,これに伴ってアグリコン体であるダイゼイン,グリシテイン,ゲニステインのピークが増加していた.この結果より,一連の試験において使用してきた Helix pomatia 由来のβ-グルクロニダーゼは,グルクロン酸抱合体のみならず,糖などで修飾されているイソフラボンを加水分解し,アグリコンの状態にする作用をもつことが確認された.

次の試みとして,血漿に含まれるイソフラボンの状態を観察する目的で,β-グルクロニダーゼ処理を行なわない状態でイソフラボンの分析を行なった.イソフラボンを添加していないコントロール食を与えた鶏の血漿(図9-7A)に対し,isoflavone diet II を与えた鶏の血漿からは,通常の大豆イソフラボンとは異なる溶出位置にいくつかのピークが観測された(図9-7B).そして,この B の血漿を先述の Helix pomatia 由来β-グルクロニダーゼで加水分解する事でこれらのピークは消失し(図9-7C),それに変わってアグリコン体の溶出位置にピークが出現した.これらの結果は,鶏の血清中では,イソフラボンは抱合体として存在していることを示していた.

次に,卵黄に関しても同様

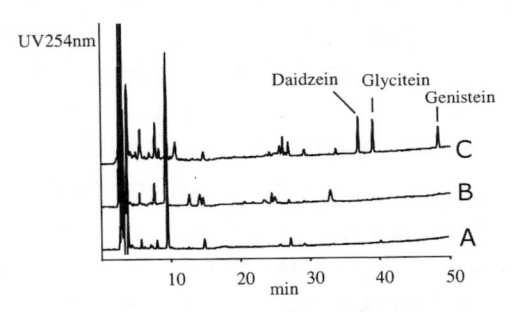

図9-7 配糖体イソフラボン投与時の鶏血漿に対するβ-グルクロニダーゼの作用
A:コントロール区
B:Diet II区 β-グルクロニダーゼ反応前
C:Diet II区 β-グルクロニダーゼ反応後

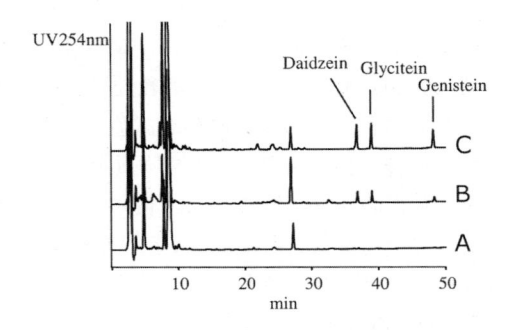

図9-8 配糖体イソフラボン投与時の卵黄に対するβ-グルクロニダーゼの作用
A:コントロール区
B:Diet II区 β-グルクロニダーゼ反応前
C:Diet II区 β-グルクロニダーゼ反応後

の試験を試みた．すなわち，加水分解反応を行なった卵黄と行なわなかった卵黄から通常と同様に70％エタノールによりイソフラボンを抽出し，濃縮の妨げとなる大きい分子量のタンパク質を除去する目的でセントリコンにて分子量10,000を超える分子量のものを除去した後にエバポレーションし，HPLC分析を行なった．コントロール区（図9-8A）にはイソフラボンに関連した物質は見られず，isoflavone diet II 区の卵黄（図9-8B）においてアグリコン体のイソフラボン3種のピークが観察された．そして，β-グルクロニダーゼ処理によってこれらのピークは，面積にして約3倍に増加した（図9-8C）．この結果から，卵黄中イソフラボンは約1/3がアグリコンとして存在し，それ以外はなんらかの抱合体として存在していることが示された．

1・3 イソフラボンの安全性試験

イソフラボンは様々な生理活性を有する優れた機能性成分であるが，弱い女性ホルモン様作用があることから，依然として安全性が問題となることがある．今までにイソフラボン配糖体の体系的な安全性試験がなされていなかったため，高純度大豆イソフラボン（80％，J-オイルミルズ製）を用いて変異原性試験，急性毒性試験，亜慢性毒性試験を行なった．

1）変異原性試験

細菌を用いる復帰突然変異試験により，高純度大豆イソフラボン（80％）の変異原性を調べた．菌株として，ヒスチジン要求性の *Salmonella typhimurium* 変異株であるTA98, TA100, TA1535, TA1537, とトリプトファン要求性の *Escherichia coli strain* WP2uvrAを用いた．サンプルを50〜5000 μg/プレートのレンジで5段階に希釈した．試験は，被験物質をそのまま検定菌に作用させるS9 mix 無添加試験と，哺乳動物のもつ薬物代謝酵素によって産生される被験物質の代謝物の変異原性を試験するS9 mix 添加試験からなる．試験後，復帰変異株の数を測定し，被験物質を含有する平板上における変異コロニー数の平均値が陰性対照値に比べ2倍以上に増加し，その増加に用量依存性が認められた場合に本試験系において変異原性を有する（陽性）と判定した．

実験の結果，今回の実験系において変異原性は認められなかった（表9-4）．

2）急性毒性試験

① 方法

高純度大豆イソフラボン（大豆イソフラボン濃度86.1％）の単回経口投与毒性試験を雌雄のICR系マウスを用いて実施した．群構成は，雌雄とも1群10

第9章 大豆食品由来成分の健康増進・疾病予防機能の評価および機能性食品素材としての高度利用に関する検討

表9-4 高純度イソフラボン（80％）の細菌を用いる復帰突然変異試験

strain	Dose (μg per plate)	without S9 mix	with S9 mix
TA98	0	26.5±4.9b[*2]	45.5±4.9
	50	24.5±9.2	35.0±2.8
	150	27.5±0.7	35.5±3.5
	500	28.0±1.4	35.5±7.0
	1500	29.5±2.1	44.0±15.6
	5000	28.5±6.4	49.0±14.1
	AF2[*1] (0.1 μg per plate)	672±22.6	
	2AA (0.5 μg per plate)		443±33.9
TA100	0	152.5±4.9	171.5±10.6
	50	161.5±2.1	157.0±2.8
	150	153.5±14.8	16.2.5±24.7
	500	175.0±4.2	175.0±4.2
	1500	153.0±7.8	199.0±17.0
	5000	167.5±26.2	217.0±14.1
	AF2 (0.01 μg per plate)	604.0±33.2	
	2AA (1 μg per plate)		958.0±99.0
TA1535	0	10.0±5.7	10.0±2.1
	50	13.0±1.4	14.0±1.4
	150	14.0±11.3	17.5±0.7
	500	11.0±4.9	13.5±2.1
	1500	10.0±4.2	13.5±2.1
	5000	15.0±1.4	20.0±2.8
	SA (0.5 μg per plate)	722.0±86.3	
	2AA (2 μg per plate)		472.0±41.0
TA1537	0	14.0±1.4	10.0±2.1
	50	10.0±2.8	14.0±1.4
	150	11.5±2.1	17.5±0.7
	500	14.0±4.2	13.5±2.1
	1500	17.0±1.4	13.5±2.1
	5000	12.5±2.1	20.0±2.8
	9AA (80 μg per plate)	1033.0±91.9	
	2AA (2 μg per plate)		391.0±17.7
WP2 uvrA	0	35.5±2.1	39.5±3.5
	50	22.5±4.9	35.5±2.1
	150	21.0±2.8	23.0±5.7
	500	26.5±2.1	29.0±2.8
	1500	22.0±0.0	33.5±2.1
	5000	29.0±4.2	40.0±2.8
	AF2 (0.01 μg per plate)	672.0±22.6	
	2AA (10 μg per plate)		1109.0±18.4

[*1]： AF2：2-(2-Furyl)-3-(5-nitro-2-furyl) acrylamide, SA：Sodium azide, 9AA：(9-Aminoacridine), 2AA：(2-Aminoanthrancene)
[*2]： Mean±S.D.

匹からなる2群とし，1群を大豆イソフラボン5,000 mg/kg投与群とし，他の1群を媒体（0.5% CMC Na）対照群とした．観察期間は投与後14日間とした．各個体について，一般状態の観察を投与日（観察第1日）には投与直後から投与後1時間まで連続して行ない，投与後約6時間まで約1時間間隔で行なった．観察第2日から15日までは1日1回一般状態の観察を行なった．体重は，全例について投与直前，観察第2，4，8，11および15日に測定した．観察第15日に全例をペントバルビタールナトリウム麻酔下で放血屠殺後，剖検した．剖検時の肉眼的観察器官・組織は，脳，下垂体，眼球，甲状腺，心臓，気管，肺，肝臓，腎臓，胸腺，脾臓，副腎，消化管（胃，小腸，大腸），生殖器，乳腺，膀胱，下顎および腸管膜リンパ節，大腿骨骨髄，すい臓，顎下腺，舌，食道，大動脈，皮膚である．

② 結果

雌雄全例において観察期間中に死亡例はなく一般状態の変化も認められなかった．また，全例において，観察期間中の体重推移に異常は認められず，各測定日において雌雄ともに対照群と比較して有意差はなかった．剖検所見についても，雌雄全例の器官および組織に変化は認められなかった．

以上のように，高純度大豆イソフラボンを大豆イソフラボンに換算して5,000 mg/kgの用量で雌雄マウスに単回経口投与した結果，雌雄とも異常は認められなかった．したがって，本試験条件下における，大豆イソフラボンのマウスにおける致死量は5,000 mg/kgを上回ると推定された．

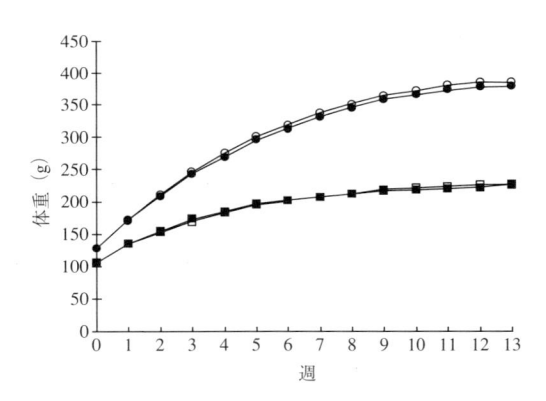

図9-9　イソフラボンのラットへの13週反復投与（100 mg/kg bw）後の体重推移
●オス 100 mg/kg bw，○オス コントロール，
■メス 100 mg/kg bw，□メス コントロール

3）13週間反復投与試験

① 方法

オス，メスそれぞれ1群10匹のWistarラットを用いて高純度大豆イソフラ

ボンの13週間反復毒性試験をOECDのGLPガイドラインに基づいて行なった．高純度大豆イソフラボンを市販飼料（RM3, Special Diets Test Science, Witham, England）に，0（control）および100 mg／kg体重となるように加えた．飼料および水は自由摂取させた．4週齢の雌雄Wistarラット（Crl：（WI）WU BR）を1週間馴化後，雌雄それぞれ1群10匹ずつの2群にわけた．5週齢より試験飼料を摂取させた．試験サンプルの摂取量が体重あたりに一定になるように，最初の5週間は毎週飼料中のサンプル濃度を調整し，後半の8週間は，2週間に1度飼料調製を行なった．体重と飼料摂取は毎週測定し，臨床観察は毎日行なった．試験終了後，臨床観察，体重増加，摂食量，血液学検査，臨床化学検査，尿検査，器官重量，病理学的試験を行なった．さらに，メスについては女性ホルモン様作用をみるため，血中エストラジオールレベルと性周期の評価を行なった．血中エストラジオールレベルは，ラジオイムノアッセイ法により行なった．性周期は，膣スメア法で調べた．

② 結果

J‐オイルミルズ製の高純度大豆イソフラボンは他のイソフラボン製品と比べ，苦味が弱いため100 mg／kg体重においても摂食量が減少することはなかった．13週後の体重および各種臓器重量もコントロールと比べて差が認められなかった（図9‐9，表9‐5）．血液学的検査および血液生化学的検査において，

表9‐5 実験終了時の体重および各種臓器重量

Items	Males control	100mg／kg	Females control	100mg／kg
Terminal body weight (g)	385.4±6.6	378.1±4.2	228.8±4.1	227.0±3.7
Adrenals (g)	0.045±0.002	0.048±0.002	0.068±0.003	0.061±0.002
Kidneys (g)	2.35±0.06	2.34±0.04	1.48±0.04	1.48±0.04
Thymus (g)	0.414±0.030	0.342±0.024	0.328±0.017	0.308±0.018
Brain (g)	1.91±0.01	1.93±0.02	1.80±0.03	1.80±0.01
Spleen (g)	0.629±0.019	0.606±0.018	0.484±0.017	0.503±0.014
Heart (g)	1.16±0.03	1.17±0.03	0.79±0.02	0.80±0.02
Liver (g)	13.94±0.49	13.42±0.34	7.83±0.15	7.67±0.25
Testes (g)	3.18±0.06	3.23±0.08		
Prostate (g)	1.01±0.05	0.97±0.06		
Ovaries (g)			0.075±0.004	0.075±0.004
Uterus (g)			0.642±0.062	0.599±0.043
Seminal Vesicle (g)	1.41±0.06	1.57±0.10		
Epididymides (g)	1.27±0.03	1.33±0.03		

Mean±SEM

調べた全項目に異常は認められなかった．雌ラットの性周期（表9-6）および血中エストラジオールレベル（表9-7）にも変化は認められなかった．

表9-6 メスラットの性周期に対する影響

| Dose | length of cycles (days) | | | cycles per animals |
(mg/kg/day)	4-5	6	>6	(for 14days)
0	9[*1]	1	0	2.1±0.180[*2]
100	9	1	0	2.2±0.133

[*1]: Number of rats
[*2]: Mean±SEM

表9-7 血漿エストラジオール濃度に対する影響（pg/ml）

| Dose | estrus stage at sacrifice | | | |
(mg/kg/day)	Estrus	Metestrus	Diestrus	Proestrus
0	12.9±0.9[*1] (3)[*2]	15.0±2.5 (2)	14.3±0.6 (3)	62.8±10.2 (2)
100	15.6±2.5 (2)	13.2 (1)	16.4±4.7 (3)	54.0±2.5 (4)

[*1]: Mean±SEM
[*2]: Numbers in parenthses are the number of rats examined.

③ 考察

以上のように，13週間反復毒性試験をOECDのGLPガイドラインに基づいて高純度大豆イソフラボンを100 mg/kg体重/日の投与量で行なった結果，異常が認められなかった．イソフラボンは女性ホルモン様作用を有することが知られていることから，雌ラットについて血中エストラジオールレベルと性周期の評価を行なった．その結果，コントロールと比べてなんら異常は認められなかった．ラットを用いた実験でイソフラボンは，25～50 mg/kg体重/日の投与量で生理作用を発揮することが知られている[13, 14]ことから，イソフラボンは有効量において安全であることが確認された．

§2. ビタミンKの高度利用に関する研究

2・1 ビタミンK欠乏ラットにおけるビタミンKの効果に関する研究

1) 目的

ビタミンK（K）は，K依存性タンパク質中に含まれる特異的なグルタミン酸残基（Glu）が，ミクロソームに存在するγ-グルタミルカルボキシラーゼによってγ-カルボキシルグルタミン酸（Gla）に転換される際に補酵素として作用する．Glaを含むタンパク質には，肝臓によって作られる4つの血液凝固

因子（プロトロンビン（第Ⅱ因子），第Ⅷ因子，第Ⅸ因子，第Ⅹ因子）と2つの血液凝固抑制因子（protein C, protein S），骨芽細胞によって作られるオステオカルシン，骨組織や血管平滑筋細胞などによって作られるマトリックスGla タンパク質などがある[15]．K 欠乏状態やワーファリンなどの K 拮抗物質を摂取した場合では，K 依存性タンパク質は Glu から Gla への転換が阻害され血液凝固や骨代謝などに対する固有の機能を失う．

K には K_1 と K_2（メナキノン，MK-n）がある．K_1 が植物で作られる単一の化合物であるのに対し，K_2 は側鎖のイソプレニル基の長さにより，メナキノン-4～13（MK-4～13）に分類される．従来新生児および乳児のビタミン K 欠乏性出血症の予防薬として K_1 や MK-4 が使用されており，近年 MK-4 が骨粗鬆症の治療薬として利用されるようになった．一方，食品中に多く含まれる K は，植物由来の K_1 であり，K_2 は日本の伝統食品である納豆に MK-7 が例外的に多く（約 0.8 mg / 100 g）含まれている他は，発酵食品や動物性食品にごく微量含まれているだけである．また，腸内細菌が作る K も側鎖の長い MK が多く，ヒトの血液中の主要な K は K_1 と MK-7 である．

血液凝固因子には，多くの K 依存性タンパク質があるが，K 欠乏により Gla 化が不充分となると血液凝固の指標であるプロトロンビン時間（PT）が長くなる．本研究では，K 欠乏ラットを作成し，PT を指標にして，K_1，MK-4 および MK-7 の効果を比較した．

2）方法

（試薬）　K_1，MK-4 は和光純薬より購入した．MK-7 は納豆菌より精製した[16]．K_1，MK-4，MK-7 は 2 mM になるように 99.5％エタノールに溶解し，さらに，5％アラビアガム溶液に最終濃度 40 nmol / ml または 200 nmol / ml になるように懸濁して使用した．

（動物）　10 週齢のオス SD ラット（チャールズリバー）を購入し，精製飼料 AIN93 を 1 週間与え馴化した．Groenen-von Dooren ら[17]が報告した K 欠乏を誘導する低ファイバー飼料を 50 kGy で放射線滅菌したものをオリエンタル酵母より購入した．

K 欠乏食に 1 μg / g の K_1 を添加した飼料をコントロール飼料とした．すべてのラットに食糞を防止するために試験期間中ずっとアナルカップを装着した．K 欠乏食開始後 14 日目に，K_1，MK-4，MK-7 を，それぞれカテーテルを用いて単回投与した．実験開始前および K 投与後 6 時間，24 時間，48 時間，72

時間後に，鎖骨の下の静脈より 0.9 ml ずつ採血した．そのうち，0.63 ml の血液を 0.07 ml の 3.8％（w/v）クエン酸ナトリウムを含む試験管にとり，4℃，3,000 gにて 15 分間遠心分離し血漿を得た．

（分析）　プロトロンビン時間（PT）を Thromboplastin C Plus（Symex Co. Kobe）を用いて測定した．

血漿，肝臓，大腿骨中の K_1，MK－4，MK－7 濃度は白金黒を用いたポストカラム還元 HPLC 法で分析した[18]．

（統計処理）　すべての実験において 1 群 5 匹のラットを使用し，分析値は平均値±標準誤差で表した．統計処理は，Duncan's multiple comparison test を用いて行ない，P 値 0.05 未満を統計的に有意とした．

3）結果と考察

（ビタミンK活性の比較）　現在食品産業に利用されている K である K_1，MK－4 および MK－7 の作用を比較した．PT を指標とした結果を図 9－10 に示した．K 欠乏により長くなった血液凝固に対して，K 同属体である K_1，MK－4 および MK－7を投与すると，PT は短くなった．このとき MK－7 の作用は，K_1 や MK－4 よりも長時間持続した．今回の結果は，低ファイバー食により作成したビタミン K 欠乏ラットにおいて，K_1，MK－4，MK－9 の活性を比較し，MK－9，K_1，MK－4 の順に活性が高いという Groenen-van Dooren らの報告[19]を支持するものである．以上のことから，側鎖の長いビタミンK_2

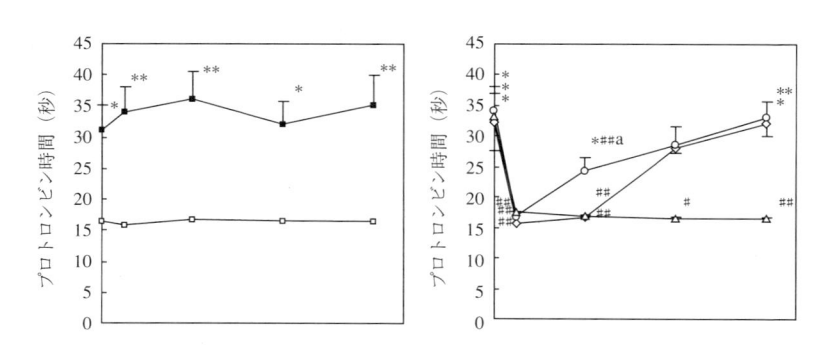

図 9－10　プロトロンビン時間に対するビタミン K 単回投与（50 nmol／kg 体重）の効果
　　　　　■ビタミン K 欠乏ラット，□正常ラット，◇K1，○MK－4，△MK－7
　　　　　Mean±SEM of five rats
　　　　　*，$p<0.05$；**，$p<0.01$（正常ラットと比べて有意差あり）
　　　　　#，$p<0.05$；##，$p<0.01$（ビタミンK欠乏ラットと比べて有意差あり）

は，他のビタミンK類よりも活性が長時間持続することが明らかとなった．納豆にMK‐7が多く含まれている他，MK‐7，MK‐8，MK‐9など側鎖の長いメナキノンが発酵食品に微量含まれている[20-21]．側鎖の長いビタミンK_2は血中の滞留時間が長いことも明らかにされており，今後，各ビタミンK同属体それぞれについてビタミンK活性に関する再評価が必要と考えられた．

（血漿，肝臓および骨中のK濃度の変化）　試験開始前およびK欠乏食17日間摂取後の血漿，肝臓，大腿骨中のK_1およびMK‐4濃度を測定した（図9‐11）．K欠乏食に1μg/gのK_1を添加した餌を与えたものをコントロールとした．肝臓では，K_1と微量のMK‐4がコントロール群で検出されたのに対し，K欠乏食群ではK_1もMK‐4も顕著に減少した．一方，大腿骨では，コントロール群およびK欠乏食群ともK_1よりもMK‐4が多く検出された．大脳やすい臓，唾液腺などでは，K_1がMK‐4に転換されることが知られている[22]．今回のこの結果から，大腿骨中においてもK_1がMK‐4に転換することが示唆された．また，大腿骨中では，K欠乏食を17日間与えた場合においてK濃度が減少したものの，試験開始前の約40％が残存していた．したがって，ラットの場合，骨中のKの代謝は肝臓と異なっており，Kの減少が遅く，短期的なK欠乏食の摂取ではK欠乏状態になりにくいことが示唆された．これは，ヒトでは1週間程度でK欠乏状態になることが知られており，ラットとヒトで骨中のKの代謝が異なることを示すものである[23, 24]．

次に，K欠乏ラットに250 nmol/kg体重のK_1，MK‐4，MK‐7を単回投

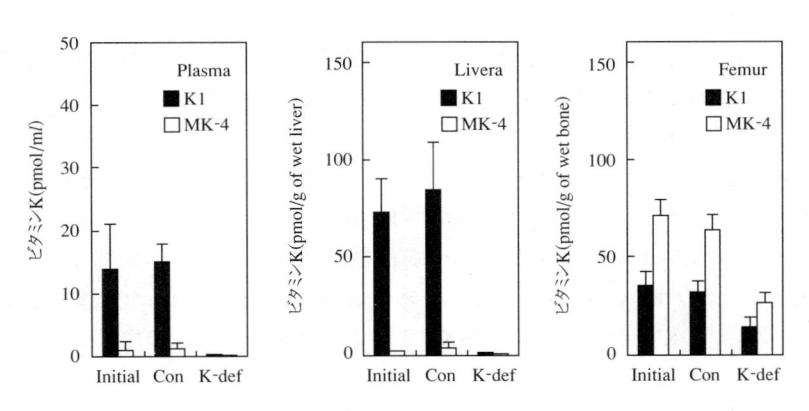

図9‐11　K欠乏食17日摂取後のラットの血液，肝臓，大腿骨中のビタミンK濃度
Mean ± SEM of five rats

与したときの，血液，肝臓および大腿骨中の K 濃度の変化を調べた．その結果，血液，肝臓中の K 濃度は上昇したが，骨中の K 濃度に変化は見られなかった（図 9-12）．このことは，骨中に K を蓄積するためには，肝臓に対するよりも多くの K を摂取しなければならないことを示している．

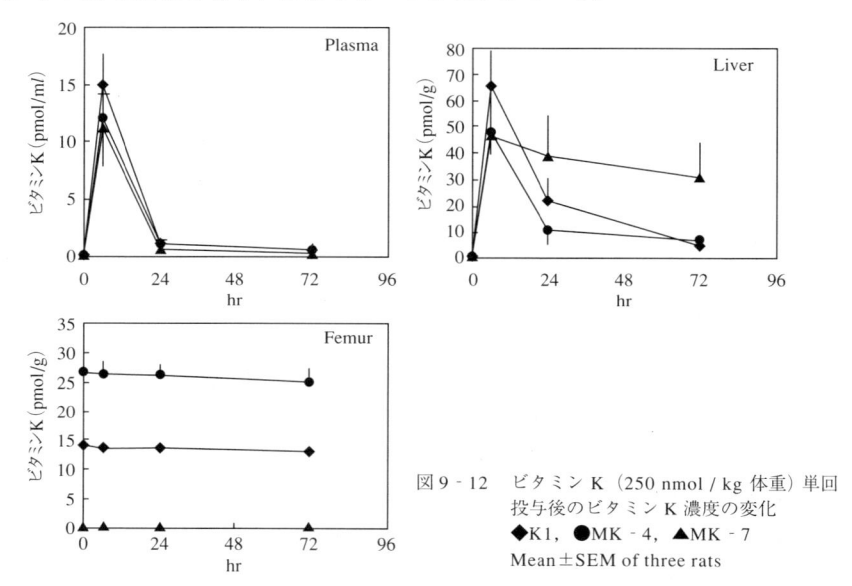

図 9-12 ビタミン K（250 nmol / kg 体重）単回投与後のビタミン K 濃度の変化
◆K1, ●MK-4, ▲MK-7
Mean ± SEM of three rats

2・2 食品由来ビタミン K 類の栄養学的研究

1）目的

食品中に含まれてビタミン K 源として寄与しているのは，植物由来の K_1 と納豆に含まれる MK-7 がほとんどで，それ以外のビタミン K 類は極微量である．近年，加工油脂の製造工程で植物油を水添すると，油脂中に含まれている K_1 も水添され 2',3'-ジヒドロフィロキノン（dihydro-K_1）が生成する[25,26]ことが見いだされ，食品中に dihydro-K_1 がかなり含まれていることがわかってきたが，dihydro-K_1 のビタミン K 活性は不明である．本研究では，K_1, MK-7 および dihydro-K_1 のビタミン K 活性の比較を行なった．また，臓器中のビタミン K を分析し，K_1, MK-7 および dihydro-K_1 の代謝ついても調べた．

2）方法

（食品由来ビタミン K の効果の比較）　4 週齢の雄 SD ラット（チャールズ

リバー社）を，馴化期間の 2 週間，精製飼料（AIN93）を与えた．精製飼料をベースに，次の 4 種類の飼料を調製した．(i) low - K_1 ＋ワーファリン食（0.5 μg K_1＋10 μg ワーファリン / g diet），(ii) high - K_1 ＋ワーファリン食（14.9 μg K_1＋10 μgワーファリン / g diet），(iii) high - dihydro - K_1 ＋ワーファリン食（14.5 μg dihydro - K_1 ＋0.5 μg K_1 ＋ 10 μgワーファリン / g diet），(iv) high - MK - 7 ＋ warfarin食（20.7 μg MK - 7＋0.5 μg K_1 ＋ 10 μgワーファリン / g diet）．(i) の low - K_1 食中の K_1 濃度は，ラットにおける正常な血液凝固を維持するのに必要な最低量に設定した[27]．ラットを 1 群 5 匹，4 群に分け (i) ～ (iv) の飼料を 1 週間自由摂取させた．1 日の摂餌量は，21 g であった．1 週間後，0.63 ml の血液サンプルを 0.07 ml の 3.8％クエン酸ナトリウムを含む試験管に採取した．3,000 rpm，4℃，15 分間で血漿を調製し，Thromboplastin C Plus と Symex CA - 500（Symex Co., Kobe, Japan）を用いて，プロトロンビン時間（PT）と活性化部分トロンボプラスチン時間（APTT）を測定した．

（臓器中のビタミン K の分析） 5 週齢の雄 SDラット（チャールズリバー社）に，馴化期間の 1 週間，精製飼料（AIN93）を与えた．精製飼料をベースに，次の 4 種類の飼料を調製した．(i) low-K_1 食（0.5 μg K_1 /g diet），(ii) high-K_1 食（14.9 μg K_1），(iii) high - dihydro - K_1 食（14.5 μg dihydro - K_1 / g diet），(iv) high - MK - 7 食（20.7 μg MK - 7 / g diet）．ラットを 1 群 5 匹，4 群に分け (i) ～ (iv) の飼料を 3 週間自由摂取させた．血液は，胸部大動脈からとり，クエン酸処理を行わない血漿を遠心で得た．脳，すい臓，腎臓，精巣，肝臓，胸部大動脈，大腿骨を採取した．血漿および各種臓器中のビタミン K 濃度を HPLC で測定した．

500 μl の血漿に1,000 μl の n - ヘキサンを加え，さらに，30 ng のメナキノン - 5（自社で精製）を内部標準として含む500 μl の 2 - プロパノールを加え，激しく混合し,遠心した．1 ml のヘキサン層をとり，遠心エバポレーターで乾燥した．得られた残さに 200 μl の 2 - プロパノールを加えて溶解し，50 μl を HPLC に負荷した．大腿骨は軟組織と骨髄を除去した．大腿骨，脳，すい臓，腎臓，精巣，大動脈は，臓器全部を，肝臓は 1 g 分をとり，20 ml のメタノール，20 ml のクロロホルムと 30 ng の MK - 5 を加えた．2 分間ブレンダーでホモジネートし遠心した．溶媒層をとり，n - ヘキサンに溶解後，Bond - elut silica に負荷し，n - ヘキサン＋ ジエチルエーテル（96＋4）で溶出した．溶出したサンプルを乾燥し 2 - プロパノールに溶解し，蛍光検出器を備えた HPLC

(Shimadzu LC-10A system)で分析した．サンプルはODS column（L-column，250 mm × 4.6 mm，化学品検査協会）で分離後，白金黒をつめた還元カラム（RC-10, 10 × 4.6 mm, Toa, Tokyo, Japan）でビタミンKを還元型にし，ex. 320 nm，em. 430 nmで検出した．肝臓のサンプルの場合は，ex. 244 nmを用いた．移動層は，2-プロパノール＋メタノール（2＋8），流速は，1.0 ml/minで行なった．検出限界は，血漿の場合1.0 pmol/ml，各臓器の場合2.0 pmol/gである．

データは，平均値±SDで表した．群間の有意差はTurkey's testで検定し，P値0.05未満を有意とした．

3）結果

（食品由来ビタミンKの効果の比較）　ワーファリンナトリウムと各種ビタミンKをともに1週間摂取させたときの血液凝固状態の変化を表9-8に示した．

表9-8　ワーファリン誘導体ビタミンK欠乏ラットに対するビタミンK同族体の効果

	AIN93G＋warfarin				High K_1＋warfarin				High dihydro-K_1＋warfarin				High MK-7＋warfarin			
	Initial		day 7		Initial		day 7		Initial		day 7		Initial		day 7	
	Mean	SD	Mean	SD	Mean	SD	Mean	SD	Mean	SD	Mean	SD	Mean	SD	Mean	SD
PT (s)	15.4	0.9	1)		15.3	0.4	65.3	33.2	15.5	0.5	46.8	12.5	15.5	0.5	32.4	9.0
APTT (s)	29.8	1.1	1)		27.7	1.3	157.3	95.4	29.0	0.9	110.5	31.1	29.0	0.9	71.2	20

* not coagulated
PT，プロトロンビン時間；APTT，活性化部分トロンボプラスチン時間

Low-K_1食とワーファリンを一緒に摂取した群では，プロトロンビン時間および活性化部分トロンボプラスチン時間は300秒以上になり，測定不能であった．一方，high-K_1食群，high dihydro-K_1食群，high-MK-7食群では，ワーファリンによって阻害された血液凝固が回復された．したがって，K_1，dihydro-K_1，MK-7いずれもビタミンK活性（γカルボキシラーゼの補酵素としての活性）を有していることがわかった．これらのなかで，MK-7は特に活性が高かった．

（臓器中のビタミンKの分析）　Low K_1食，high K_1食，high dihydro-K_1食を3週間摂取させた後，血漿，脳，すい臓，腎臓，精巣，肝臓，胸部大動脈，大腿骨中のK_1，dihydro-K_1，MK-4濃度を測定した（表9-9）．High K_1投与群では，low K_1群と比べてすべての臓器でMK-4が増加していた．特に，すい臓，脳，腎臓，精巣，大動脈で顕著に増加した．生体内でK_1がMK-4

第9章 大豆食品由来成分の健康増進・疾病予防機能の評価および機能性食品素材としての高度利用に関する検討

表9-9 ラット臓器中のビタミンK濃度(pmol / ml serum or pmol / g tissue)

Tissue	K-vitamer	Type of diet					
		low K_1		high K_1		high dihydro-K_1	
		Mean	SD	Mean	SD	Mean	SD
Plasma	K_1	2.0	1.1	75**, ##	29	4.3	3.2
	dihydro-K_1	—	—	—	—	147	43
	MK-4	2.9	2.8	3.0	1.2	2.5	2.8
	Total	4.9	2.2	78**, ##	29	154**	43
Brain	K_1	26	25	76*, #	24	26	18
	dihydro-K_1	—	—	—	—	32	8.6
	MK-4	28	7.2	687**, ##	81	34	6.1
	Total	54	22	763**, ##	81	92	25
Pancreas	K_1	63	31	709**, ##	282	72	41
	dihydro-K_1	—	—	—	—	509	257
	MK-4	369	156	3586**, ##	1940	345	68
	Total	433	160	4295**, ##	1866	926	279
Kidney	K_1	80	68	419**, ##	144	42	18
	dihydro-K_1	—	—	—	—	146	39
	MK-4	16	4.5	179**, ##	62	18	5.8
	Total	96	65	598**, ##	150	206	39
Testis	K_1	51	36	130	30	67	83
	dihydro-K_1	—	—	—	—	100	44
	MK-4	61	9.9	774**, ##	155	78	14
	Total	112	31	904**, ##	152	244	74
Aorta	K_1	372	183	8286**, ##	3617	428	234
	dihydro-K_1	—	—	—	—	5289	1225
	MK-4	99	9.1	758**, ##	256	84	27
	Total	471	186	9044**	3498	5800**	1192
Liver	K_1	67	19	2779**, ##	1440	174	29
	dihydro-K_1	—	—	—	—	5243	734
	MK-4	2.9	2.2	32**, ##	11	1.6	2.1
	Total	70	18	2811**, ##	1447	5419**	764
Femur	K_1	140	83	489*, #	283	128	68
	dihydro-K_1	—	—	—	—	296	172
	MK-4	27	10	65	32	31	21
	Total	167	91	560*	290	456	193

Five rats per group were fed an experimental diet: low-K_1 diet (0.5 μg/g diet), high-K_1 diet (14.9 μg / g diet) or high-dihydro-K_1 diet (14.5 μg of dihydro-K_1 / g plus 0.5 μg K_1 / g diet). After the three-weeks administration of each diet, the concentrations of K-vitamers, K_1, dihydro-K_1 and MK-4 in tissues were determined. Concentrations of tota K-vitamers are also listed.

*, $p<0.05$; **, $p<0.01$ compared with the value of the low-K_1-diet treated group
#, $p<0.05$; ##, $p< 0.01$ compared with the value of the high-dihydro-K_1-diet-treated group

に転換されることが知られており[22, 28-29]，今回の結果もまったく同様であった．MK-4：K_1比率は，臓器によってかなり異なった．脳，すい臓，精巣で高く，腎臓，血管，大腿骨で中程度，肝臓では低かった．

一方，ジヒドロフィロキノン摂取群では，臓器中のMK-4濃度に変化がみられなかった．このことから，dihydro-K_1は生体内でMK-4に転換されないことがわかった．

MK-7投与群については，現在分析中である．MK-7もK_1と同様にMK-4に変換されることがわかった．この結果，食品中に多く含まれるK_1とMK-7は，いずれも生体内でMK-4に変換されることがわかった．

（考察）ジヒドロフィロキノンは，ビタミンK活性（ビタミンK依存性タンパク質のγカルボキシル化の補酵素としての機能）を有しているにもかかわらず，生体内でMK-4に転換しないことがわかった．ジヒドロフィロキノンは，現在未知であるMK-4への生体内転換の生理的意義を解明するツールとして有用である．

2・3 実験的動脈石灰化症に対するビタミンK_2（MK-7）の効果に関する研究

本研究は，星薬科大学臨床化学教室瀬山義幸教授により実施していただいた．

1）実験的動脈石灰化症に対するビタミンK_2の効果に関する研究（*in vivo*）

① 目的

加齢や閉経に伴い骨からカルシウムは遊離し，骨粗鬆症を起こしやすく，一方動脈や腎臓などの軟部組織は石灰化しやすい．この要因には女性ホルモンやビタミンKの不足が推測されており，臨床的に骨粗鬆症に対するビタミンKの治療効果が認められている．しかし，軟部組織の石灰化に対するビタミンKの作用は不明である．ビタミンD_2誘発実験的動脈石灰化症に対してビタミンK_2のうちでMK-4には石灰化抑制作用があることが報告されている[30]．そこで本研究では，食品中の主要なビタミンK_2であるMK-7の石灰化抑制作用について比較検討した．

② 方法

7週齢卵巣摘出雌性SD系ラット（Clea Japan）を普通飼料で飼育した群を対照（Control）群，実験開始4日間だけビタミンD_2（2.5×10^5 I.U./kg体重/day）を毎日経口投与した群をビタミンD群，ビタミンD群と同様の方法でビタミンD_2を経口投与するのと同時に飼料にビタミンK_2（MK-7）を摂取量か

第9章　大豆食品由来成分の健康増進・疾病予防機能の評価および機能性食品素材としての高度利用に関する検討

ら換算して 200 mg / kg 体重 / day 相当で混ぜた飼料で飼育させた群を MK‐7 群とした．また，エストラジオール群（Estradiol：83 μg / kg 体重 / day，隔日筋肉注射）を作成した．それぞれ 3 週後脱血死させ，血清カルシウムは Ca test Wako（和光純薬）により，血清リンは Goldenberg 法により測定した．また，胸部大動脈と腎臓を凍結乾燥後，脱脂脱水し，その重量（脱脂脱水重量）を測定し，灰化炉（500℃，24 hr）で灰化後カルシウムを原子吸光法で，リンを Goldenberg 法で測定した．このカルシウムまたはリン含量を脱脂脱水重量あたりに換算し，動脈の石灰化の指標とした．

③ 結果

卵巣摘出ラットにおいて，動脈石灰化を MK‐7 群ではエストラジオール群と類似して，ビタミン D 群と比較して有意に抑制した．すなわち，卵巣摘出ラットで 3 週後の動脈のカルシウムとリン含量はビタミン D 群ではコントロール群と比較して有意に上昇し，ビタミン D_2 投与により動脈石灰化が誘発された．動脈のカルシウムとリン含量はビタミン D 群と比較して，MK‐7 群ではエストラジオール群と同様に有意に低下した．（図 9‐13，9‐14）．

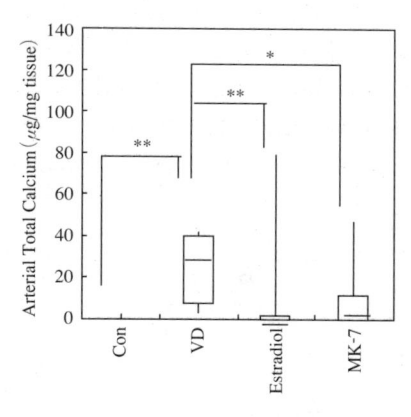

図9‐13　卵巣摘出ラットの実験的動脈壁石灰化症における胸部動脈中カルシウム濃度に対するビタミン K_2（MK‐7）の効果
Con, control；VD, ビタミンD；MK‐7, メナキノン‐7；*, $p<0.05$；**, $p<0.01$

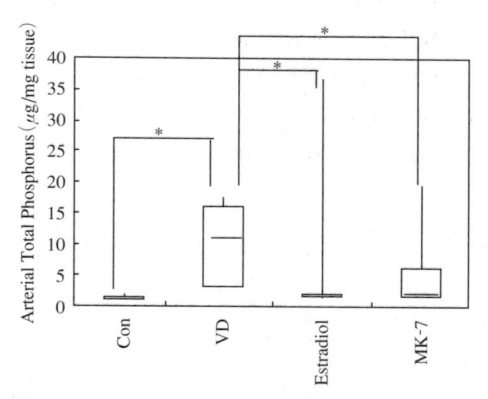

図9‐14　卵巣摘出ラットの実験的動脈壁石灰化症における胸部動脈中リン濃度に対するビタミン K_2（MK‐7）の効果
Con, control；VD, ビタミンD；MK‐7, メナキノン‐7；*, $p<0.05$

2) 実験的動脈石灰化症に対するビタミンK_2の効果に関する研究（*in vitro*
① 方法

牛血管平滑筋細胞（SMC）を10%牛胎児血清（FBS），0.1 mM 非必須アミノ酸，2mM L‐Glu, 100 unit / m*l* penicillin および 100 μg / m*l* streptomycin を含む Low glucose DMEM 中に一定濃度で分散し，組織培養用プラスチック24 ウェルプレート中で37℃, 5% CO_2, 95% Air の条件でコンフルエントまで培養した．コンフルエント後，MK‐7（3×10^{-6}），MK‐4（3×10^{-6}）またはEstradiol（1×10^{-6}）をそれぞれ含む培地（10% FBS low glucose DMEM）で牛血管 SMC を 3 日間培養し，各薬物を前処理し，薬物無処理群は Control 群とした．その後それぞれの各薬物と 3 mM の P を含む培地（10% FBS High Glucose DMEM）と含まない培地で培養し，P で SMC に石灰化を誘導するとともに薬物を処理した．培地交換は1日おきに行ない，P 処理を開始した日を 0 日目とした．

② 結果と考察

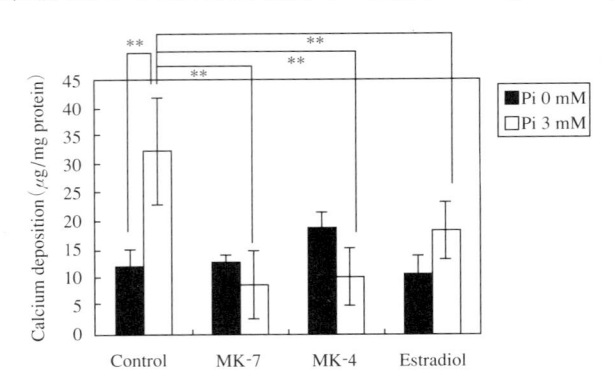

無機リン（P）処理後 4 および 6 日培養後，無処理対照群と比較して P 単独処理群で血管平滑筋（SMC）の細胞層の Ca 含量は増加し，P 処理 4 日後に SMC での石灰化が誘導されたと推察される．P 処理 4 日後または 6 日後，P 単独処理群と比べ MK‐7 と MK‐4 または Estradiol の前処理では SMC の細胞層の Ca および P が減少する傾向が認められ，MK‐7, MK‐4 および Estradiol は直接 SMC の石灰化を抑制すると推察された（図 9‐15, 9‐16）．

図 9‐15　牛血管平滑筋細胞のカルシウム沈着に対するMK‐7,
　　　　　MK‐4, エストラジオールの効果
　　　　　$**\ p<0.01$

第9章　大豆食品由来成分の健康増進・疾病予防機能の評価および機能性食品素材としての高度利用に関する検討

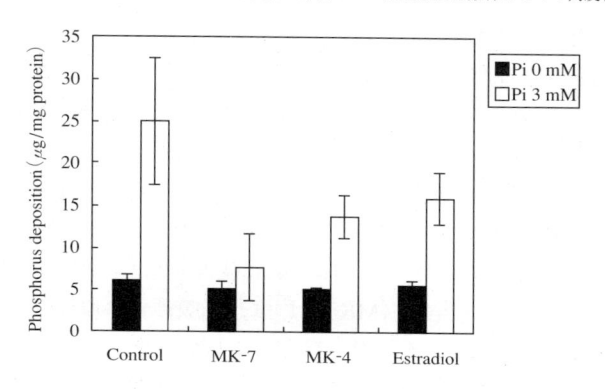

図9‐16　牛血管平滑筋細胞のリン沈着に対するMK‐7，MK‐4，エストラジオールの効果
** $p<0.01$

まとめ

近年，納豆や大豆中の有効成分，特に大豆イソフラボンやビタミンKの生理作用が注目されるようになってきた．本事業においては，納豆菌由来のビタミン K_2 と大豆イソフラボンを高度に利用するために，基礎から応用までの開発を行なった．

大豆イソフラボンは，女性ホルモン様作用を有することから，骨粗鬆症の予防，乳がん，前立腺ガンの予防，更年期障害の緩和などの効果が期待されている．本研究では，イソフラボンを産卵鶏に与えたときの効果を調べるとともに，安全性試験を行なった．その結果，(1) イソフラボンアグリコンを産卵鶏に投与したところ，卵黄にイソフラボンが移行した．卵黄コレステロールは一時的に低下した．(2) イソフラボン配糖体を産卵鶏に投与したところ，イソフラボンが血中および卵黄中にみられた．特に，卵黄においては，イソフラボンの代謝産物で活性の高いイソフラボンであるエクオールが蓄積した．(3) イソフラボン配糖体の安全性を調べた．変異原性試験，急性毒性試験，13週間反復投与試験を行なったところ，イソフラボンの有効量において，毒性は認められなかった．

ビタミンKは，血液凝固因子の他，骨芽細胞によって作られるオステオカルシン，血管壁によって作られるマトリックスGlaタンパク質のγ‐グルタミルカルボキシル化に必須の栄養素である．近年，骨粗鬆症の予防や動脈硬化の予

防効果などが明らかにされたことから，大豆食品由来のビタミンKの高度利用に関する研究を行なった．その結果以下の結果を得た．(1) ビタミンK欠乏モデルにおいて，ビタミンK同族体活性の比較をしたところ，MK-7＞K_1＞MK-4の順で活性が高かった．(2) ワーファリン投与ビタミンK欠乏モデルにおいて，ビタミンK同族体活性の比較をしたところ，MK-7＞ジヒドロK_1＞K_1の順で活性が高かった．(3) ラット臓器中のビタミンK分布を測定したところ，K_1とMK-7は体内でMK-4に変換したが，ジヒドロK_1は変換しなかった．(4) ビタミンK_2(MK-7)は，動脈硬化の原因となる動脈壁へのカルシウムの沈着を阻害する作用を有することがわかった．

本研究により，大豆イソフラボンイソフラボン代謝物エクオール入り鶏卵の開発の他，イソフラボンの安全性と新たな生理作用が明らかとなった．また，納豆に含まれるビタミンK_2(MK-7)が他のビタミンKと比較し生理活性が高いことがわかった．最近になって，イソフラボンを強化した食品が市販されるようになってきたが，ビタミンKについても，さらなる利用が期待される．

参考文献

1) Singletary K., Faller J., Li J. and Mahungu S.: "Effect of extrusion on isoflavone content and antiproliferative bioactivity of soy/corn mixtures", *J. Agric. Food Chem.*, **48**, 3566-3571 (2000).

2) Vedavanam K., Srijayanta S., O'Reilly J., Raman A. and Wiseman H.: "Antioxidant action and potential antidiabetic properties of an isoflavonoid-containing soyabean phytochemical extract (SPE)", *Phytother.Res.*, **13**, 601-608 (1999).

3) Elizabeth A., Phuong S., Shari A., Alan C. and Renee C., "Dietary isoflavones reduce plasma cholesterol and atherosclerosis in C57BL/6 mice but not LDL receptor-deficient mice", *J. Nutr.*, **128**, 954-959 (1998).

4) Anderson J., Johnstone B. and Cook-Newell M.: "Meta-analysis of the effects of soy protein intake on serum lipids", *N. Engl. J .Med.*, **333**, 276-282 (1995).

5) Wells C., Jechorek R., Kinneberg K., Debol S. and Erlandsen S.: "The isoflavone genistein inhibits internalization of enteric bacteria by cultured Caco-2 and HT-29 enterocytes", *J. Nutr.*, **129**, 634-640 (1999).

6) Alekel D., Germain A., Peterson C., Hanson K., Stewart J. and Toda T.: "Isoflavone-rich soy protein isolate attenuates bone loss in the lumbar spine of perimenopausal women", *Am. J. Clin. Nutr.*, **72**, 844-852 (2000).

7) Chang H.H.-S., Robinson A.R. and Common R. H.: "Excretion of radioactive daidzein and equol as monosulfates and disulfates in the urine of the laying hen", *Can J. Biochem.*, **53**, 223-230 (1975).

8) Meluzzi A., Sirri F., Manfreda G., Tallarico N. and Franchini A.: "Effects of dietary vitamin E on the quality of table eggs enriched with n-3 long-chain fatty acids", *Poult.Sci.*, **79**, 539-545

第9章 大豆食品由来成分の健康増進・疾病予防機能の評価および機能性食品素材としての高度利用に関する検討

(2000).

9) Scheideler S. and Froning G.："The combined influence of dietary flaxseed variety, level, form, and storage conditions on egg production and composition among vitamin E-supplemented hens", *Poult.Sci.*, 75, 1221-1226 (1996).

10) Greaves K., Wilson M., Rudel L., Williams J. and Wagner J.："Consumption of soy protein reduces cholesterol absorption compared to casein protein alone or supplemented with an isoflavone extract or conjugated equine estrogen in ovariectomized cynomolgus monkeys", *J. Nutr.*, 130, 820-826 (2000).

11) Crouse J.,Morgan T.,T erry J., Ellis J., Vitolins M. and Burke, G.："A randomized trial comparing the effect of casein with that of soy protein containing varying amounts of isoflavones on plasma concentrations of lipids and lipoproteins", *Arch. Intern. Med.*, 159, 2070-2076 (1999).

12) Saitoh S., Sato T., Harada H. and Takita T.："Transfer of soy isoflavone into the egg yolk of chickens", *Biosci. Biotechnol. Biochem.*, 65, 2220-2225 (2001).

13) Ishida H., Uesugi T., Hirai K., Toda T., Nukaya H., Yokotsuka K. and Tsuji K.："Preventive effects of the plant isoflavone, daidzin and genistin, on bone loss in ovariectomized rats fed a calcium-deficient diet", *Biol. Pharm. Bull.*, 21, 62-66 (1998).

14) Uesugi T., Toda T., Tsuji K. and Ishida H.："Comparative study on reduction of bone loss and lipid metabolism abnormality in ovariectomized rats by soy isoflavones, daidzin, genistin, and glycitin", *Biol. Pharm. Bull.*, 24, 368-372 (1991).

15) Shearer M. J.："Vitamin K and vitamin K-dependent proteins". *British Journal of Haematology*, 75, 156-162 (1990).

16) Sato T., Yamada Y., Ohtani Y., Mitsui N., Murasawa H. and Araki S.："Production of menaquinone (vitamin K_2) -7", *Bacillus subtilis. Journal of Bioscience and Bioengineering*, 91, 16-21 (2001).

17) Groenen-van Dooren M.M.C.L., Ronden J.E., Soute B.A.M. and Vermeer C.："The relative effects of phylloquinone and menaquinone on the blood coagulation factor synthesis in vitamin K-deficient rats", *Biochemical Pharmacology*, 50, 797-801 (1993).

18) Sato T., Ohtani Y., Yamada Y., Saitoh S. and Harada H. "Difference in the metabolism of vitamin K between liver and bone in vitamin K-deficient rats", *Br. J. Nutr*, 87, 307-314 (2002).

19) Groenen-van Dooren, M.M.C.L., Ronden J.E., Soute B.A.M. and Vermeer C. "Bioavailability of phylloquinone and menaquinones after oral and colorectal administration in vitamin K-deficient rats". *Biochemical Pharmacology*, 50, 797-801 (1995).

20) Sakano T., Notsumoto S., Nagaoka T., Morimoto A., Fujimoto K., Masuda S., Suzuki Y. and Hirauchi K.："Measurement of K vitamins in food by high performance liquid chromatography with fluorometric detection", *Vitamins (Japan)*, 62, 393-398 (1988).

21) Hirauchi K., Sakano T., Notsumoto S., Nagaoka T., Morimoto A., Fujimoto K., Masuda S. and Suzuki Y.：Measurement of K vitamins in foods by high-performance liquid chromatography with fluorometric detection. *Vitamins (Japan)*, 63, 147-151 (1989).

22) Yamamoto R., Komai M., Kojima K., Furukawa, Y., Kimura S.："Menaquinone-4 accumulation in various tissues after an oral administration of phylloquinone in Wistar rats", *J. Nutr. Sci. Vitaminol.* 42, 133-143 (1997).

23) Sokoll J.J., Booth S.L., O'Brien M.E., Davidson K.W., Tsaioun K.I. and Sadowski J.A.：

"Changes in serum osteocalcin, plasma phylloquinone, urinary γ-carboxyglutamic acid in response to altered intakes of dietary phylloquinone in human subjects". *Am. J. Clin. Nutr*, 65, 779-784 (1997).

24) Tsukamoto Y, Ichise H., Kakuda H. amd Yamaguchi M.："Intake of fermented soybean (natto) increases circulating vitamin K_2 (menaquinone-7) and γ-carboxylated osteocalcin concentration in normal individuals", *Journal of Bone and Mineral Metabolism*, 18, 216-222 (2000).

25) Davidson K.W., Booth S.L., Dolnikowski G.G. and Sadowski J. A.："Conversion of vitamin K_1 to 2', 3'-dihydrovitamin K_1 during the hydrogenation of vegetable oil", *J.Agric. Food Chem*. 44, 980-983 (1996).

26) Booth S.L., Pennington J.A.T., Sadowski J.A.：Dihydro-vitamin K_1: primary food sources and estimated dietary intakes in the American diet, *Lipids*, 31, 715-720 (1996).

27) Kindberg C. C., Suttie J. W.："Effect of various intakes of phylloquinone on signs of vitamin K deficiency and serum and liver phylloquinone concentrations in the rat", *J. Nutr*. 119, 175-180 (1989).

28) Thijssen H.H.W., Drittij-Reijnders M. J.："Vitamin K distribution in rats: dietary phylloquinone is a source of tissue menaquinone-4", *Br. J. Nutr*. 72, 415-425 (1994).

29) Ronden J.E., Thijssen H.H.W., Vermeer C.："Tissue distribution of K-vitamins under different nutritional regimens in the rat", *Biochim. Biophys. Acta*, 1379, 16-22 (1998).

30) Seyama Y., Hayashi M., Takegami H., Usami E.,："Comparative effects of vitamin K_2 and vitamin E on experimental arteriosclerosis", *Int. J. Vit. Nutr. Res*., 69, 23-26 (1999).

文責　　（株）J‐オイルミルズ　齋藤三四郎，佐藤俊郎

第10章
カンキツに由来する成分の機能性に関する研究および食品素材化技術の検討

社団法人和歌山県農産物加工研究所

はじめに

　和歌山県は果実生産量が多く，なかでもカンキツ（温州ミカン，ハッサクなど），柿および梅は，県内主要産物として位置づけられている．県内の各果実生産地では，新品種や高品質系統樹の導入により活性化を図っているが，さらに農業経営の安定化と効率化を図るため，出荷規格外品の有効利用ならびに新たな加工品の作出などが急務とされている．

　一方，我が国ではライフスタイルの欧米化に伴い，生活習慣病が増加の一途をたどっている．厚生労働省の人口動態統計によると，平成9年以後の死亡率は，毎年，悪性新生物，心疾患，脳血管疾患の順で高く，このうち心疾患および脳血管疾患は，粥状動脈硬化症に起因した疾患であると言われている．また，肥満は，生活習慣病発症の原因となることが，広く知られている．

　そこで，本研究においては，和歌山県産農産物の有効利用を図り，その付加価値を高めることを目的として，カンキツ，柿，梅果実などから機能性成分を検索し，選択した有効成分を使用した動脈硬化予防試験ならびに肥満予防試験を実施した．

　動脈硬化予防試験では，ヒトLDL（低密度リポタンパク質）酸化変成抑制試験による有効成分のスクリーニングを行ない，選択された有効成分によるTriton WR1339処理ラットを用いた血清脂質上昇抑制試験ならびにハムスターを使用したコレステロール負荷試験を実施した．

　また，肥満予防試験では，マウス由来前駆脂肪細胞株 3T3‐L1細胞（IFO50416）を用い，脂肪細胞への分化誘導抑制作用ならびに成熟脂肪細胞内の脂肪分解作用を指標としてスクリーニング試験を実施するとともに，選択された有効成分による高脂肪高糖食負荷ICRマウスを使用した肥満予防動物実験を実施した．

§1. *In vitro* 系における LDL 酸化変性抑制試験

血漿リポタンパク質，特に低密度リポタンパク質（LDL）の酸化修飾が，動脈硬化の発症に重要な役割を果たしていることは，広く知られている[1,2]．動脈壁内あるいは血漿[3,4]中において酸化修飾された LDL は，ただちにマクロファージに取り込まれ，泡沫細胞を形成すると考えられている．一方，α-トコフェロール[5]，アスコルビン酸[6]，β-カロテン[7]，リコペン[8]およびエピガロカテキンガレート（EGCG）[9]のような天然の抗酸化物質が，*in vitro* 系における LDL の酸化修飾を抑制することが報告されているため，本研究では，カンキツ，柿，梅果実抽出物などのヒト LDL に及ぼす抗酸化作用について検討を行なった．

1・1 抽出物の調製

抽出用試料として，カンキツ〈温州ミカン，ハッサク，夏ミカン〉（精油，外皮，内皮，果肉，ピール水，モラセス），柿〈富有，平核無〉（果皮，果肉，柿葉茶，干柿），梅〈南高，古城〉〔果肉（含果皮），仁，梅干，梅酢，梅エキス〕を用いた．カンキツ精油については，抽出は行なわず，上澄み，沈殿，テルペンレス（蒸留濃縮液）およびテルペン（蒸留液）の各画分を用いた．

抽出液は，均質化した試料 10 g に抽出溶媒 50 ml（水，メタノール，酢酸エチル）を加え，ホモジナイズ処理し，No.2 濾紙で濾過したのち，濃縮乾固し，抽出物の重量を測定後，アッセイ時の 200 倍濃度となるように DMSO に溶解した．

1・2 各種抽出物による LDL 抗酸化試験

ヒト LDL（Sigma）は，遮光下，窒素ガス充填容器内で冷蔵（4℃）保存し，アッセイ時に EDTA を除去するため，1000 倍量の 100 mM PBS（pH7.4，160 mM 塩化ナトリウムおよび 0.01％クロラムフェニコール含有）により一夜透析（4℃）を行ない，透析後 2 時間以内に供試した．透析 LDL 溶液は，100 mM PBS（pH 7.4，160 mM 塩化ナトリウム）を用いて，タンパク量 0.1 mg / ml となるように希釈調製した．得られた LDL 溶液は，2 μM 硫酸銅あるいは 4 mM 2, 2'-アゾビス（2-アミノプロパン）ハイドロクロライド（AAPH）存在下で，DMSO（最終濃度 0.5％）に溶解した試料（1, 10, 100 μg / ml）とともに，37℃でインキュベートした．LDL の酸化度合は，チオバルビツール酸反応物質（TBARS）[10]の量あるいは 234 nm における吸光度測定（共役ジエンの形成）[11]によって評価した．

第10章　カンキツに由来する成分の機能性に関する研究および食品素材化技術の検討

表10-1　LDL酸化抑制効果の認められた試料

a. 24時間後まで抑制効果*を示したもの

試料名		抽出溶媒等	濃度（μg/ml）
ハッサク	オイル	（上澄み）	100
	オイル	（沈殿）	100
	オイル	（テルペンレス）	100
夏ミカン	オイル	（沈殿）	100
	オイル	（テルペンレス）	100
	外皮	酢酸エチル	100
温州ミカン	外皮	酢酸エチル	100
梅（古城）	仁	酢酸エチル	100
シソ梅干	果肉	酢酸エチル	100
柿（富有）	葉	酢酸エチル	100
	葉	メタノール	100
	果皮	酢酸エチル	100
	果肉	酢酸エチル	100
柿（平核無）	葉	水	100
	葉	酢酸エチル	100
	葉	メタノール	100
	果肉	酢酸エチル	10
柿葉茶		水	100
		酢酸エチル	100
		メタノール	100

b. 180分後まで抑制効果*を示したもの（aを除く）

試料名		抽出溶媒等	濃度（μg/ml）
ハッサク	オイル	（テルペン）	100
	外皮	酢酸エチル	100
	果肉	水	100
	モラセス	酢酸エチル	100
夏ミカン	オイル	（上澄み）	100
	オイル	（テルペン）	100
	果肉	酢酸エチル	100
	モラセス	酢酸エチル	100
	ピール水	酢酸エチル	100
温州ミカン	オイル	（テルペン）	100
	モラセス	酢酸エチル	100
	ピール水	酢酸エチル	100
梅（古城）	仁	メタノール	100
梅干	仁	酢酸エチル	100
シソ梅干	仁	酢酸エチル	100
梅酢		水	100
柿（富有）	葉	酢酸エチル	100
	葉	メタノール	100
柿（平核無）	果皮	水	100
	果肉	酢酸エチル	1
干柿	果肉	酢酸エチル	100

* コントロールに比べて50%以上の抑制効果を示したもの

Cu^{2+}により酸化誘導処理したLDL溶液のTBARS値が，各コントロール値と比較して50％以上抑制したものを表10-1に示した．このうち，カンキツでは，精油類ならびに外皮の酢酸エチル抽出物が強い抑制効果を示した．

1・3 カンキツ精油成分によるLDL酸化変性抑制試験

LDL酸化変性抑制試験におけるTBARS値（180分間反応後，対コントロール）は，夏ミカン精油；27.6％，ハッサク精油；47.8％，温州ミカン精油；69.5％を示した（各精油100μg/ml）．それゆえ，精油中の抗酸化成分を明らかにするために，Cu^{2+}あるいはAAPHにより酸化誘導されたLDLに対する精油構成成分の影響について比較した．Cu^{2+}によるLDL酸化誘導では，図10-1Aに示すように，供試21成分のなかで，γ-テルピネン（図10-2）が，TBARSの形成を最も強く抑制した（2.9 nmol MDA / mg

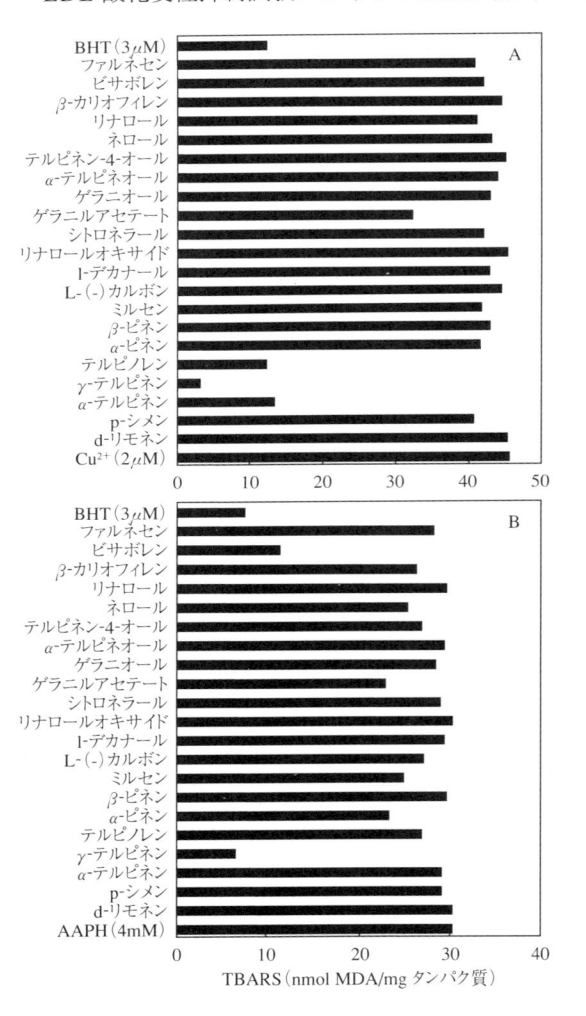

図10-1 （A）Cu^{2+}ならびに（B）AAPHによるLDL酸化誘導に及ぼすカンキツ精油成分の影響

図10-2 γ-テルピネンの構造式

タンパク質).また,テルピノレンおよびα-テルピネンについても,TBARSの形成を抑制した.一方,図10-1Bに示すように,γ-テルピネンは,AAPHによるLDLの酸化誘導においても,TBARSの形成を著しく抑制したが,テルピノレンおよびα-テルピネンは,TBARSの形成を抑制しなかった.また,ビサボレンは,AAPHによるLDLの酸化誘導では,TBARSの形成を抑制したが,Cu^{2+}による酸化誘導では,TBARSの形成を抑制しなかった.

次に,LDLに対するγ-テルピネンのプロオキシダント作用について検討した.Cu^{2+}によるLDLの酸化誘導開始30分後および60分後にγ-テルピネンを添加し,共役ジエンの形成をモニタリングした結果,γ-テルピネン2μg/ml(14.7μM)の添加により,いずれもLDLの酸化が抑制された(図10-3A).また,γ-テルピネン0.2μg/ml(1.47μM)では,酸化誘導開始30分後の添加において,LDLの酸化はわずかに抑制されたが,60分後の添加では,LDLの酸化に影響を及ぼさなかった.また,TBARS値の変化(図10-3B)についても,234nmにおける吸光度の変化と同様の結果が得られ,γ-テルピネンは,プロオキシダント作用をもたないことが示唆された.

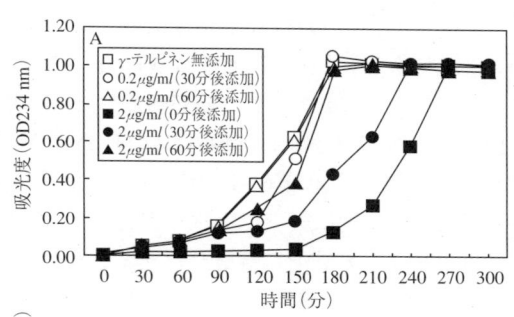

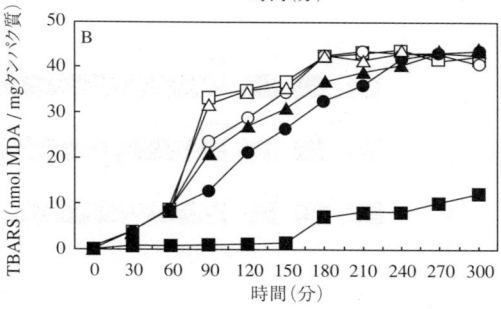

図10-3 γ-テルピネンによるLDLの酸化抑制

§2. Triton WR1339処理ラットを用いた血清脂質上昇抑制試験

γ-テルピネンは,植物精油構成成分として広く存在するモノテルペンである.カンキツ精油中では,ライム;7.3～21.7%,温州ミカン;2.1～17.3%,レモン;2.9～14.0%と比較的高濃度に含有されるが,グレープフルーツやスイ

ートオレンジでは 0.8％以下にとどまっている [12]．γ-テルピネンの生体調節機能については，in vitro 系における DPPH ラジカル消去活性 [13] や LDL の抗酸化効果 [14] が報告されており，本研究事業においても，in vitro 系における LDL の酸化抑制効果を確認した．

一方，マウスおよびラットへの非イオン界面活性剤 Triton WR1339 の投与は，血漿中コレステロールおよびトリグリセライドレベルを上昇させることが知られており [15, 16]，抗高脂血症因子のスクリーニング法 [17, 18] などとして用いられている．本研究においては，Triton WR1339 処理ラットの血清脂質に及ぼすγ-テルピネンの影響について検討を行なった．

2・1 Triton WR1339 処理試験プロトコール

供試動物として，8 週齢雄性 Wistar 系ラット（紀和実験動物研究所）を使用し，ステンレス製ケージで個別飼育した（温度 22～24℃，相対湿度 40～60％，12 時間明暗サイクル）．動物は，無作為に 3 群各 8 匹に分け，昭和 55 年 3 月 27 日の総理府告示第 6 号『実験動物の飼養及び保管等に関する基準』に沿った当研究所の規則に従って実験を実施した．図 10-4 に示したように，γ-テルピネン区は，大豆油に溶解したγ-テルピネン（東京化成工業，50 mg／ml）を 1 日 1 回，3 日間，胃内投与した（100 mg／kg 体重）．Triton WR1339（Sigma）は，生理食塩水（9 mg／ml）で最終濃度が 10％になるように溶解し，γ-テルピネン 3 回目投与の 1 時間後，腹腔内投与した（400 mg／kg 体重）．γ-テルピネン投与前 6 時間は絶食させ，投与後はただちに飼料（CE-2，日本クレア）および水を自由摂取させた．トリトン区は，γ-テルピネンの代わりに大豆油を与えた．トリトン未処理区は，大豆油を 1 日 1 回，3 日間胃内投与した

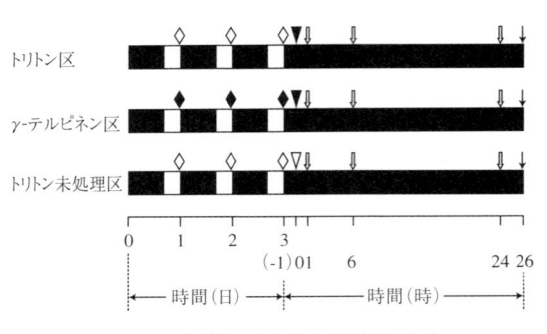

◆：γ-テルピネン（大豆油に溶解）経口投与
◇：大豆油経口投与
▼：Triton WR1339（生理食塩水に溶解）腹腔内投与
▽：生理食塩水腹腔内投与
⇓：採血（尾静脈）
↓：採血（心臓）
■：CE-2 自由摂取

図 10-4 Triton WR1339 処理試験プロトコール

後に，Triton WR1339 の代わりに生理食塩水を腹腔内投与した．

その結果，試験期間中，各区の平均体重は同様に変化し，最終体重および平均摂餌量は各試験区間で統計学的な有意差は認められなかった．なお，各試験区の平均値の検定は，ANOVA により解析し，有意差が認められた場合には，Student Newman Keuls テストの多重比較法により検定を行ない，危険率 5 ％未満を有意と判断した（以下，同様）．

2・2　Triton WR1339 処理ラットの血清脂質に及ぼすγ-テルピネンの影響

分析用の血液は，Triton WR1339 投与 1, 6, 24 時間後に，エーテル麻酔下，尾静脈より採取した．また，トリトン処理 26 時間後には，エーテル麻酔下で心臓内から血液採取を行なった．血清は 10℃，20 分間，遠心処理（1000×g）により調製した．血清脂質濃度は，市販キット（協和メディックス社製デタミナー TC555 およびデタミナーL HDL‐C，和光純薬工業社製トリグリセライド G‐テストワコー）を用いて測定した．

図 10‐5A に示すように，γ-テルピネン区の総コレステロール濃度は，Triton WR1339 投与 1 時間後において，トリトン区と比較して 18.3 ％減少し，有意差を認めた．6 時間後（18.3 ％），24 時間後（15.7 ％）においても同様に減少した．

γ-テルピネン区における心採血血清中の HDL コレステロール濃度は，トリトン区と比較して有意な減少が認められなかったが，トリトン未処理区は，有意に低値を示した（減少率 22.7 ％）．しかし，心採血血清中の総コレステロールに対する HDL コレステロールの比率は，トリトン区 54.2 ％，γ-テルピネン区 57.8 ％，トリトン未処理区 60.3 ％であり，有意な差異は認められなかった．

γ-テルピネン区におけるト

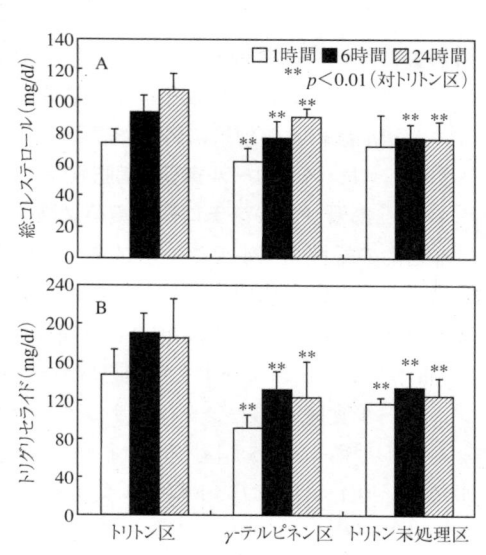

図 10‐5　Triton WR1339 処理ラットの血清総コレステロールおよびトリグリセライドに及ぼすγ-テルピネンの影響

リグリセライド濃度（図10－5B）は，トリトン区に比べて，1時間後（37.1％），6時間後（30.3％）および24時間後（33.0％）で統計学的に有意な減少が認められた．また，Triton WR1339投与1時間後におけるγ-テルピネン区のトリグリセライド濃度は，トリトン未処理区と比較して低値であったが，有意差は認められなかった．

§3. ハムスターを使用した動脈硬化予防試験

アテローム性動脈硬化症は，心筋梗塞の原因として一般的に認識され，糖尿病にも関与し[19, 20]，酸化変性したLDLが，アテローム性動脈硬化症の初期段階および促進段階において，重要な役割を担っている[21]．本研究事業においては，in vitro系でγ-テルピネンがLDLの酸化を抑制し，プロオキシダントとしての効果をもたないことを確認した．

ハムスターは，脂質代謝がヒトに近似していることから，脂質代謝研究用モデル動物として使用されている．実際，ハムスターに高脂肪食を与え，動脈弓にアテローム性動脈硬化病変を引き起こすことが報告されている[22, 23]．しかし，ハムスターモデルを使用したアテローム性動脈硬化症に及ぼすγ-テルピネンの影響については検討されていない．したがって，本研究では，ハムスターを用い，アテローム性動脈硬化病変の形成に及ぼすγ-テルピネンならびに温州ミカン精油濃縮物の効果について評価を行なった．

3・1 コレステロール負荷（脂肪10％）に及ぼすγ-テルピネンの影響〔コレステロール負荷試験1〕

8週齢の雄性ゴールデンハムスター（日本エスエルシー）を購入し，ステンレス製ケージ内で個別飼育した（温度；22〜24℃，相対湿度；40〜60％，12時間明暗サイクル）．試験開始前11日間は，予備飼育を行ない，標準飼料（CE-2，日本クレア）および水を自由摂取させた．試験区は，普通食区（CE-2），コントロール食区（CE-2＋ココナッツオイル10％＋コレステロール0.05％），γ-テルピネン0.05％区（コントロール食＋γ-テルピネン0.05％），γ-テルピネン0.1％区（コントロール食＋γ-テルピネン0.1％）およびγ-テルピネン0.2％区（コントロール食＋γ-テルピネン0.2％）の5区（各区6匹）を設定し，12週間飼育を行なった．

試験終了時の体重は，いずれの試験区間においても有意差が認められなかった．試験期間中の総摂餌量は，普通食区に対して，コントロール食区および3

つのγ-テルピネン投与区で低く，有意差が認められたが，試験期間中の総摂取エネルギーは，いずれの試験区間においても有意差は認められなかった．

1）血清脂質に及ぼす影響

分析用の血液は，動物を 6 時間絶食させたのち，エーテル麻酔下において，眼窩静脈叢または心臓内から採取した．表 10‐2 に示したように，総コレステ

表 10‐2　ハムスターの血清脂質および TBARS に及ぼす γ-テルピネンの影響

	開始時	2 週間後	6 週間後	12 週間後
〔総コレステロール（mg / 100 ml）〕				
普通食区	215± 28.3	270± 51.1**	293± 14.7**	319±26.7**
コントロール食区	222± 18.4	527± 76.9	565± 23.6	617±88.7
γ-テルピネン0.05％区	215± 18.3	525± 87.5	537± 63.5	562±37.7
γ-テルピネン0.1％区	225± 29.4	512± 49.2	535± 32.1	519±35.2**
γ-テルピネン0.2％区	223± 18.4	486± 59.8	497± 26.7*	520±18.8**
〔HDLコレステロール（mg / 100 ml）〕				
普通食区	113± 12.6	130± 9.3**	150± 10.7**	159± 3.6**
コントロール食区	122± 9.6	186± 14.3	210± 7.5	238± 6.1
γ-テルピネン0.05％区	114± 6.4	185± 18.0	210± 16.5	245±19.1
γ-テルピネン0.1％区	119± 18.6	195± 7.3	215± 10.7	261± 5.3**#
γ-テルピネン0.2％区	122± 7.0	190± 16.3	214± 10.5	260±10.2**#
〔非 HDLコレステロール（mg / 100 ml）〕				
普通食区	102± 21.1	140± 49.5**	143± 16.3**	166±22.0**
コントロール食区	100± 16.0	352± 69.9	353± 31.6	393±85.4
γ-テルピネン0.05％区	10± 20.8	344± 81.6	325± 68.5	313±29.1**
γ-テルピネン0.1％区	106± 17.3	323± 52.6	319± 35.2	266±32.2**
γ-テルピネン0.2％区	107± 18.3	310± 35.8	284± 30.4*	257±17.6**
〔トリグリセライド（mg / 100 ml）〕				
普通食区	257± 65.4	307± 90.8	403± 66.3**	477±39.2**
コントロール食区	257± 44.1	364± 90.2	612±116	733±92.2
γ-テルピネン0.05％区	288± 46.4	412± 63.7	599± 92.8	696±30.2
γ-テルピネン0.1％区	289±115	341± 56.1	569± 39.8	601±67.2**#
γ-テルピネン0.2％区	300± 80.9	346±118	504± 61.9	540±62.6**##
〔TBARS（nmol MDA / ml）〕				
普通食区	2.9±0.5	2.8±0.4	2.6±0.5	2.2±0.3
コントロール食区	2.7±0.3	3.4±0.9	2.8±0.6	2.4±0.2
γ-テルピネン 0.05％区	2.7±0.4	3.4±0.9	2.8±0.4	2.8±0.6
γ-テルピネン 0.1％区	2.5±0.2	3.5±0.9	2.7±0.7	2.3±0.6
γ-テルピネン 0.2％区	2.7±0.3	3.5±1.0	3.0±0.7	2.6±0.6

平均値±標準偏差（n=6）
 *，$p<0.05$（対コントロール食区）；$p<0.01$（対コントロール食区）
 #，$p<0.05$（対γ-テルピネン0.05％区）；##，$p<0.01$（対γ-テルピネン0.05％区）

ロールは，γ-テルピネン 0.1％区（12 週間後）および 0.2％区（6 週間以後）において，コントロール食区と比較して，低値を示した．HDLコレステロールならびにトリグリセライドは，γ-テルピネン 0.1％区および 0.2％区において，12 週間以後，コントロール食区と比べて低く，有意差を示した．非 HDLコレステロールは，γ-テルピネン 0.05％区（12 週間後），0.1％区（12 週間後）および 0.2％区（6 週間以後）において，コントロール食区と比較して，有意に低値を示した．一方，TBARS 値は，いずれの試験区間においても有意な差異は認められなかった．

2）肝臓脂質に及ぼす影響

分析に用いた肝臓は，生理食塩水（50 ml）で灌流（20〜25ml／分）後，摘出した．肝臓の脂質成分は，Folch ら[24]の方法により抽出した．得られた抽出物は，イソプロパノールに溶解し，総コレステロール，遊離コレステロールおよびトリグリセライド濃度を測定した．その結果，肝臓重量は，いずれの試験区間においても，有意差が認められなかった．

また，肝臓中のコレステロール量は，5 区間で有意な差異が認められなかったが，トリグリセライド量は，γ-テルピネン 0.1％および 0.2％区において，コントロール食区と比較して，有意に低値を示し，普通食区と同等またはそれ以下にまで減少した（図 10-6）．

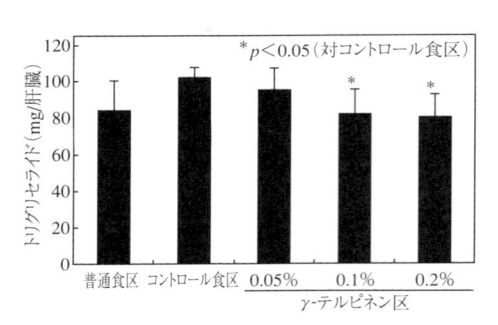

図 10-6　ハムスターの肝臓トリグリセライド濃度に及ぼすγ-テルピネンの影響

3）糞中脂質に及ぼす影響

分析用の糞は，試験終了前 6 日間に採取した．糞中脂質は，ソックスレー抽出法〔クロロホルム/メタノール（2/1，v/v）〕により粗脂肪を抽出した．糞排泄量は，コントロール食区と 3 つのγ-テルピネン投与区間において有意差を示さなかったが，普通食区の糞排泄量は，他の試験区と比較して，有意に高かった．糞中脂質含量は，コントロール食区（0.059±0.006 g/g 糞）と 3 つのγ-テルピネン投与区間で，有意差を示さなかった．

3・2 コレステロール負荷（脂肪20％添加）に及ぼすγ-テルピネンの影響〔コレステロール負荷試験2〕

11週齢の雄性ゴールデンハムスター（日本エスエルシー）を購入し，普通食区（CE-2），普通食＋γ-テルピネン区（CE-2＋0.15％γ-テルピネン），高脂肪食区（CE-2＋ココナッツオイル20％＋コレステロール0.1％），高脂肪食＋γ-テルピネン区（高脂肪食＋0.3％γ-テルピネン）の4区（各区8匹）を設定し，12週間飼育を行なった．

試験期間中，各試験区における平均体重は，普通食区で約40.4％，普通食＋γ-テルピネン区で約26.8％，高脂肪食区で約38.2％，高脂肪食＋γ-テルピネン区で約23.0％増加した．試験終了時の体重は，γ-テルピネンを添加した

表10-3 ハムスターの血清脂質およびTBARSに及ぼすγ-テルピネンの影響

	開始時	6週間後	12週間後
〔総コレステロール（mg/100 ml）〕			
普通食区	219± 47.3	269± 45.8	286± 36.8
普通食＋γ-テルピネン区	214± 38.5	272± 32.9	290± 21.0
高脂肪食区	229± 45.5	641± 75.0	710± 83.0
高脂肪＋γ-テルピネン区	241± 37.2	589± 91.0	609± 75.5**
〔HDLコレステロール（mg/100 ml）〕			
普通食区	105± 23.6	153± 41.8	146± 26.8
普通食＋γ-テルピネン区	100± 15.7	157± 25.7	146± 14.4
高脂肪食区	107± 12.1	211± 31.7	230± 24.7
高脂肪＋γ-テルピネン区	109± 15.4	241± 30.8	233± 24.7
〔非コレステロール（mg/100 ml）〕			
普通食区	115± 30.8	116± 17.7	140± 17.1
普通食＋γ-テルピネン区	114± 28.0	115± 17.3	144± 9.7
高脂肪食区	122± 41.9	430± 60.2	484± 72.5
高脂肪＋γ-テルピネン区	132± 35.0	348± 63.0**	383± 55.1**
〔トリグリセライド（mg/100 ml）〕			
普通食区	351±163	538±162	511±115
普通食＋γ-テルピネン区	353±178	509±107	504±112
高脂肪食区	354±149	1160±221	1220±154
高脂肪＋γ-テルピネン区	374±159	910±209**	970±209**
〔TBARS（nmol MDA/ml）〕			
普通食区	1.8±0.6	2.2±0.7	2.1±0.2
普通食＋γ-テルピネン区	1.9±0.5	2.4±0.8	2.3±0.3
高脂肪食区	2.5±1.2	3.2±1.3	3.4±0.8
高脂肪＋γ-テルピネン区	2.6±1.1	3.2±0.8	3.0±0.5

平均値±標準偏差（n=8）；*, $p<0.05$（対高脂肪食区）；**, $p<0.01$（対高脂肪食区）

普通食＋γ-テルピネン区（173.4±9.4 g）および高脂肪食＋γ-テルピネン区（170.3±11.2 g）は，それぞれ普通食区（193.6±14.7 g）および高脂肪食区（189.5±6.9 g）と比較して，有意に低値を示した．総摂取エネルギーは，いずれの試験区間においても有意差は認められなかった．副睾丸周囲脂肪組織重量については，普通食＋γ-テルピネン区（5.1±1.2 g）は，普通食区（6.4±0.9 g）と比較して，また，高脂肪食＋γ-テルピネン区（5.1±1.0 g）は，高脂肪食区（6.4±0.8 g）と比較して，それぞれ有意に低値を示した．

1）血清脂質に及ぼす影響

表 10-3 に示したように，血清脂質成分は，試験期間中，普通食区と普通食＋γ-テルピネン区において有意差は認められなかった．試験終了時，高脂肪食＋γ-テルピネン区の総コレステロール量は，高脂肪食区と比較して，有意に低値を示した（低下率：14.1％）が，HDL コレステロール量は，有意差を示さなかった．また，高脂肪食＋γ-テルピネン区の非 HDL コレステロールおよびトリグリセライドは，6 週間以後，高脂肪食区と比較して，有意に低値を示した．

2）肝臓脂質に及ぼす影響

肝臓重量は，いずれの試験区間においても，有意差は認められなかった．肝臓中の総コレステロールおよび遊離コレステロール量は，普通食区と普通食＋γ-テルピネン区間または高脂肪食区と高脂肪食＋γ-テルピネン区で有意な差異は認められなかった．また，肝臓中のトリグリセライド量は，普通食区と普通食＋γ-テルピネン区間では有意差は認められなかったが，高脂肪食＋γ-テルピネン区のトリグリセライド量は，高脂肪食区と比較して有意に低値を示した（図 10-7）．

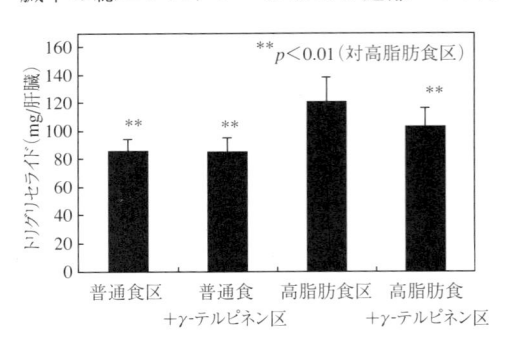

図 10-7　ハムスターの肝臓トリグリセライド濃度に及ぼすγ-テルピネンの影響

3）糞中脂質に及ぼす影響

普通食区は，高脂肪食区と比較して糞排泄量が多かった．しかし，普通食区と普通食＋γ-テルピネン区間および高脂肪食区と高脂肪食＋γ-テルピネン

区間において，糞排泄量および糞中脂質含量は，有意差を示さなかった．

3・3 コレステロール負荷（脂肪10％添加）に及ぼす温州ミカン精油濃縮物の影響〔コレステロール負荷試験3〕

1）温州ミカン精油の濃縮

温州ミカン精油濃縮物の調製には，フィルムエバポレーター FE‐80〔柴田科学（株）〕を使用した．精油は，フィルムエバポレーターの蒸発器内に連続的に送液し，30～50℃（ジャケット温度）で加熱するとともに，6.7×10^{-2} Pa 能力の真空ポンプによって，4倍～10倍（容積比 1/4～1/10）に減圧濃縮した．得られた精油濃縮物の主な成分を表10‐4に示した．

表10‐4 フィルムエバポレーターによる温州ミカン精油の濃縮

		未処理	30℃			40℃	50℃
		1倍	4倍	7倍	10倍	10倍	10倍
d-リモネン	(%)	91.8	79.9	65.7	55.7	52.4	48.8
γ-テルピネン	(%)	3.9	5.8	6.2	6.0	4.4	4.0
ポリメトキシフラボン	(%)	0.14	0.55	0.92	1.28	1.28	1.27
カロテノイド	(%)	0.10	0.40	0.71	1.03	0.99	0.93

ポリメトキシフラボン；ノビレチン，3，5，6，7，8，3'，4'‐ヘプタメトキシフラボン（HEPTA），タンジェレチン，5‐ヒドロキシヘキサメトキシフラボンの総量
カロテノイド；β-カロテンとして算出

2）温州ミカン精油濃縮物を使用したコレステロール負荷試験

8週齢雄性ゴールデンハムスター（日本エスエルシー）を使用し，CE‐2（日本クレア）で10日間予備飼育したのち，普通食区（CE‐2），高脂肪食区（CE‐2＋ココナッツオイル10％＋コレステロール0.05％），高脂肪食＋γ0.036％区（50℃，14倍濃縮温州ミカン精油使用；γ‐テルピネンとして0.036％），高脂肪食＋γ0.05％区（30℃，10倍濃縮温州ミカン精油使用；γ‐テルピネンとして0.05％），高脂肪食＋γ0.1％区（30℃，10倍濃縮温州ミカン精油使用；γ‐テルピネンとして0.1％）の5区（各区8匹）を設け，11週間飼育した．飼料組成および精油成分含量を表10‐5に示した．試料および水は自由摂取させた．明期，暗期は12時間サイクルとし，採血日は，午前7時から6時間絶食させたのち，眼窩静脈叢より採血した．

温州ミカン精油濃縮物投与区において，体重増加量は，抑制される傾向を示したが，飼育期間中，高脂肪食区との有意差は認められなかった（図10‐8）．

副睾丸周囲脂肪組織の重量ならびに体重に占める割合は，温州ミカン精油濃縮物投与区で低値を示し，有意差が認められた（図10-9）．

表10-5 コレステロール負荷試験飼料組成および精油成分組成

		普通食区	高脂肪食区	高脂肪食 +γ0.036%区	高脂肪食 +γ0.05%区	高脂肪食 +γ0.1%区
CE-2	(%)	100.0	89.95	88.70	89.08	88.22
コレステロール	(%)	—	0.050	0.050	0.050	0.050
ココナッツオイル	(%)	—	10.00	10.00	10.00	10.00
温州ミカン精油濃縮物	(%)	—	—	1.246	0.866	1.732
エネルギー	(kcal/100g)	342.2	397.8	393.5	394.8	391.9
〔精油成分組成〕						
γ-テルピネン	(%)	—	—	0.036	0.050	0.100
d-リモネン	(%)	—	—	0.461	0.457	0.914
ポリメトキシフラボン*	(%)	—	—	0.025	0.013	0.025

* HEPTA，タンジェレチン，ノビレチン，5-ヒドロキシヘキサメトキシフラボンの総量

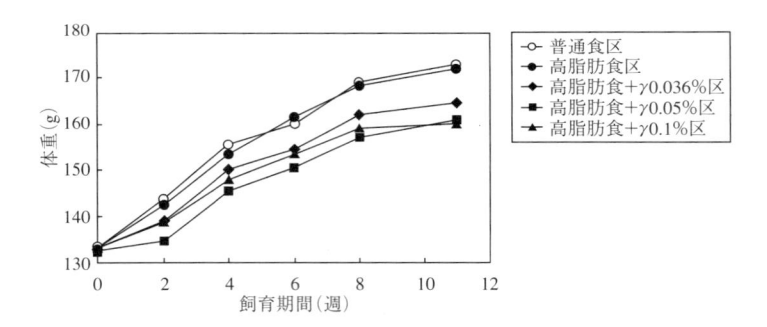

図10-8 コレステロール負荷試験におけるハムスターの体重変化

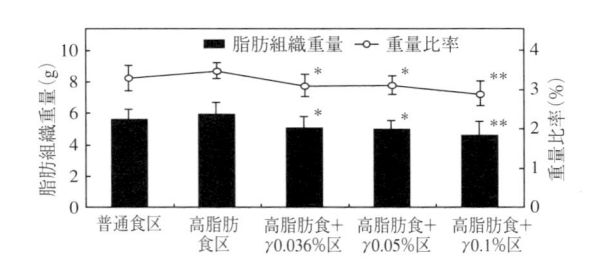

図10-9 コレステロール負荷試験におけるハムスター副睾丸周囲脂肪組織重量
　　　　高脂肪食区に対する有意差：*, $p<0.05$；**, $p<0.01$

3）血清脂質に及ぼす影響

表10-6に示したように，高脂肪食区では，血清の総コレステロール値ならびに非HDL-コレステロール値の上昇が認められたが，温州ミカン精油濃縮物を混餌した試験区では，8週以後における総コレステロール値の上昇は抑制され，高脂肪食区と比較して有意差が認められた．しかし，HDL-コレステロール値については，高脂肪食の各試験区間で有意差は認められなかった．また，

表10-6 ハムスターの血清脂質およびTBARSに及ぼす温州ミカン精油濃縮物の影響

	開始時	8週間後	11週間後
〔総コレステロール（mg/dl）〕			
普通食区	214±25.3	231±20.6**	248±20.2**
高脂肪食区	213±22.1	378±44.2	384±37.1
高脂肪食＋γ0.036％区	221±19.4	330±21.9*	338±21.6*
高脂肪食＋γ0.05％区	216±25.8	331±27.6*	340±33.8*
高脂肪食＋γ0.1％区	248±18.8	311±40.9**	316±48.4**
〔HDL-コレステロール（mg/dl）〕			
普通食区	101±13.9	128± 6.8**	129±11.1**
高脂肪食区	107±11.4	157±21.0	153±19.1
高脂肪食＋γ0.036％区	105± 6.2	155±10.3	153± 7.1
高脂肪食＋γ0.05％区	104± 8.4	160±13.2	163± 8.0
高脂肪食＋γ0.1％区	104± 7.3	164±22.1	158±25.4
〔非DHL-コレステロール（mg/dl）〕			
普通食区	114±27.4	102±15.3**	119±11.4**
高脂肪食区	106±22.4	221±56.8	231±40.1
高脂肪食＋γ0.036％区	117±20.3	176±23.8**	185±21.6**
高脂肪食＋γ0.05％区	112±19.7	171±17.1*	177±26.8**
高脂肪食＋γ0.1％区	118±23.8	147±28.2**	159±30.4**
〔トリグリセライド（mg/dl）〕			
普通食区	327±39.8	447±59.1**	442±77.8**
高脂肪食区	317±42.9	581±47.3	586±42.7
高脂肪食＋γ0.036％区	316±49.0	530±51.8	537±63.8
高脂肪食＋γ0.05％区	315±45.8	523±47.9	524±37.2
高脂肪食＋γ0.1％区	327±45.2	499±58.1*	504±55.9*
〔TBARS（nmolMDA/ml）〕			
普通食区	2.2±0.1	2.4±0.2*	2.6±0.3**
高脂肪食区	2.4±0.3	3.1±0.5	3.5±0.6
高脂肪食＋γ0.036％区	2.4±0.4	2.7±0.1	2.8±0.2*
高脂肪食＋γ0.05％区	2.3±0.2	2.8±0.4	2.9±0.5**
高脂肪食＋γ0.1％区	2.3±0.3	2.7±0.5	2.7±0.4**

平均値±標準偏差（n=8）；*, $p<0.05$（対高脂肪食区）；**, $p<0.01$（対高脂肪食区）

トリグリセライドおよび TBARS は高脂肪食区で上昇したが，温州ミカン精油濃縮物添加により低下傾向を示した．

4）肝臓脂質に及ぼす影響

肝臓中の総コレステロールは，いずれの試験区についても，有意差が認められなかったが，トリグリセライドは，精油濃縮物を混餌した試験区で低下傾向を示し，高脂肪食＋γ0.036％区および高脂肪食＋γ0.1％区では，有意差が認められた（図10-10）．これは，温州ミカン精油中の高沸点成分の影響によるものであると推察された．

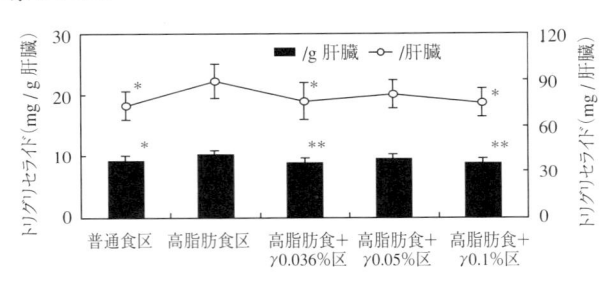

図10-10 コレステロール負荷試験におけるハムスター肝臓中のトリグリセリド量
高脂肪食区に対する有意差：*，$p<0.05$；**，$p<0.01$

3・4 アテローム性動脈硬化病変の測定

大動脈弓は，生理食塩水で灌流後，心臓とともに摘出し，心臓を切除したのち，4℃で10％中性ホルマリン液中に保存した．アテローム性動脈硬化病変部位の測定においては，大動脈弓の内側を60％イソプロパノールで洗浄したのち，室温下，30分間，オイルレッド O で染色した．さらに，水洗後，内側表面をヘマトキシリン染色したのち，切開し，スライドグラス上に固定した．オイルレッド O 染色部分は，Win ROOF® ソフトウェア（三谷商事）により画像処理し，染色面積比（$\mu m^2 / mm^2$）を算出した．

表10-7に示したように，脂肪10％添加食（コレステロール負荷試験1）における大動脈弓のオイルレッド O 染色面積は，コントロール食区では 993±290 $\mu m^2 / mm^2$ であったが，γ-テルピネン添加濃度の上昇に伴って，有意に減少した．また，脂肪20％添加食（コレステロール負荷試験2）におけるオイルレッド O 染色面積において，高脂肪食区は高脂肪食＋γ-テルピネン区と比較して有意に増大したが，普通食区と普通食＋γ-テルピネン区間では有意差を示さなかった．

表10-7 ハムスター大動脈弓のオイルレッドO染色面積に及ぼすγ-テルピネンの影響

	オイルレッドO染色面積 ($\mu m^2/mm^2$)		
(コレステロール負荷試験1)		(コレステロール負荷試験2)	
普通食区	115±104	普通食区	66±148
コントロール食区	993±290	普通食+γ-テルピネン(0.15%)区	85± 87
γ-テルピネン 0.05%区	668±236*	高脂肪食区	1084±540
γ-テルピネン 0.1%区	658±303*	高脂肪食+γ-テルピネン(0.3%)区	320±120##
γ-テルピネン 0.2%区	511±100**		

平均値±標準偏差
*, $p<0.05$ (対コントロール区); **, $p<0.01$ (対コントロール区); ##, $p<0.01$ (対高脂肪食区)

§4. 肥満予防試験

 肥満は，高血圧，糖尿病，高脂血症など生活習慣病の上流に位置すると考えられることから，肥満を防止，解消するような薬や食品の開発は，注目されている．また，肥満は，内臓や皮下に存在する脂肪組織の肥大化により進行することから，脂肪細胞に対する食品成分の影響を評価することは重要である．

 Green [25, 26] らによって確立されたマウス由来の前駆脂肪細胞培養株3T3-L1は，一定の条件下 [27] で培養を行なうことで，脂肪細胞へと分化することが知られている．本研究では，この細胞株を用い，脂肪細胞への分化誘導抑制ならびに成熟脂肪細胞における脂肪分解に及ぼす各種抽出物など（前述；1・1に記載）の影響について検討を行なった．さらに，細胞系での結果に基づいて，高脂肪食を与えたマウスに対する効果についても検討した．

4・1 3T3-L1細胞の分化誘導および脂肪分解に及ぼす抽出成分の影響

1）分化誘導抑制試験

 コラーゲンコート24穴プレート上でコンフルエントに達した3T3-L1細胞にデキサメタゾン（DEX：0.25 μM），1-メチル-3-イソブチルキサンチン（MIX：0.5 mM），インスリン（INS：10 μg/ml）および試料（抽出物100 μg/ml あるいは精製物5～20 μM）を添加し，48時間培養した．その後はINS（10 μg/ml）を添加した培地で7日間培養した．培養終了後，細胞内グリセロール三リン酸脱水素酵素（GPDH）活性および細胞内トリグリセライド量を測定し [27]，抑制効果を判定した．その結果，温州ミカンピール水（酢酸エチル抽出物），温州ミカンモラセス（酢酸エチル抽出物）で分化誘導抑制効果が30％以上認められた．

2) 脂肪分解促進試験

コラーゲンコート 24 穴プレート上でコンフルエントに達した 3T3‐L1 細胞に DEX（0.25 μM），MIX（0.5 mM），INS（10 μg/ml）を添加し，48 時間培養した．その後は INS（10 μg/ml）を添加した培地で 5 日間培養し，脂肪細胞に分化させた．分化直後 2 日間は，10％FBS 含有 DMEM（INS 無添加）で培養し，その後2日間は，4％ FBS 含有 DMEM（INS 無添加）で培養した．この時点で，細胞内に脂肪滴が蓄積していることを確認し，さらに試料（抽出物 100 μg/ml，精製物 5〜20 μM）を添加して，4 日間培養を行なった．培養終了後，細胞内トリグリセライド量および培養液中の遊離グリセロール量を測定し，分解促進効果を判定した[28]．その結果，温州ミカン果皮（酢酸エチル抽出物，メタノール抽出物），温州ミカンピール水（酢酸エチル抽出物），温州ミカンモラセス（酢酸エチル抽出物）でトリグリセライドの減少率が 30％以上，グリセロールの増加率が 50％以上を示し，脂肪分解促進効果が認められた．

3) 分化誘導抑制および脂肪分解促進物質の精製

温州ミカンモラセス（果皮圧搾液の濃縮物）の酢酸エチル抽出物あるいは温州ミカン精油を用い，TLC（メルク社製 Silica gel 60 F_{254}，ヘキサン／酢酸エチル＝2/5）および分取 HPLC（TSKgel ODS‐80 Ts，メタノール／水＝8/2）による分画・分取を行ない，3 種の有効成分を分離した．さらに，^{1}H‐NMR，^{13}C‐NMR ならびに LC‐MS による分析を行なった結果，3 種の有効成分は，3, 5, 6, 7, 8, 3', 4'-heptamethoxyflavone（HEPTA），5, 6, 7, 8, 3', 4'-hexamethoxyflavone（ノビレチン）および 5, 6, 7, 8, 4'-pentamethoxyflavone（タンジェレチン）であった（図10‐11）．

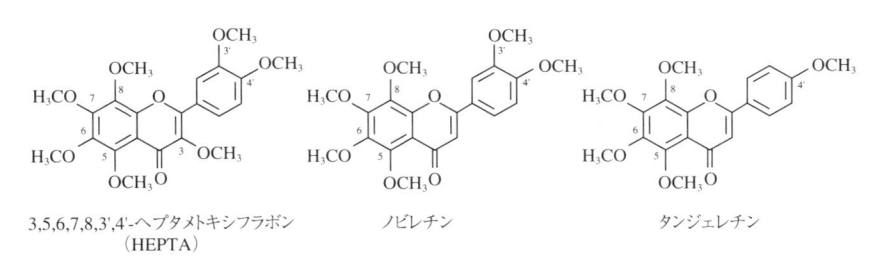

3,5,6,7,8,3',4'-ヘプタメトキシフラボン（HEPTA） ノビレチン タンジェレチン

図 10‐11 精製物の構造式

4) 精製物による 3T3-L1 細胞の分化誘導抑制および脂肪分解促進試験

精製した 3 成分の分化誘導抑制活性（表 10-8）および脂肪分解活性（表 10-9）は，成分間で差異は認められず，いずれも低濃度で高い活性を示した．また，すべての試験区において，細胞に対する毒性は認められなかった．

表 10-8 カンキツ果皮成分（精製物）による 3T3-L1 細胞の分化に及ぼす影響

試 料	濃度 (μM)	トリグリセライド (対コントロール)	遊離グリセロール (対コントロール)
－（コントロール）		100 ±5.1	100 ±3.8
HEPTA	5	32.5±1.1	45.5±2.7
	10	23.7±0.3	38.1±0.5
	20	7.5±0.6	24.5±0.3
ノビレチン	5	28.5±2.9	41.2±1.6
	10	21.7±4.4	35.1±0.8
	20	6.1±1.4	20.3±0.6
タンジェレチン	5	30.7±2.9	44.3±3.6
	10	24.5±1.1	38.9±2.9
	20	8.2±1.2	25.9±1.4

平均±標準偏差

表 10-9 カンキツ果皮成分（精製物）による 3T3-L1 細胞の脂肪分解に及ぼす影響

試 料	濃度 (μM)	トリグリセライド (対コントロール)	遊離グリセロール (対コントロール)
－（コントロール）		100 ±2.1	100±5.3
HEPTA	5	71.8±3.5	276±4.9
	10	67.1±1.7	311±8.2
	20	64.8±1.9	357±9.7
ノビレチン	5	77.2±3.4	266±4.9
	10	69.3±4.2	312±5.1
	20	63.7±2.3	365±7.3
タンジェレチン	5	72.3±4.6	272±8.8
	10	65.5±1.7	317±9.7
	20	62.7±2.5	365±7.4

平均±標準偏差

4・2 HEPTA による肥満予防動物試験

8 週齢 ICR 雄性マウス（紀和実験動物研究所）を使用し，CE-2 で 10 日間予備飼育したのち，普通食区（CE-2），高脂肪食区（牛脂 30％およびショ糖 20％を含有する精製飼料），HEPTA 0.1％区（高脂肪食＋HEPTA 0.1％），

HEPTA 0.2%区（高脂肪食＋HEPTA 0.2%）の 4 区（各区 8 匹；表10‑10）を設け，14 週間自由摂取させた．その結果，各試験区の摂取エネルギー総量には差異がなく，有意差は認められなかったが，HEPTA 0.2%区の体重は，10週以後，高脂肪食区と比較して有意に低く，普通食区とほぼ同様であった（図10‑12）．また，HEPTA 0.2%区の脂肪組織重量（試験終了時）は，内臓脂肪，皮下脂肪とも，高脂肪食区と比較して有意に低値を示した（図10‑13）．

表10‑10 HEPTAによるマウス肥満予防動物試験用飼料

		普通食区	高脂肪食区	HEPTA0.1%区	HEPTA0.2%区
牛脂	（%）	—	30.0	30.0	30.0
ショ糖	（%）	—	20.0	20.0	20.0
カゼイン	（%）	—	20.0	20.0	20.0
ポテトスターチ	（%）	—	21.5	21.4	21.3
AIN-76ミネラル配合	（%）	—	3.5	3.5	3.5
AIN-76ビタミン配合	（%）	—	1.0	1.0	1.0
セルロース	（%）	—	4.0	4.0	4.0
HEPTA（純度80%）	（%）	—	—	0.1	0.2
CE-2	（%）	100	—	—	—
エネルギー	（kcal / 100g）	342.2	516.0	515.6	515.2

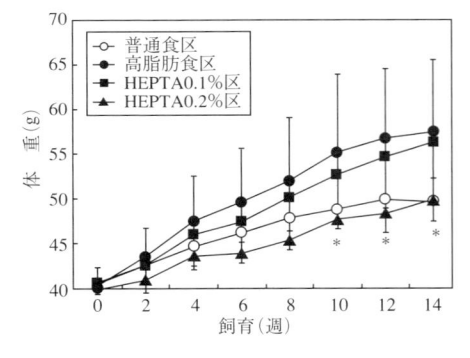

図10‑12 マウス体重に及ぼすHEPTAの影響
HEPTA0.2%区の高脂肪食区に対する有意差：*，$p<0.05$

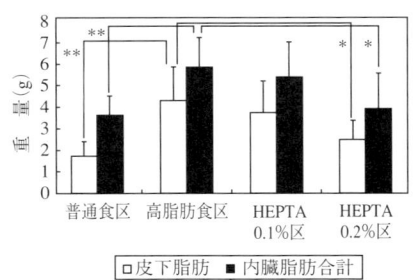

図10‑13 マウス脂肪組織重量に及ぼすHEPTAの影響
高脂肪食区に対する有意差：*，$p<0.05$；**，$p<0.01$

4・3 HEPTAおよびγ‑テルピネン併用による肥満予防動物試験

8週齢ICR雄性マウス（紀和実験動物研究所）を使用し，CE‑2で10日間予備飼育したのち，1区8匹となるように区分けを行なった．試験区は，普通

食区（CE‐2），普通食＋HEPTA 0.15％区，高脂肪食区（牛脂 30％＋ショ糖 20％），高脂肪食＋HEPTA 0.15％区，高脂肪食＋γ‐テルピネン 0.15％区および高脂肪食＋併用区（高脂肪食＋HEPTA 0.15％＋γ‐テルピネン 0.15％）の 6 区を設け，14 週間自由摂取させた．試験に用いた飼料の組成を表 10‐11 に示した．明期および暗期は 12 時間サイクルとした．

表 10‐11 マウス肥満予防試験用飼料

		普通食区	普通食＋HEPTA 0.15％区	高脂肪食区	高脂肪食＋HEPTA 0.15％区	高脂肪食＋γ-テルピネン 0.15％区	高脂肪食＋併用区
CE-2	(％)	100.0	99.85	—	—	—	—
牛脂	(％)	—	—	30.00	30.00	30.00	30.00
ショ糖	(％)	—	—	20.00	20.00	20.00	20.00
カゼイン	(％)	—	—	20.00	20.00	20.00	20.00
ポテトスターチ	(％)	—	—	21.50	21.35	21.35	21.20
AIN-6ミネラル混合	(％)	—	—	3.500	3.500	3.500	3.500
AIN-6ビタミン混合	(％)	—	—	1.000	1.000	1.000	1.000
セルロース	(％)	—	—	4.000	4.000	4.000	4.000
HEPTA*	(％)	—	0.150	—	0.150	—	0.150
γ-テルピネン	(％)	—	—	—	—	0.150	0.150
エネルギー (kcal/100g)		342.2	342.2	516.0	515.4	515.4	514.8

＊ HEPTA，80.0％；タンジェレチン，18.7％；ノビチレン，0.2％

試験期間中の総摂餌量および総摂取エネルギー量は，各高脂肪食区間において，ほぼ一定値を示した（図 10‐14）が，高脂肪食＋併用区（HEPTA 0.15％，γ‐テルピネン 0.15％）の体重は，6 週以後，高脂肪食区と比較して低値を示し，12 週以後は有意差が認められた（図 10‐15）．高脂肪食＋HEPTA 0.15％区も，6 週以後同様に低値を示したが，試験期間中，有意差は認められなかっ

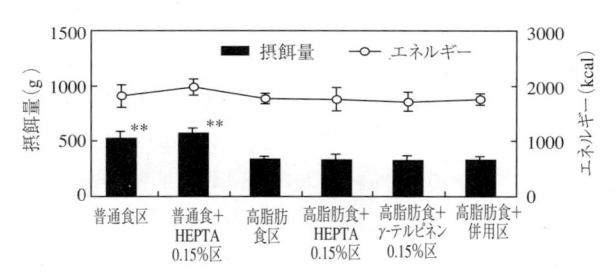

図 10‐14 肥満予防試験におけるマウスの総摂餌量および総摂取エネルギー
高脂肪食区に対する有意差：＊＊，$p<0.01$

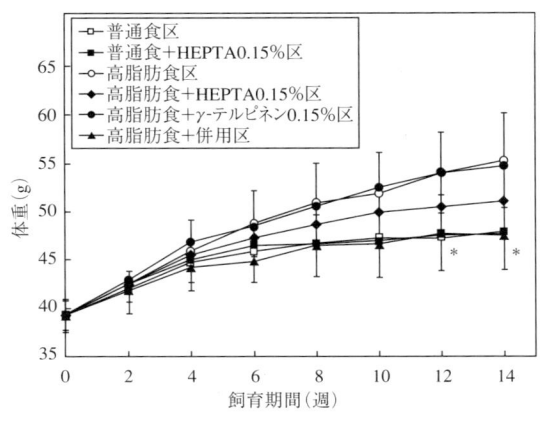

図10‐15 肥満予防動物試験におけるマウスの体重変化
併用区の高脂肪食区に対する有意差：＊, $p <$ 0.05

た．また，高脂肪食＋γ‐テルピネン 0.15％区については，高脂肪食区と体重の差異がなく，肥満予防効果は認められなかった．

1）血清脂質に及ぼす影響

採血は 2 週間毎に行ない，採血開始前 6 時間は絶食させた．飼育期間中は，眼窩静脈叢より採血し，レプチン〔(株)森永生科学研究所，マウスレプチン測定キット〕，グルコース〔和光純薬工業（株），グルコースCII‐テストワコー〕，総コレステロール，トリグリセライドならびに HDL‐コレステロールを測定した．14 週間飼育後，心採血により脱血死させ，臓器ならびに脂肪組織（副睾丸周囲脂肪，腎周囲脂肪，腸管膜脂肪および皮下脂肪）を採取し，重量を測定した．心採血血清については，インスリン〔(株)シバヤギ，レビスインスリンキット（マウス用‐T）〕，アディポネクチン〔大塚製薬（株），マウス／ラットアディポネクチン ELISA キット〕を測定した．高脂肪食を投与した肥満マウスの血漿レプチンおよびインスリンレベルは，低脂肪食投与群と比較して有意に高値であることが報告されている[29]．本研究においては，高脂肪食区および高脂肪食＋γ‐テルピネン 0.15％区における 14 週間後の血清中のレプチン濃度は，試験開始時と比較して約 5 倍に増加したのに対して，高脂肪食＋併用区は，普通食区と同様に，試験期間を通じてほとんど増加することなく，ほぼ一定値を示した（図10‐16）．また，試験終了後の血清中のインスリン濃度についても，高脂肪食＋併用区は普通食区と同様に，高脂肪食区と比較して有意に

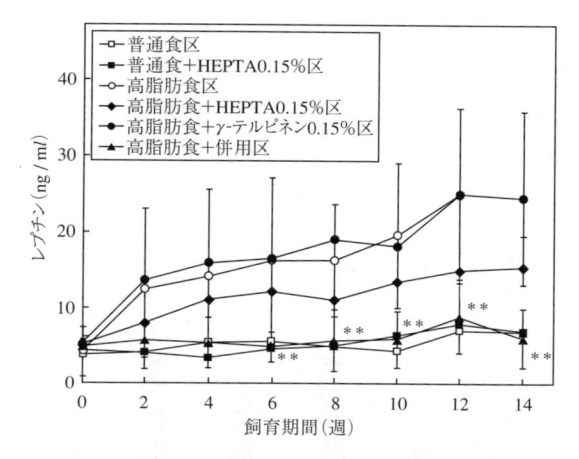

第 10 章 カンキツに由来する成分の機能性に関する研究および食品素材化技術の検討

図 10-16 肥満予防動物試験におけるマウス血清中レプチン量の変化
併用区の高脂肪食区に対する有意差：**, $p<0.01$

低値を示した（図10-17）．一方，血清中の総コレステロール値，HDL-コレステロール値，トリグリセライド値，グルコース濃度，アディポネクチン濃度，GOT 活性および GPT 活性については，有意な差異は認められなかった．

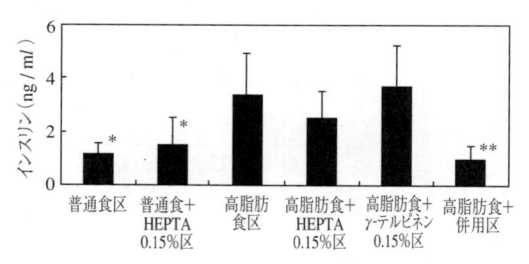

図 10-17 肥満予防動物試験におけるマウス血清中インスリン量
高脂肪食区に対する有意差：*, $p<0.05$；**, $p<0.01$

2）脂肪組織重量に及ぼす影響

解剖後，脂肪組織重量を測定した結果，高脂肪食＋併用区の皮下脂肪および内臓脂肪（副睾丸周囲脂肪，腎周囲脂肪，腸間膜脂肪の合計）は，高脂肪食区と比べて有意に低値を示した（図10-18）．

3）肝臓脂質に及ぼす影響

肝臓については，総コレステロール，トリグリセライド，HDL-コレステロール含量を測定した．総コレステロールは，高脂肪食各区間において，有意な差異が認められなかったが，トリグリセライドは，高脂肪食＋併用区（HEPTA 0.15％＋γ-テルピネン 0.15％）において，高脂肪食区と比べて有意に低値を

示した（図10 - 19）．肝臓中のトリグリセライド量については，高脂肪食区が，普通食区と比較して高値を示したのに対して，血清トリグリセライド値は，各高脂肪食区間で低値を示し，有意な差異を示さなかったのは，過度の高脂肪食負荷により，脂肪肝となり，血中へのトリグリセライド分泌能が低下したことによるものと推察された．

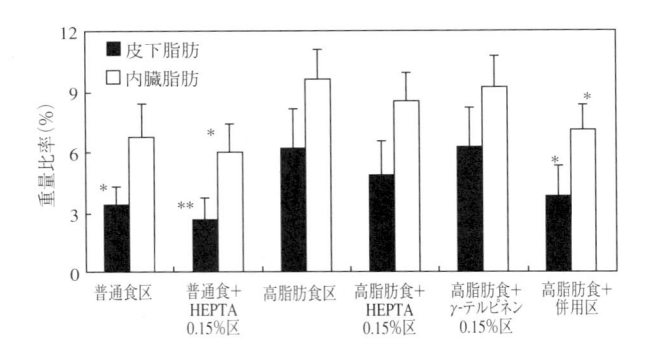

図10 - 18　肥満予防試験におけるマウス脂肪組織重量
高脂肪食区に対する有意差：*, $p<0.05$；**, $p<0.01$

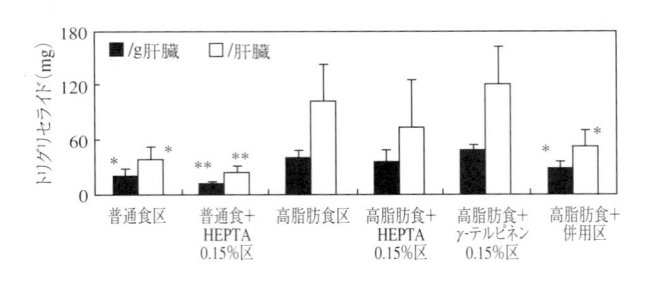

図10 - 19　肥満予防動物試験におけるマウス肝臓中のトリグリセライド量
高脂肪食区に対する有意差：*, $p<0.05$；**, $p<0.01$

§5．カンキツ精油成分ならびに温州ミカン精油濃縮物の安全性試験

4週齢ddY雄性マウス（紀和実験動物研究所）を使用し，γ - テルピネン〔0, 0.5, 1.0, 2.0, 4.0g / kg体重（大豆油に溶解）〕，HEPTA〔0, 0.5, 1.0, 2.0, 4.0g / kg 体重（5％アラビアガム水溶液に懸濁）〕ならびに温州ミカン精油濃縮物〔加熱温度30℃にて10倍濃縮した精油；0, 1.0, 2.0, 4.0, 8.0g / kg体重（大豆油に溶解）〕を経口投与し（各区8匹），CE - 2（自由摂取）で10日間飼育し

たのち，解剖し，臓器観察を行なった．LD$_{50}$ 値は，Probit 法 [30] により算出した．

その結果，γ-テルピネンは，LD$_{50}$ 値；2.60 g / kg 体重，HEPTA は，LD$_{50}$ 値；4.77 g / kg 体重，温州ミカン精油濃縮物は，LD$_{50}$ 値；8.00g以上 / kg 体重であり，いずれも安全性が高く，特に精油濃縮物の安全性は非常に高かった．また，剖検の結果，各臓器に異常は認められなかった．

§6. 温州ミカン精油濃縮物の食品への利用

温州ミカン精油濃縮物（30℃処理，容量換算 10 倍濃縮）を食品素材として利用するため，液状食品への添加試験を実施した．温州ミカン精油濃縮物（d-リモネン 55.7％，γ-テルピネン 6.0％，ポリメトキシフラボン 1.28％，カロテノイド 0.71％含有）は，任意の比率で食用油に対して溶解することから，ドレッシングなどの食品への利用の可能性が示唆された．しかし，清涼飲料などへの利用を試みた結果，精油濃縮物の大部分は溶解せず，液上層部で分離・浮遊することが明らかとなったため，果汁飲料への添加条件について検討を行なった．その結果，あらかじめ，環状デキストリンおよび温州ミカン遠心パルプと精油濃縮物を混合・均質化したのち，果汁に添加することによって，外観ならびに風味において，長期間安定した飲料の調製が可能となった．特に，β-およびγ-環状デキストリンを使用した場合，精油由来の苦味をマスキングできることが可能となった（表10-12）．

表 10-12 温州ミカン果汁への精油濃縮物の添加条件と安定性

環状デキストリン		なし	なし	α-CD		β-CD		γ-CD	
		—	—	0.1％	0.2％	0.1％	0.2％	0.1％	0.2％
遠心パルプ		—	2.0％	2.0％	2.0％	2.0％	2.0％	2.0％	2.0％
外観	（直後）	不良(分離)	良好	良好	良好	良好	良好	良好	良好
	（3ヵ月後）	不良(分離)	良好	良好	良好	良好	良好	良好	良好
風味	（直後）	×	×	△	○	○	◎	○	◎
	（3ヵ月後）	×	×	△	○	◎	◎	○	◎

温州ミカン精油濃縮物（10倍濃縮）0.1％添加
×苦味あり，△やや苦味あり，○ほとんど苦味なし，◎苦味なし

まとめ

　和歌山県の主要産物であるカンキツ，柿および梅抽出物などについて，動脈硬化予防試験ならびに肥満予防試験を実施した．

　動脈硬化予防試験では，まずヒト LDL 酸化変成抑制試験による有効成分のスクリーニングを実施した結果，カンキツ精油構成成分であるγ-テルピネンに強い抑制作用のあることを明らかにした．また，Triton WR1339 処理ラットを用いたγ-テルピネン投与試験では，血清中の総コレステロールならびにトリグリセライド濃度の上昇を有意に抑制することを確認した．さらに，ハムスターを用いて，アテローム性動脈硬化病変の形成に及ぼすγ-テルピネンの効果を評価した結果，血清中の総コレステロールおよびトリグリセライド量を有意に低下させるとともに，大動脈弓への脂質の沈着を有意に抑制することが明らかとなった．

　また，肥満予防試験では，マウス由来前駆脂肪細胞株 3T3-L1 細胞を用い，脂肪細胞への分化誘導抑制作用ならびに成熟脂肪細胞中の脂肪分解作用を指標としてスクリーニング試験を実施し，温州ミカン果皮に由来する 3, 5, 6, 7, 8, 3', 4'-heptamethoxyflavone（HEPTA），ノビレチン，タンジェレチンの3種のフラボンを選択した．さらに，高脂肪高糖食負荷マウスに及ぼす HEPTA の影響について検討した結果，HEPTA 単独では試料中濃度 0.2％で，また，γ-テルピネンとの併用では各 0.15％添加で肥満予防効果を示した．

　γ-テルピネン，HEPTA ならびに温州ミカン精油濃縮物（10 倍濃縮）の LD_{50} 値は，それぞれ 2.60 g/kg 体重，4.77 g/kg 体重，8.00 g 以上/kg 体重を示し，高い安全性が確認された．また，果汁飲料への添加方法について検討した結果，環状デキストリンおよびカンキツパルプを利用することにより，温州ミカン精油濃縮物が食品素材として利用できることが示唆された．

参考文献

1) Steinberg D., Parthasarathy S., Carew T.E., Khoo J.C. and Witztum, J. L.：*New Engl. J. Med.*, 320, 915-924（1989）.
2) Daugherty A. and Roselaar S. E.：*Cardiovascular Research*, 29, 297-311（1995）.
3) Itabe H., Yamamoto H., I manaka T., Shimahara K., Uchiyama H., Kimura J., Sanaka T., Hata Y. and Takano T.：*J. Lipid Research*, 37, 45-53（1996）.
4) Holvoet P. and Collen D.：*Atherosclerosis*, 137, Suppl., S33-S38（1998）.
5) Jessup W., Rankin S.M.D.E., Whalley C.V., Hoult J.R.S., Scott J. and Leake D.S.：*Biochem. J.*, 265, 399-405（1990）.

第 10 章 カンキツに由来する成分の機能性に関する研究および食品素材化技術の検討

6) Frei B., England L. and Ames B.N. : *Proc. Natl. Acad. Sci. USA.*, 86, 6377-6381 (1989).
7) Carpenter K.L.H., Van der Veen C., Hird R., Dennis I.F., Ding T. and Mitchinson M.J. : *FEBS Letters*, 401, 262-266 (1997).
8) Oshima S., Ojima F., Sakamoto H., Ishiguro Y. and Terao J. : *J. Agric. Food Chem.*, 44, 2306-2309 (1996).
9) Miura S., Watanabe J., Tomita T., Sano M. and Tomita I. : *Biol. Pharm. Bull.*, 17, 1567-1572 (1994).
10) Yagi K. : *Biochem. Med.*, 15, 212-216 (1976).
11) Esterbauer H., Striegl G., Puhl H. and Rotheneder M. : *Free Rad. Res. Comms.*, 6, 67-75 (1988).
12) Shaw P. E. : *J. Agric. Food Chem.*, 27, 246-257 (1979).
13) Choi H.S., Song H.S., Ukeda H. and Sawamura M. : *J. Agric. Food Chem.*, 48, 4156-4161 (2000).
14) Grassmann J., Schneider D., Weiser D. and Elstner, E.F. : *Arzneim.-Forsch. / Drug Res.*, 51, 799-805 (2001).
15) Otway S. and Robinson D.S. : *J. Physiol.*, 190, 321-332 (1967).
16) Moss J. N. and Dajani E.Z., Antihyperlipidemic agents. In "Screening Methods in Pharmacology", eds. Turner R. A. and Hebborn P. : *Academic Press*, 120-140 (1971).
17) Endo A., Tsujita Y., Kuroda M. and Tanzawa K. : *Biochim. Biophys. Acta*, 575, 266-276 (1979).
18) Sato A., Watanabe K., Fukuzumi H., Hase K., Ishida F. and Kamei T. : *Biochem. Pharm.*, 41, 1163-1172 (1991).
19) Steinberg D., Parthasarathy S., Carew T.E., Khoo J. C. and Witztum J.L. : *New Engl.J Med.*, 320, 915-924 (1989).
20) Unsitupa M. U., Niskanen L. K. and Siitonen O. : *Circulation*, 82, 27-36 (1990).
21) Witztum J. L. and Steinberg D. : *J. Clin. Invest.*, 88, 1785-1792 (1991).
22) El-Swefy S., Schaefer E.J., Seman L.J., Van Dongen D., Sevanian A., Smith D.E., Ordovas J.M., El-Sweidy M. and Meydani M. : *Atherosclerosis*, 149, 277-286 (2000).
23) Kowala M.C., Nunnari J.J., Durham S.K. and Nicolosi R.J. : *Atherosclerosis*, 91, 35-49 (1991).
24) Folch J., Lees M. and Sloane-Stanley G.H. : *J. Biol. Chem.*, 226, 497-509 (1957).
25) Green H. and Kehinde O. : *Cell*, 1, 113-116 (1974).
26) Green H. and Meuth,M. : *Cell*, 3, 127-133 (1974).
27) 山田信博ら:『動脈硬化+高脂血症研究ストラテジー』,秀潤社, 405-411 (1996).
28) 櫻又康秀,草野崇一:『日本栄養・食糧学会誌』, 51, 361-364 (1998).
29) Murase T., Nagasawa A., Suzuki J., Hase, T. and Tokimitsu I. : *Int. J. Obes.*, 26, 1459-1464 (2002).
30) Goldstein A. : Biostatistics, *An Introductory Text'* (1964), 木村正康ら訳:「生物検定法入門」, 南江堂 (1976).

文責　　(社) 和歌山県農産物加工研究所　稲葉伸也

組合員別研究担当者一覧

組合員企業	研究担当者
カゴメ 株式会社 総合研究所バイオジェニックス研究所 （0287-36-2935）	○稲熊隆博、菅沼大行、相澤宏一、 庄子佳文子、小泉一愉
金 印 株式会社 研究開発部名古屋研究所 （052-361-3859）	○村田充良、奥西 勲、永井 雅
清水化学 株式会社 開発部　　　　　（0848-68-0371）	○清水寿夫、清水秀樹、藪下裕規、 高田忠彦、佐藤仁則、石本美里、 大久保玉青、鳥星崇志
西川ゴム工業 株式会社 技術開発部祇園分室　（082-875-0041）	○大西伸和、橋本邦彦、椙山雅文、 中島克則
昭和産業 株式会社 総合研究所　　　　（047-433-1241）	○八木 隆、常広 淳、今井貴史、 松本明子、金子和代、若松大輔、伏見直也
高梨乳業 株式会社 技術センター商品研究所 （045-367-6645）	○平松 優、橋本英夫、細田正孝、 何 方、森田裕嗣、布施哲男
株式会社 ニチレイ 研究開発部　　　　（043-203-0261）	○萩原俊彦、青木仁史、花村高行、 間山千郷
日新製糖 株式会社 商品開発部　　　　（043-246-3503）	○中村泰之、小澤 修、守屋和則、 佐藤岳治、木名瀬佳子
日本水産 株式会社 中央研究所　　　　（0426-56-5192）	○郡山 剛、中島秀司、川原裕之、 岡野 淳
株式会社 J‐オイルミルズ ファイン・フーズ研究所 （0538-23-6771）	○佐藤俊郎、磯部洋祐、大谷 豊、 鈴木紗綾子、小崎瑠美、加茂修一、 齋藤三四郎、
社団法人 和歌山県農産物加工研究所 研究開発部　　　　（0736-66-2285）	○稲葉伸也、高橋保男、綾野 茂、 栗原 滋、九鬼 渉

○印は主任研究員

編集後記

　平成 11 年に農林水産省の助成を受けてスタートしました「食品の機能性向上技術の開発事業」は，大学，国の試験研究機関（現独立行政法人）の学識経験者のご指導のもと，平成 15 年度をもって研究開発期間を終了しました．
　本事業は，国の試験研究機関（現・独立行政法人）で得られた機能性のメカニズム，バイオテクノロジー等の先端技術を活用し，また，新たな手法を開発しながら，食品の機能性の設計・改良を行い，機能性食品群の基盤的技術の開発を推進するとともに，新しい機能を有する優れた食品・食品素材の開発を目的としながら，5 年間にわたり食品製造業等の広い分野から 11 企業がそれぞれ独自の研究テーマと目標を掲げ，本研究組合に参加し，研究を推進して参りました．
本事業では用途開発，実用化にむけた努力の結果，現在 19 件の特許出願申請がなされており，既に研究成果の一部には商品化されたものもあります．
本書は事業の集大成として，参加企業が研究達成に向けて努力した結果の研究成果論文と本研究組合をご指導いただいた学識経験者による特別寄稿論文をいただき内容を一層充実させ，ここに無事刊行することが出来ました．
　本書が，食品の機能性研究や食品開発に携わる技術者，研究者にとどまらず，幅広い分野での研究者等の皆様方に何らかの貢献ができれば幸いです．
　最後に本事業に対し，終始ご指導，ご助言を賜り，更に特別寄稿を頂きました学識経験者の諸先生方をはじめ，ご協力いただきました関係各位に深く感謝の意を表します．

　　　平成 16 年 11 月

機能性向上事業部会　編集委員一同

索　引

あ行

ROS　79
IL-1β　207
IL-4　110
IL-5　110
IL-6　144
IL-8　144
IL-10　159, 160
IL-12　146
IgE　105, 152, 158, 169
IgG　106
IPOX$_{50}$　118
赤ピーマン　53
　──ジュース　62
アセロラ　175
　──パウダー　193
　──ポリフェノール　178
アテローム性動脈硬化病変　284
アトピー性皮膚炎　105, 155
アポリポタンパクA-Ⅰ　61
アリルイソチオシアネート　72
アルキルパーオキサイドラジカル　117
α-グルコシダーゼ阻害活性　190
アレルギー　101
EBV-EA誘導抑制作用　200
易水溶化　114
イソフラボン　239-254, 265, 266
一酸化窒素（NO）産生抑制効果　200
IFN-γ　110, 148
温州ミカン精油　281
AITC　72
AGE生成阻害活性　191
HDL-コレステロール　56
8-OHdG　83
液液抽出法　205
エクオール　244, 246, 248, 265
S.I.値　145
NC/Ngaマウス　105

NC/NgaTndマウス　155
FISH　159
FEIA　169
FACS　167
ELISA　106, 143
LDL-コレステロール　63
LDL酸化抑制効果　271
LD$_{50}$　162
ODSラット　185

か行

Caco-2　141
　──細胞　184, 190
過酸化脂質　117
　──量　91
過酸化物価（POV）　213
カプサンチン　53
ガラクトシルグリセロール（GalGro）　199
GalGro大量生産　204
カルシウム　223
カロテノイド　51
カンキツ　269
γ-テルピネン　272
キサントフィル　51
キチンオリゴ糖　223
キトサン　223
機能性食品素材　107
起泡力　214
Canolol　117
吸収率　224
急性経口毒性試験　114
急性毒性試験　162, 216
クエルシトリン　180
グリシテイン　246, 248, 249
グリセロ糖脂質　199
　──の抽出　217
グルコース吸収抑制効果　190
グルコシルグリセロール（GlcGro）　202

301

グルコマンナン　　*101*
経口摂取　　*231*
血小板凝集抑制作用　　*97*
血糖値上昇抑制作用　　*192*
血流改善作用　　*97*
解毒代謝　　*85*
解毒代謝酵素誘導活性　　*85*
ゲニステイン　　*246, 248, 249*
抗原提示細胞　　*146*
抗酸化作用　　*70*
好酸球　　*157*
抗体　　*105*
抗変異原活性　　*131*
酵母発酵　　*193*
抗ラジカル活性　　*117*
コレステロール　　*230*
コンカナバリンA　　*149*
コンニャク　　*101*

さ行

サイトカイン産生　　*110*
Saccharomyces cerevisiae　　*193*
サプリメント　　*70*
酸化LDL　　*134*
酸化ストレス　　*129*
酸化ストレスプロファイル　　*94*
シアニジン-3-ラムノシド　　*180*
GST誘導活性　　*84*
CoQ10　　*95*
GC含量　　*161*
GPDH　　*285*
シクロオキシゲナーゼ-2（COX-2）　　*207*
脂質代謝改善効果　　*209*
6-MSITC　　*69*
6-MTITC　　*74*
16S rDNA　　*161*
6 - methylsulfinyl hexylisothiocyanate　　*69*
6 - methylthio-hexylisothiocyanate　　*74*
シナピン酸　　*123*
ジヒドロフィロキノン　　*258, 262*

脂肪組織重量　　*288*
粥状動脈硬化症　　*269*
循環器系疾患　　*51*
消化管内動態　　*208*
錠剤　　*114*
植物試料　　*217*
食物繊維　　*101*
食用油脂　　*204*
水蒸気蒸留　　*126*
スーパーオキシドアニオン（O_2^-）産生抑制効果　　*200*
スコア　　*156*
スポンジケーキ　　*214*
3T3-L1細胞　　*285*
前駆脂肪細胞　　*285*
総コレステロール　　*56*
搔痒行動　　*108*
造粒　　*102*

た行

ダイオキシン　　*85*
ダイゼイン　　*246, 248, 249*
大腸炎症抑制　　*207*
大腸がん　　*117*
タンジェレチン　　*286*
中性脂肪　　*230*
腸管ループ二重結紮法　　*224*
チロシナーゼ　　*187, 188*
Th1/2バランス　　*111*
Th1/Th2細胞の比率　　*167*
Th1/Th2のバランス　　*153, 171, 172*
T細胞　　*110*
T細胞の増殖能　　*111*
TCDD　　*86*
TBARS　　*270*
TGF-β　　*159, 160*
DPPHラジカル消去法　　*78*
低密度リポタンパク質　　*134*
糖尿病合併症予防　　*82*
糖尿病予防　　*189*

索　引

トコフェロール　*119*
トリグリセライド　*56, 274*
Triton WR1339　*273*
ドレッシング　*215*

な行

菜種原油　*117*
乳化安定性　*212*
乳化特性　*211*
乳酸菌　*139*
粘度　*101*
ノビレチン　*286*

は行

パーオキシナイトライト　*131*
焙煎菜種原油　*124*
パイロットスケール　*228*
発がん抑制作用　*99*
白血球　*79*
パプリカ色素　*55*
BITC　*80*
ビタミン K　*254*
ビタミン K$_2$　*239*
微粉砕　*102*
肥満　*269*
肥満細胞　*157*
表面張力低下能　*212*
ピロリ菌　*80*
フィルムエバポレーター　*281*
4-vinyl-2, 6-dimethoxyphenol　*117*
フラクトシルグリセロール（FruGro）　*202*
フルクトサミン　*96*

プロバイオティクス　*139*
HEPTA　*286*
ペラルゴニジン-3-ラムノシド　*180*
ヘルシンキ宣言　*154, 166*
変異原性試験（Ames 法）　*216*
ベンジルイソチオシアネート　*80*
崩壊性　*114*
保存安定性　*212*
ポリメトキシフラボン　*281*
本わさび　*71*

ま行

マイトジェン　*144, 154*
無機リン　*234*
メナキノン　*255, 257, 259*
メラニン生成抑制効果　*175, 186*
メラノーマ B16 細胞　*186*
免疫　*102*

や行

用量依存性　*226*

ら行

ラジカル　*117*
ラボスケール　*227*
粒子径　*101*
Regulatory T 細胞　*160, 172*
レプチン　*290*

わ行

わさび　*69*
Ⅰ型アレルギー　*146, 153, 166, 171*

2004年11月5日　初版発行

食品の機能性向上技術の開発
機能性食品素材の実用化・応用化にむけて

定価　カバーに表示

編　集
ニューフード・クリエーション技術研究組合Ⓒ

発行者
佐　竹　久　男

発行所
恒星社厚生閣

東京都新宿区三栄町 8
TEL 03 (3359) 7371（代）
FAX 03 (3359) 7375
http://www.kouseisha.com/

印刷・製本：（株）シナノ

ISBN4-7699-1003-7　C3060

食品産業における
エネルギーの利用効率向上技術の開発
食品産業環境保全技術研究組合　編
A5判/236頁/定価3,675円（本体3,500円）
ISBN4-7699-0992-6

農水省の指導，助成のもと，研究・開発が進められた，食品製造の加工工程で発生する熱の有効利用，分離・濃縮の工程における省エネルギー化に関する最新の研究成果。

食品産業における
排水・汚泥低減化技術の未来を拓く
食品産業環境保全技術研究組合　編
A5判/376頁/定価6,090円（本体5,800円）
ISBN4-7699-0977-2

メタン発酵技術，食品加工工場のトータルサイト解析に基づく廃水・汚泥削減技術等，廃水処理技術の基礎的技術から応用化・実用化までの幅広い知見を集約した貴重な内容。

食品産業における
副産物等の未利用資源の有効利用技術を探る
食品産業環境保全研究組合　編
A5判/408頁/定価6,300円（本体6,000円）
ISBN4-7699-0899-7

農水省の指導・助成のもと，未利用食品素材からの調味料化，飼料化・コンポスト化・その他の生産技術や環境負荷低減加工技術の研究開発事業を実施してきた4年間の研究成果。

食品産業における
排水処理の新たな展開
食品産業環境保全技術研究組合　編
A5判/352頁/定価6,300円（本体6,000円）
ISBN4-7699-0885-7

微生物による有害悪臭物質の脱臭技術，オゾンによる有害物質除去・脱色技術から水質自動モニタリングシステムまで，その最新技術を詳細なデータと共に紹介する。

食品産業のための
最新バイオ水処理技術
食品産業クリーンエコシステム技術研究組合　編
A5判/355頁/定価6,300円（本体6,000円）
ISBN4-7699-0764-8

微生物を利用する活性汚泥法が注目を集める。農水省指導で進めるバイオ水処理技術確立の成果を公刊するもので，各食品業種別に技術の実際が詳細される。

食品産業のための
微生物利用水処理技術
食品産業クリーンエコシステム技術研究組合　編
A5判/224頁/定価3,990円（本体3,800円）
ISBN4-7699-0812-1

「最新バイオ水処理技術」に続くPartⅡ，食品衛生工学・機械装置・建設などの異業種が有するノウハウを統合し，また各ページに資料図表を配し，関連技術者にすぐ役立つ内容。

食品素材の機能性創造・制御技術
新しい食品素材へのアプローチ
ニューフード・クリエーション　編
A5判/350頁/定価6,300円（本体6,000円）
ISBN4-7699-0905-5

本書は，がん・骨粗鬆症・糖尿病などの発症を未然に防ぐ食品素材の開発及びその効率的生産技術の開発研究に関して，第一人者荒井綜一氏らが論述。

糖質工学によるアプローチ
炭水化物の多面的利用技術の展開
ニューフード・クリエーション技術研究組合　編
A5判/224頁/定価3,675円（本体3,500円）
ISBN4-7699-0993-4

澱粉，糖類等の炭水化物に酵素や化学修飾による改変・改良などで新しい機能を付与し，工業的に大量生産するための糖質工学の研究成果を紹介する論文集。